新一代用电信息采集系统
专变采集终端运维

国网江苏省电力有限公司盐城供电分公司 组编

中国电力出版社
CHINA ELECTRIC POWER PRESS

内 容 提 要

本书基于新一代用电信息采集系统，系统阐述专变采集终端的运维知识，共分为六章，包括用电信息采集系统概述、用户用电信息维护与分析、专变采集终端设备安装及调试、负荷管理、专变采集终端故障消缺和用电信息深化分析。

本书主要面向基层用电信息采集系统运维及管理人员，有助于提升专业人员的技能水平和应用能力，注重理实结合，具有实用性。

图书在版编目（CIP）数据

新一代用电信息采集系统专变采集终端运维/国网江苏省电力有限公司盐城供电分公司组编. —北京：中国电力出版社，2024.6

ISBN 978-7-5198-8878-7

Ⅰ.①新… Ⅱ.①国… Ⅲ.①用电管理-管理信息系统-电力系统运行②用电管理-管理信息系统-维护 Ⅳ.①TM92-39

中国国家版本馆 CIP 数据核字（2024）第 089581 号

出版发行：中国电力出版社
地　　址：北京市东城区北京站西街 19 号（邮政编码 100005）
网　　址：http://www.cepp.sgcc.com.cn
责任编辑：刘　薇　张冉昕（010-63412364）
责任校对：黄　蓓　朱丽芳
装帧设计：赵丽媛
责任印制：石　雷

印　　刷：廊坊市文峰档案印务有限公司
版　　次：2024 年 6 月第一版
印　　次：2024 年 6 月北京第一次印刷
开　　本：787 毫米×1092 毫米　16 开本
印　　张：13
字　　数：286 千字
定　　价：68.00 元

编　委　会

前 言

摆在读者面前的这本书，专为帮助电力公司用电信息采集运维人员熟悉业务和提升技能编写，是一本非常实用有效的专业培训教材。我国用电信息采集与监控技术呈现出高速发展的态势，根据国家发展改革委《电力负荷管理办法》《电力需求侧管理办法》，以及国家电网公司《国家电网公司有序用电管理办法》要求，用电信息采集设备系统不断升级迭代，目前已发展到2.0版本并得到广泛应用。

在电力技术行业，信息采集手段日益多样化，数据存储分析逐步智能化，业务支持功能不断多元化，内部系统架构正在集约化。在信息采集与分析运用呈现远程化发展的趋势下，运维人员的作用愈加关键。鉴于对现场运维人员知识与技能的培训需求，亟需一本适合用电信息采集运维人员使用的培训教材。

本书从用电信息采集设备系统（2.0版）的原理、构造、故障消缺技术等方面做了全面介绍。全书图文并茂、逻辑鲜明，知识结构清晰，重点难点突出。考虑到运维人员的实际需求，本书注重实用性和操作性，应用实物图片、电脑截屏、示意图、图表等简洁明快的方式，详细解释了现场操作中用到的操作技术，以及可能遇到的问题和故障消缺方法，便于读者理解。

本书共分为六章，结构紧凑，内容细致，文字通俗易懂。第一章讲述用电信息采集系统的建设背景、系统架构和系统主要功能，以及专变采集终端的功能和类型。第二章针对专变采集终端档案管理、参数设置下发等功能，讲解用电信息采集2.0系统的应用，提供了详细的操作步骤和专变采集终端参数设置要求。第三章针对用户现场，讲解现场勘察要求，专变采集终端现场接线要求、安装方法、通信原理，专变采集终端的硬件设备及具体参数配置要求等。第四章针对需求侧负荷管理的要求，讲解用电信息采集2.0系统有序用电模块的功能，主要包括运行监测、用电分析、负荷调控等。第五章基于专变采集终端常见的故障，讲解工器具的类型和使用方法，针对不同的故障类型，详细说明故障现象、故障原因、排查方法及解决方案。第六章列举了三大类71个异常类型，针对每一个异常，讲解异常产生的原因。

综合来看，本书既是一套随时可用的“硬件”，也是一套难得的素质提升“软件”；既可以作为技能培训教材，也可以作为运维人员的常备书、枕边书收藏，以备不时之需。

在本书编辑过程中，作者参考了大量的文献资料，在此一并致谢。因编者水平有限，书中不妥与疏漏之处在所难免，敬请广大读者批评指正。

编　者

2024 年 3 月

目　录

第一章　用电信息采集系统概述

第一节　用电信息采集系统简介

一、系统建设背景

我国自1977年年底以来进行用电信息采集与监控技术的研究，自行研制了包括音频、工频波形畸变、电力线载波和无线电控制等多种装置。1987～1989年对国产的用电信息采集与监控系统和音频控制系统进行了试点，均取得成功。1990～1997年是用电信息采集与监控系统全面推广应用阶段，1997年以后用电信息采集与监控系统功能从单一控制转向管理应用，作为负荷管理的一个重要组成部分得到了大力发展。2009年国家电网公司提出用电信息采集与监控系统的建设目标：全面覆盖电力用户、全面采集用电信息、全面预付费管理。

国家发展改革委颁布了《有序用电管理办法》，将有序用电作为电力供应保障的末端环节，“用电信息采集系统”控制功能为其提供技术支撑。国家电网公司发布了《国家电网公司有序用电管理办法》，规范公司系统内有序用电管理活动的开展和电力负荷管理系统的建设，为该系统的推广应用进一步夯实了基础。目前，用电信息采集系统已升级迭代至2.0版本，采用超大规模并发采集技术使采集性能大幅提升，可实现分钟级高频采集，控制指令秒级响应。高性能数据处理技术使计算能力提升，海量数据混合存储使存储能力大幅提升。

二、系统功能和作用

（一）系统主要功能

1. 数据采集功能

数据采集主要含负荷数据采集、电能量数据采集、抄表数据采集、工况数据采集等。

2. 控制功能

控制功能有功率定值闭环控制、电能量定值闭环控制和遥控等控制方式。

3. 数据传输功能

数据传输功能主要由主站与终端进行数据传输、主站与营销业务系统互联实现双向数据交换功能。

4. 数据处理分析功能

数据处理分析功能主要包括终端重要事件主动上报和定时查询事件，发出告警信号，并显示相应事件内容；对负荷、电能量统计分析；对数据合理性检查和分析，并发现系统运行中存在的问题与缺陷。

5. 营销业务支持功能

（1）远程抄表功能。为营销业务系统完整地采集用户的电能量数据。

（2）信息发布功能。向用户终端侧推送中文信息。

（3）数据分析功能。采集用户侧用电数据，为负荷需求预测、调整电力供需平衡提供准确的基础数据。

（4）远程控制功能。实施预购电控制，根据有序用电方案控制负荷，实施错峰、避峰等负荷管理措施。

6. 系统运行管理功能

系统运行管理功能主要包含权限管理、系统运行参数设置、终端管理、运行状况监测、各类报表生成等。

（二）在电力行业中发挥的作用

（1）能实现用电负荷平衡调度，确保电网安全经济运行。

（2）可进行负荷分类调查分析，为转移高峰负荷、制定分时电价和划分用电时段等提供决策依据，也可开展中、短期负荷预测。

（3）支撑电费回收，支持用户预购电，为电力营销提供技术支撑。

（4）可进行远程抄表，并用于电费结算，同时可改善因人工抄表带来的差错及线损波动。

（5）能对计量设备运行进行监测，及时掌握各地区负荷特性。可实现计量异常监测，减少电量损失，通过技术手段取得最大的综合经济效益。

三、系统架构

电力用户用电信息采集系统主站一般按照省级集中系统的部署模式建设，在省公司侧集中建设用电信息采集系统主站，管理全省的用电信息采集终端，为全省电力营销业务提供服务。

在省公司侧统一配置主站所需的全部硬件设备，数据库主机及存储系统集中存储全省用电信息采集业务数据，包括所有下属供电单位的用户数据、终端数据、采集数据、抄表信息等业务数据。

省公司、地市公司和下属基层单位的用户端都通过管理信息内网连接到省公司，实现采集管理、抄表、负控等业务应用，同时在省公司实现与营销业务系统的数据交换。

系统主要由三个部分构成，分别是主站系统、通信信道、采集终端。

（一）主站系统

主站系统是用电信息采集系统的核心，是由计算机、网络、软件、通信等软硬件构成的信息平台。在对终端实现数据收集和电能信息采集与监控的基础上，实现数据的分析、处理与共享，为负荷管理的实施提供技术手段，为电力营销管理业务提供服务和技术支持。

硬件设备主要包括计算机系统（前置机、工作站、网络服务器、磁盘阵列等）、专用通信设备（负控专用频率无线电台和天馈线系统、PCM 设备等）、网络设备（光端机、路由器、交换机等）以及电源设备。

主站软件主要包括电能信息采集与监控系统专业软件、数据库软件等。

为提高系统的可靠性，专用通信设备和前置机一般均为双机热备用，当一台出现故障时，另一台自动替代故障设备投入工作。

（二）通信信道

通信信道常分为远程信道及本地信道两种，远程通信网络完成主站系统和现场终端之间的数据传输通信功能。本地信道用于现场终端到表计的通信连接。

（三）采集终端

安装在用户侧用于实现用电信息采集与监控功能的装置。负责各信息采集点电能信息的采集、数据管理、数据传输以及执行或转发主站下发控制命令的设备。

采集终端按应用场所可分为专变采集终端、低压集中抄表终端（包括低压集中器、低压采集器）等类型。

四、采集相关技术与设备

（一）通信技术

1. 230MHz 无线专网通信

230MHz 无线专网通信基于国家无线电管理委员会分配的专用频段，采用 230MHz 的专用频段用于电力系统数据传输，目前常用的有 15 对双工频点和 10 个单工频点。

2. 无线公网

无线公网通信是指电能计量装置或终端通过无线通信模块接入无线公网，再经由专用光纤网络接入主站采集系统的应用，目前终端通信模块主要支持公网 4G 等模式。

3. 无线专网

LTE 电力无线专网自 2009 年开始研发，已经建设了一定规模的 LTE 电力无线专网，包括 230MHz LTE-G、230M IoT-G 和 1800MHz LTE，均由核心网、基站、通信终端、业务终端、业务系统等组成。

4. 光纤专网通信

光纤专网是指依据电力用户用电信息采集系统建设总体规划而建设的以光纤为信道介质的一种内部通信网络。采集服务器可直接与终端建立通信连接，进行数据通信。

5. RS-485 通信

RS-485 总线是国际上通用的总线标准，是一种成熟的半双工通信方式。由于其具备远距离、多节点以及传输线成本低的特性，成为工业应用中数据传输的首选标准。在本地通信信道中，采用 RS-485 总线是一种简单有效的方案。

6. 电流环通信

电流环通信接口也称为电流回路通信接口，是一种串行数据通信方法，因电流信号传输比电压信号传输具有更好的抗干扰能力，适合应用于远距离的通信场合。

7. 北斗卫星通信

北斗卫星系统是我国自主研发的全球卫星导航系统，能够提供高精度、高可靠的短报文通信服务。

（二）单片机技术

单片机也被称为单片微控器，属于一种集成式电路芯片。单片机中主要包含 CPU、只读存储器 ROM 和随机存储器 RAM 等。多样化数据采集与控制系统能够让单片机完成各项复杂的运算，无论是对运算符号进行控制，还是对系统下达运算指令都能通过单片机完成。

（三）远程控制

远程控制是利用无线或电信号对远端的设备进行操作的一种技术。

第二节　专变采集终端简介

一、专变采集终端发展史

用电信息采集终端是对各信息采集点用电信息进行采集的设备，简称采集终端，可以实现电能表数据的采集、数据管理、数据双向传输以及转发或执行控制命令。用电信息采集终端按应用场所可分为专变采集终端、集中抄表终端（包括集中器、采集器）、分布式能源监控终端等类型，在 Q/GDW 1373—2013《电力用户用电信息采集系统功能规范》中明确了技术标准。

专变采集终端是对专变用户用电信息进行采集的设备，可以实现电能表数据的采集、电能计量设备工况和供电电能质量监测，以及用户用电负荷和电能量的监控，并对采集数据进行管理和双向传输。

（一）96版规约终端

1996年，原电力工业部颁发《电力负荷控制系统数据传输规约（试行）—1996》（简称96版规约），按此规约制造的终端（见图1-1）实现了不同厂家主站系统与终端的兼容，满足了当时电力负荷管理系统建设、运行、发展和使用的需求，为全面推广应用奠定了良好的基础。

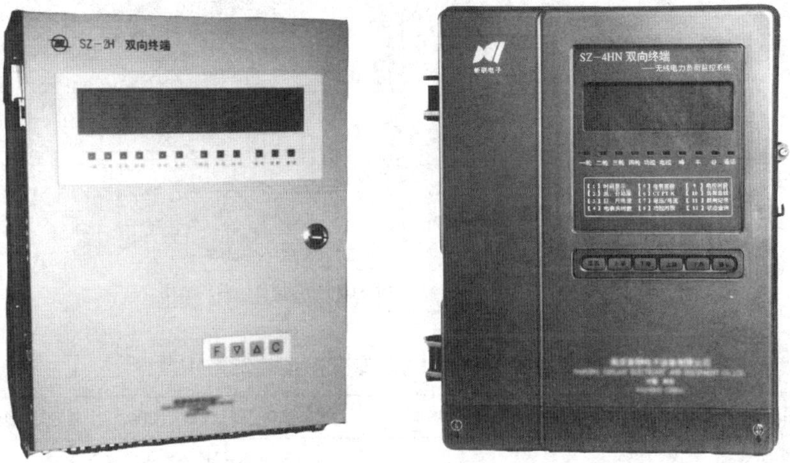

图1-1　96版规约终端

（二）04版规约终端

随着电力负荷管理系统建设规模的不断扩大、应用需求的不断深化，依据《电力负荷管理系统功能规范》和《电力负荷管理系统通用技术条件—2004》的要求，参照GB/T 18657（等同IEC 60870-5），在96版规约的基础上编制《电力负荷管理系统数据传输规约—2004》（简称04版规约）。满足了采集监测对象多样化，应用需求、功能由单一的电力负荷监控发展到集变电站集中抄表、大用户负荷管理、中小用户负荷采集、公用配电变压器监测以及并网自备电厂管理等为一体的综合采集监测管理。数据传输信道除了230MHz无线专网以外，还支持载波信道、光纤信道以及无线公用通信网信道（GPRS/CDMA、SMS等）。04版规约终端如图1-2所示。

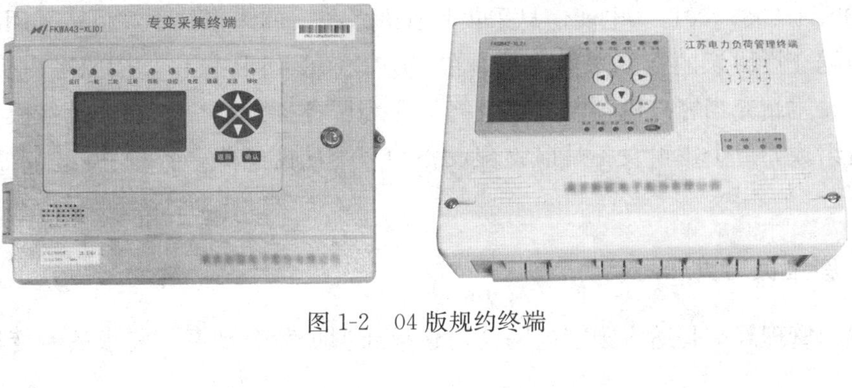

图1-2　04版规约终端

（三） 13版规约终端

按 Q/GDW 1376.1—2013《电力用户用电信息采集系统通信协议》规范的专变采集终端（见图 1-3），与 04 版规约终端的主要区别见表 1-1。

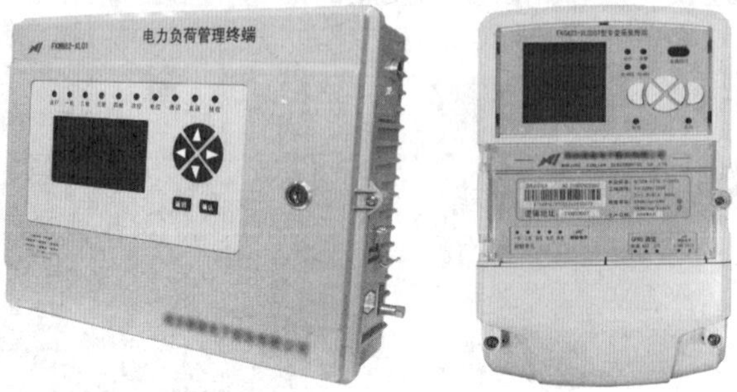

图 1-3　13 版规约终端

表 1-1　　2004 版专变Ⅰ型和 2013 版专变Ⅰ型功能结构差异

序号	项目	2013 版专变Ⅰ型终端	2004 版专变Ⅰ型终端
1	终端型号	FKTA44—××××	FKWB82—××××
2	内置交流采样	终端具备内置交流采样模块，根据现场应用需求，分为三相三线制内置交采和三相四线制内置交采，在实际现场安装时需要根据现场要求选用不同的终端	不支持内置交采
3	遥信	终端具备 4 路遥信采集接口	终端具备 8 路遥信采集接口
4	脉冲	终端具备 4 路脉冲采集接口。脉冲采集接口为内部有源接口，接入电能表脉冲时，直接将电能表脉冲接入终端脉冲采集端口	终端具备 4 路脉冲采集接口。脉冲采集接口为内部无源接口，接线时需将终端 12V 输出电源串接入脉冲采集回路
5	秒脉冲输出	终端具备秒脉冲输出接口	无
6	门接点	终端具备 1 路门接点采集接口	无
7	通信	终端支持双通道通信，同时支持 230M 通信和公网通信两种通信方式	终端改造后可支持双通道

（四） 698规约终端

符合 DL/T 698—2017《电能信息采集与管理系统》的终端技术规范，采用面向对象的互操作性数据交换协议的专变采集终端。在 DL/T 698.45 协议中，按照客户机/服务器模式进行通信，主站充当客户机，电能表及终端充当服务器，将一个物理设备模型化为一系列逻辑设备组成，每个逻辑设备是该物理设备的一个功能子集，各种功能用对象模型来标准化。

（五）新型负荷管理终端

新型负荷管理终端是适应国家电网公司建设新型负荷管理系统需求的专变用户采集监

控设备（见图 1-4），可以实现电能表数据的采集、电能计量设备工况和供电电能质量监测，以及用户用电负荷和电能量的监控，对采集数据进行管理和双向传输，配合实现紧急状况下的负荷调控、日常情况下的需求侧负荷互动，有效支撑有序用电、需求响应、辅助服务、安全用电等业务。

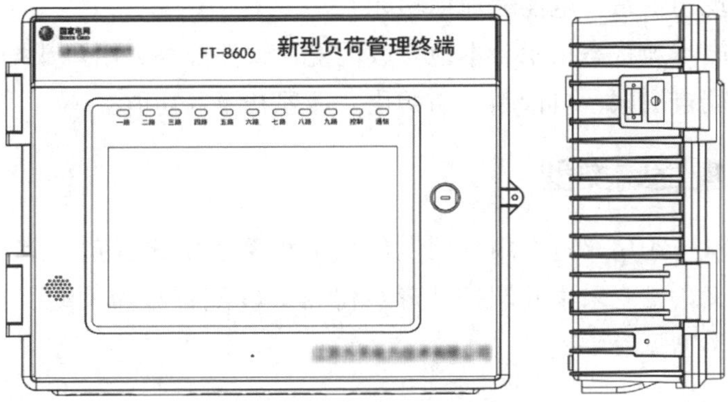

图 1-4　新型负荷管理终端

（六）智慧能源单元

智慧能源单元基于统一边缘计算框架与物联管理平台进行双向标准化数据交互，通过无线公/专网和安全接入网关与物联管理平台进行数据安全交互，可灵活部署管理 App 应用，进行数据采集、设备控制指令解析及响应。智慧能源单元如图 1-5 所示。

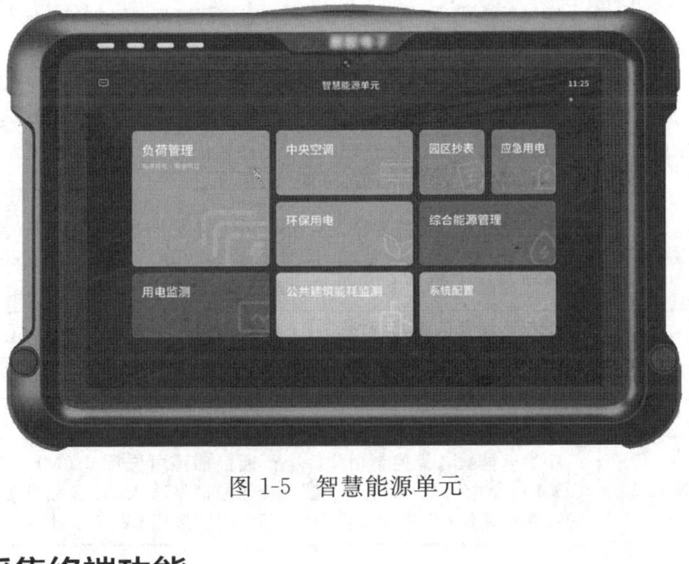

图 1-5　智慧能源单元

二、专变采集终端功能

专变采集终端具备数据采集、数据处理、事件记录、控制功能。

数据采集：实现电能表数据、状态量、脉冲量、交流模拟量、直流模拟量的采集。

数据处理：能采集、处理和存储实时和当前数据。

参数设置和查询：接受主站对终端时钟召测、对时、限值、功率、预付费等各类运行参数下发设置查询等功能。

控制：实现功率定值闭环控制、预付费控制、保电/剔除、远方控制等功能。

事件记录：根据主站设置的事件属性按照重要事件和一般事件实现分类记录。

数据传输：实现与主站、电能表通信功能。

本地功能：终端本地状态指示，本地参数设置、软件升级、用户数据服务接口功能。

终端维护：终端自测试、自诊断、初始化、远程升级等功能。

三、专变采集终端类型

Q/GDW 1375.1—2013《电力用户用电信息采集系统型式规范　第1部分：专变采集终端型式规范》定义，专变采集终端按外形结构和I/O配置分为Ⅰ型、Ⅱ型、Ⅲ型三种型式。终端建议选用类型见表1-2。

表1-2　　终端选型表

类型	类型标识	配置描述
专变采集终端Ⅰ型	FKXA4X	大型壁挂式，有控制功能，上行通信信道可选用230MHz专网、GPRS无线公网、CDMA无线公网、以太网，配置交流模拟量输入，4路遥信输入、4路脉冲输入、4路控制输出、2路RS-485，温度选用C2或C3级
	FKXB8X	大型壁挂式，有控制功能，上行通信信道可选用230MHz专网、GPRS无线公网、CDMA无线公网、以太网，配置8路遥信输入、8路脉冲输入、4路控制输出、2路RS-485，温度选用C2或C3级
专变采集终端Ⅱ型	FKXB2X	中型壁挂式，有控制功能，上行通信信道可选用230MHz专网、GPRS无线公网、CDMA无线公网、以太网，配置2路遥信输入、2路脉冲输入、2路控制输出、2路RS-485，温度选用C2或C3级
	FKXB4X	中型壁挂式，有控制功能，上行通信信道可选用230MHz专网、GPRS无线公网、CDMA无线公网、以太网。配置4路遥信输入、4路脉冲输入、4路控制输出、2路RS-485，温度选用C2或C3级
专变采集终端Ⅲ型	FKXA2X	小型壁挂式，有控制功能，上行通信信道可选用230MHz专网、GPRS无线公网、CDMA无线公网、以太网，配置交流模拟量输入、2/2路开关量输入（可设置为有源或无源遥信/脉冲）、2路控制输出、2路RS-485，温度选用C2或C3级
	FKXA4X	小型壁挂式，有控制功能，上行通信信道可选用230MHz专网，GPRS无线公网、CDMA无线公网、以太网，配置交流模拟量输入、2/2路开关量输入（可设置为有源或无源遥信/脉冲）、4路控制输出（其中2路通过扩展模块实现）、2路RS-485，温度选用C2或C3级
	FCXA2X	小型壁挂式，无控制功能，上行通信信道可选用230MHz专网GPRS无线公网、CDMA无线公网、以太网，配置交流模拟量输入、2/2路开关量输入（可设置为有源或无源遥信/脉冲）、2路RS-485，温度选用C2或C3级

第二章　用户用电信息维护与分析

第一节　用户建档和参数设置

一、新装用户档案管理及参数配置

设备安装调试是对营销业务流程进入设备安装调试环节，在用电信息采集系统通过设备安装调试工单实现流程化管理。用电信息采集系统自动生成设备安装调试工单，采集运维人员对设备安装调试工单进行处理，通过待办任务查询、自动建档、终端调试、停复电调试、业务验证、调试反馈，最终将调试结果反馈至营销系统。

（一）从营销系统关联用户信息

打开能源互联网营销服务系统，选择【工单管理】→【待办工单】，输入新装专变用户采集终端的工单编号，找到需要新增负控档案的用户，点击【签收】→【计量设备调试】，即进入计量设备操作调试页面，如图 2-1 所示。

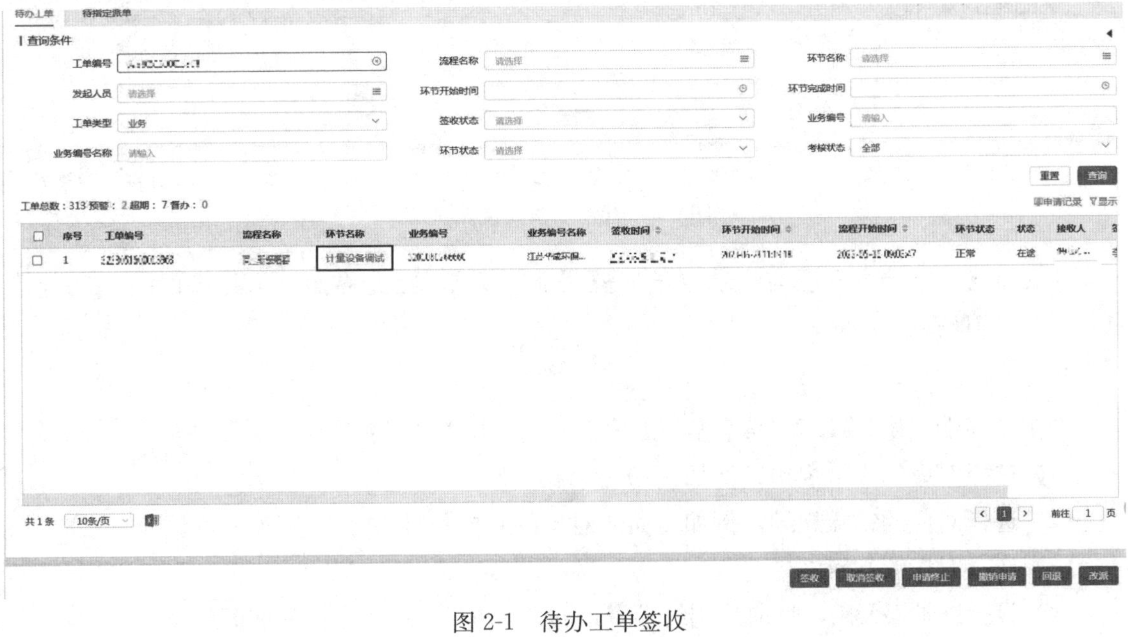

图 2-1　待办工单签收

转跳至【计量设备调试】，该页面显示需调试的电能表和采集终端，点击【发起调试】，该工单将流转至用电信息采集系统，如图 2-2 所示。

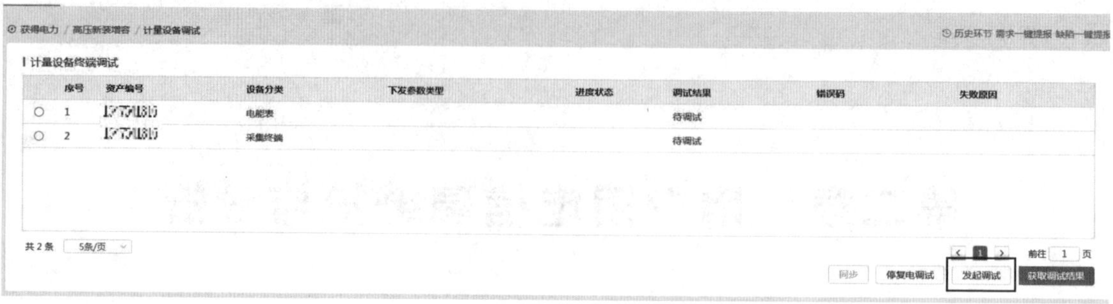

图 2-2　发起调试

（二）负控运行档案管理

打开用电信息采集系统，选择【采集运维】→【设备调试管理】，进入营销业扩安装调试页面，可根据申请编号、调试类型、终端类型、工单状态等条件查找对应工单，如图 2-3 所示。

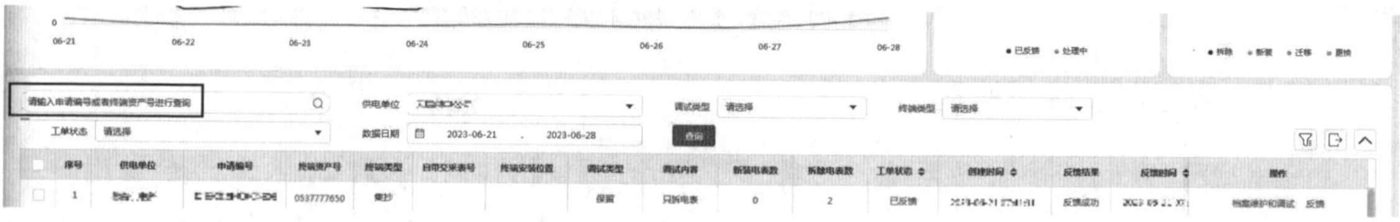

图 2-3　营销业扩安装调试工单查询

输入新装专变用户采集终端的工单编号，查找所需建档调试的对应用户后点击【档案维护和调试】，如图 2-4 所示。

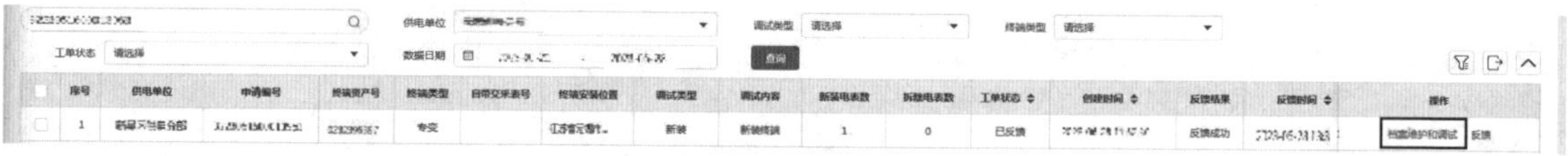

图 2-4　营销业扩安装调试

跳转至【运行档案管理与终端调试】→【设备档案】，在此界面输入终端的一些基础信息，* 为必填信息。

1. 档案管理

选中该终端，设置【基本信息】，填写完毕后点击【保存】按钮（见图 2-5）。

（1）选择对应的终端规格，例如：698 终端规格。

（2）选择对应的终端规约，例如：面向对象的互操作性数据交换协议。

（3）选择对应的站点。

（4）设置终端 SA 码，目前采用终端资产号，如果不够 12 位在最前面补 0。

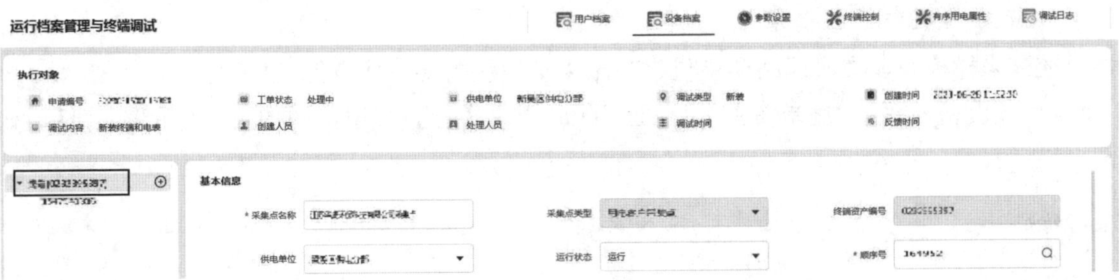

图 2-5　档案管理

2. 保存档案

选中终端下挂接的营销电能表，设置【采集对象信息】，填写完毕后点击【保存】按钮（见图 2-6）。

（1）TA、TV、脉冲常数值等应该与现场设备一致。

（2）设置抄表序号、抄表端口号。

（3）通讯速率：300～9600bit/s 可选。

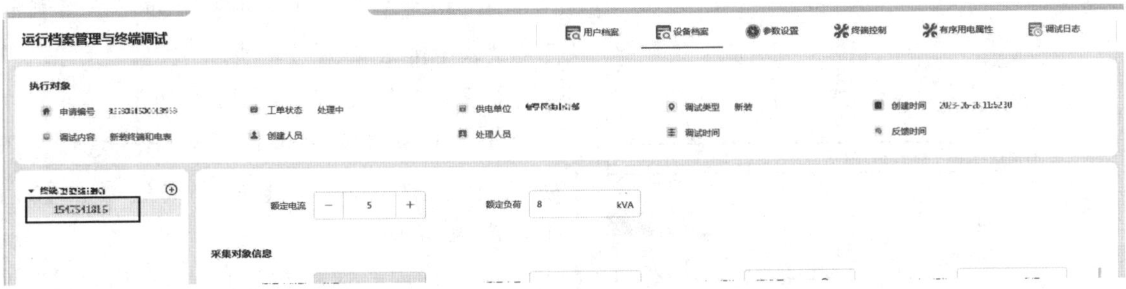

图 2-6　设备档案❶

3. 档案设置

设置电能表【脉冲信息】，设定的参数将在设置参数显示区显示，填写完毕后点击【保存】按钮（见图 2-7）。

（1）在电能表列表内选择要设定参数的电能表。

（2）按电能表铭牌标识的脉冲参数设定。

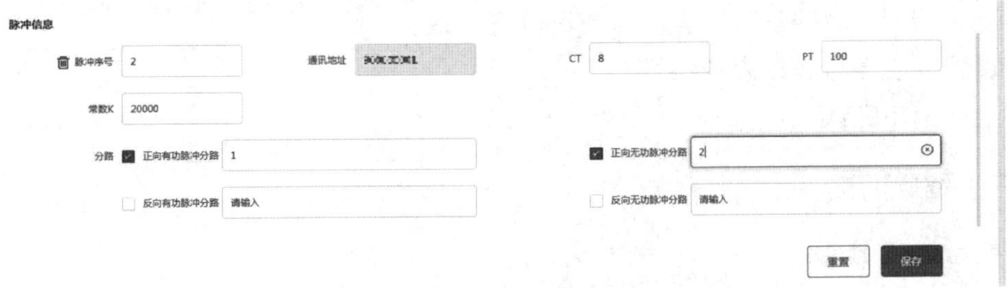

图 2-7　档案设置❶

❶ 系统截图中的 CT、PT 代表电流互感器（TA）、电压互感器（TV）。

4. 添加自建电能表档案

交流采样模块、二次回路巡检仪、分路采集模块需要自建电能表档案。

（1）【设备档案】“终端资产号”处，点击新建【⊕】按钮，添加自建电能表信息，如图 2-8 所示。

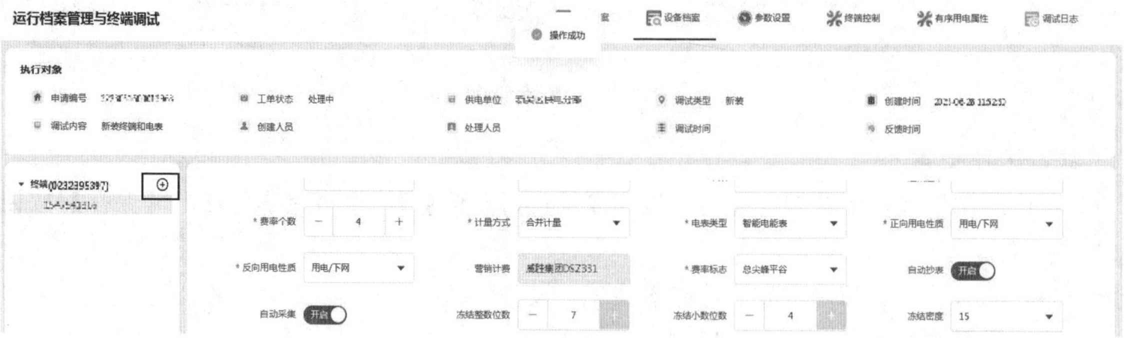

图 2-8　添加自建表信息[1]

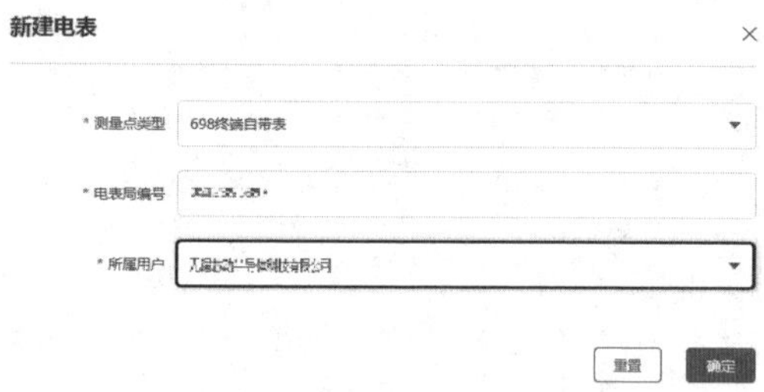

图 2-9　新建电能表

（2）转跳至【新建电表】页面，填写测量点类型、电能表局编号、所属用户，填写完毕后点击【确定】按钮，如图 2-9 所示。

1）新增交流采样模块。测量点类型选择为“交流采样模块”，电能表局编号设置为“JC＋终端资产号”。

2）新增回路巡检仪模块。测量点类型选择为“二次回路巡检仪”，此时，电能表局编号设置为“XJ＋终端资产号”。

3）分路采集模块。测量点类型选择为“分路采集”，此时，电能表局编号设置为“FL＋终端资产号”。

4）面向对象终端自带电能表。测量点类型选择为“698 终端自带表”，此时，电能表局编号设置为关联局编号。

（3）选中已添加的自建电能表，设置电能表对应的【电表资产信息】和【采集对象信息】，填写完毕后点击【保存】按钮，如图 2-10 所示。

1）TA、TV、脉冲常数值应该与现场设备一致。

2）设置抄表序号、抄表端口号。

3）通讯速率默认。

（三）终端调试

1. 终端初始化操作

【硬件】：点击【下发】按钮，可对终端下发硬件复位命令（终端重启）。

---

❶ 系统截图中的电表代表电能表。

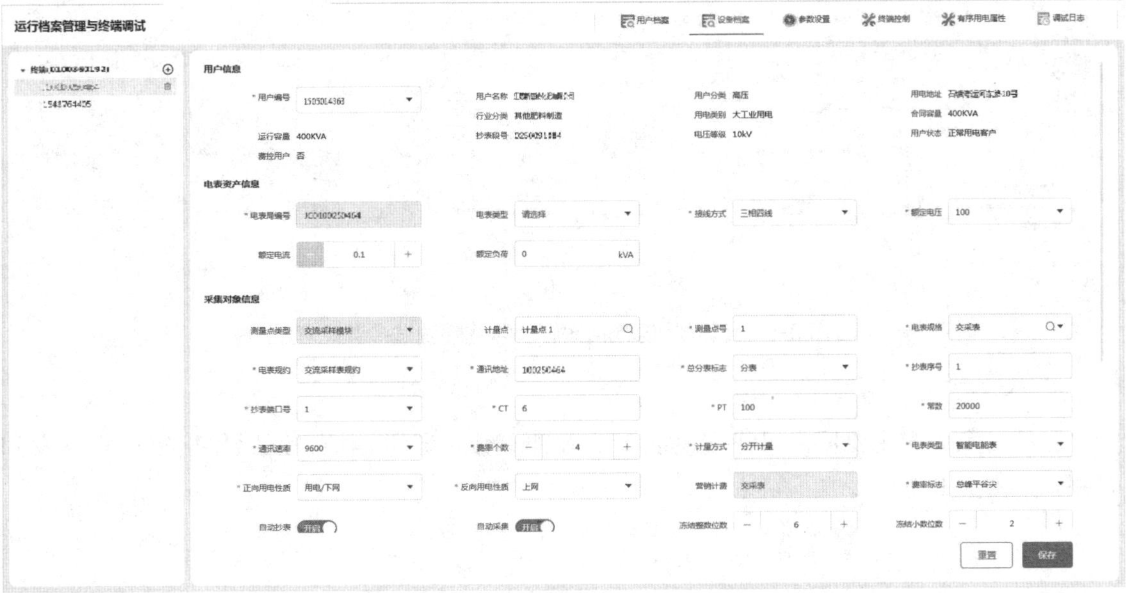

图 2-10　电能表档案设置

【数据区】：点击【下发】按钮，可清空终端数据区存储的数据。

【参数区】：点击【下发】按钮，可对终端下发恢复出厂设置命令（终端恢复为出厂设置）。

下发完成后，可在下发结果显示区内查看下发结果，如图 2-11 所示。

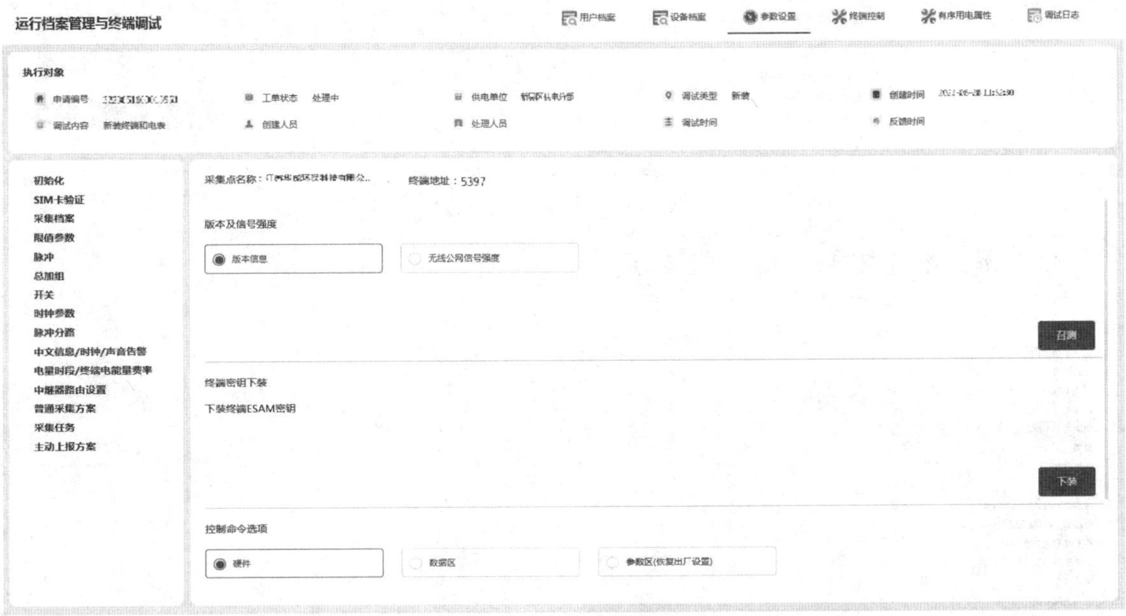

图 2-11　终端复位

备注：下发【参数区】命令，终端恢复为出厂设置，谨慎使用！

2. 采集档案下发

选中该终端下挂接的对应电能表，点击【下发】按钮，如图 2-12 所示。

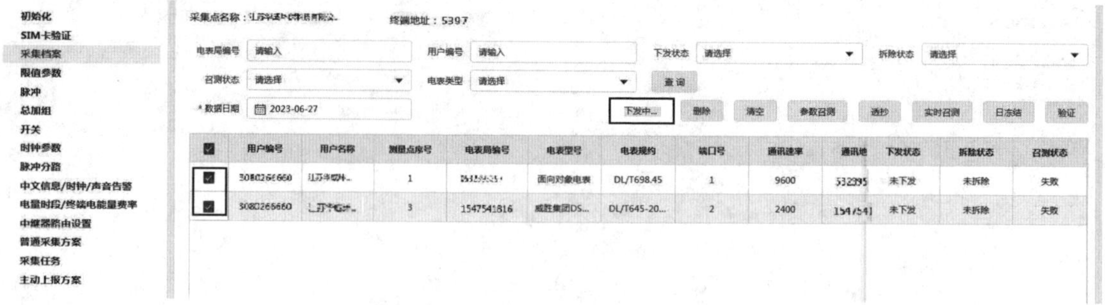

图 2-12　新采集运行档案管理与终端调试参数设置

3. 脉冲下发

脉冲参数界面主要用来对终端电能表的脉冲参数、通讯地址、互感器倍率进行下发和召测，如图 2-13 所示。

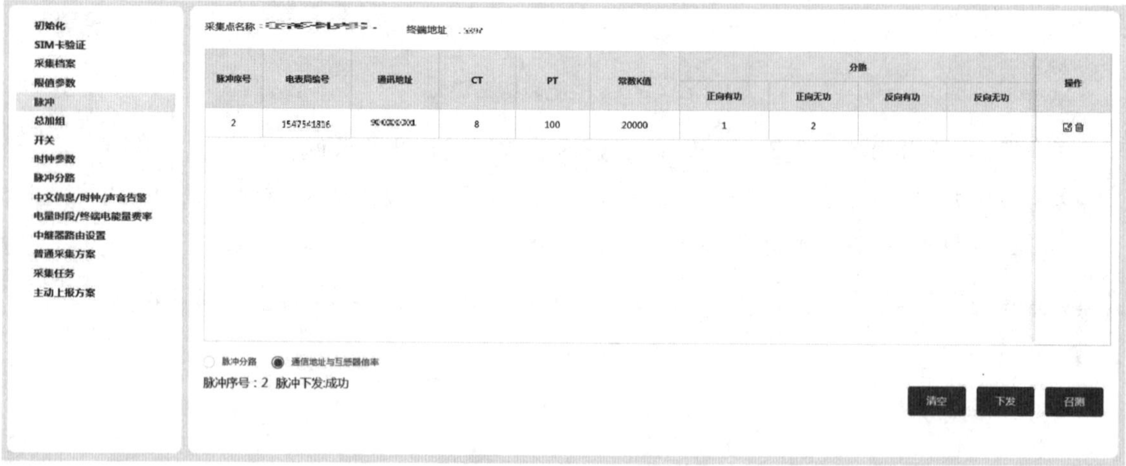

图 2-13　脉冲参数下发

4. 总加组配置及下发（见图 2-14）

图 2-14　新增总加组

点击【新增】，弹出总加配置页面，在此界面内，可以增加、修改和删除总加组，如图 2-15 所示。

图 2-15　总加组配置

配置完成后点击【下发】按钮，如图 2-16 所示。

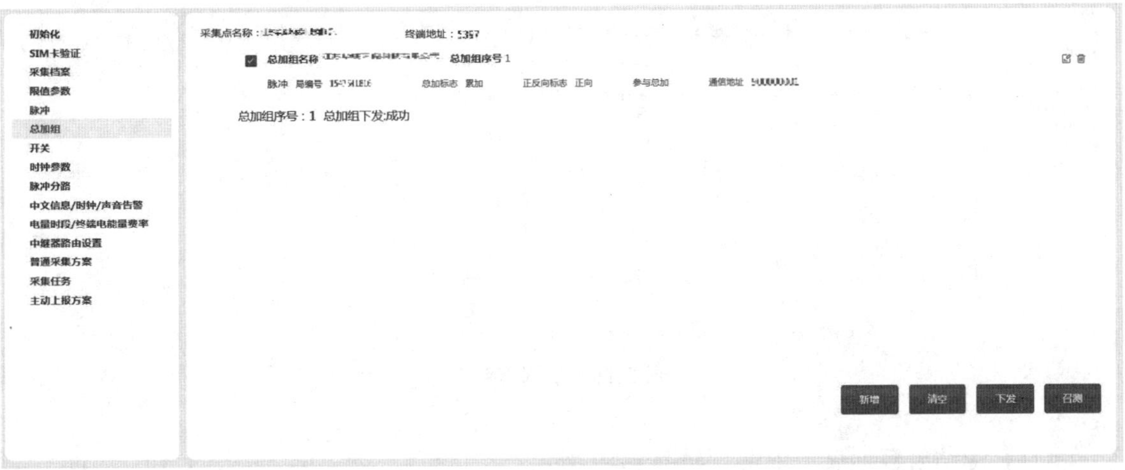

图 2-16　总加组参数下浮

5. 开关配置下发

在开关属性参数设置、显示区内可以直接设置开关属性参数，如图 2-17 所示。方法为直接点击对应信息格，输入参数。其中，状态、类型、对应轮次、主计量点和旁路计量是可以下拉选择的，其他的均为直接输入。

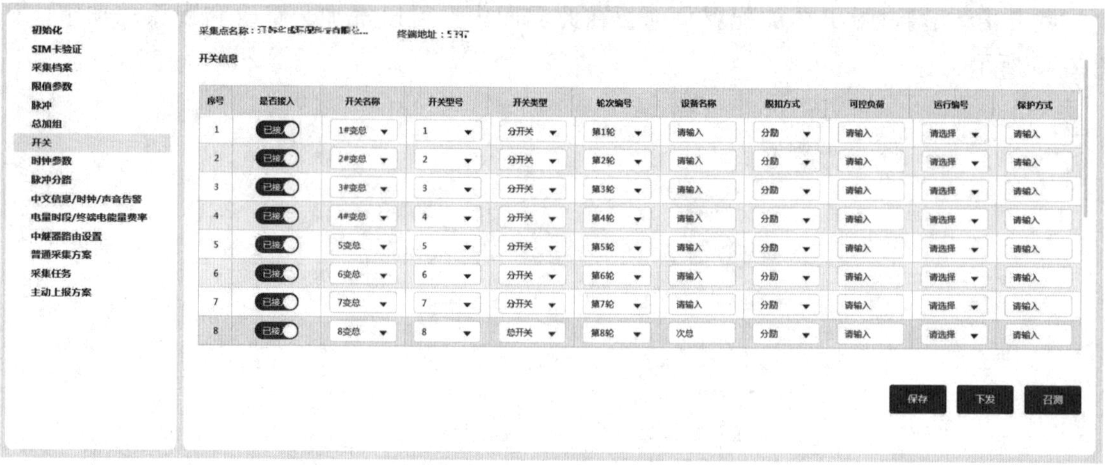

图 2-17 开关参数设置

6. 反馈营销

参数设置下发完毕后返回【采集档案】，选中终端下挂接的营销电能表，点击【实时召测】，如图 2-18 所示。

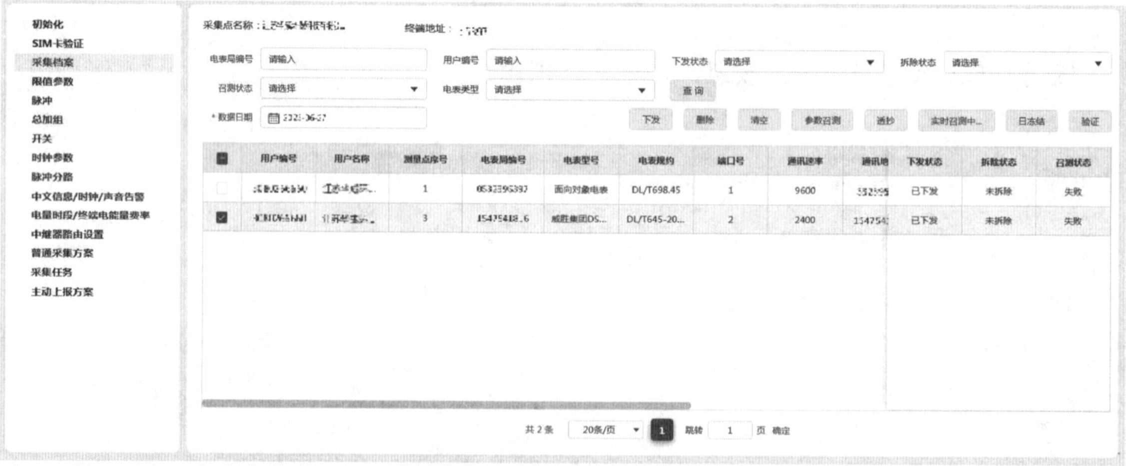

图 2-18 数据召测

实时召测结果数据显示正常，如图 2-19 所示。

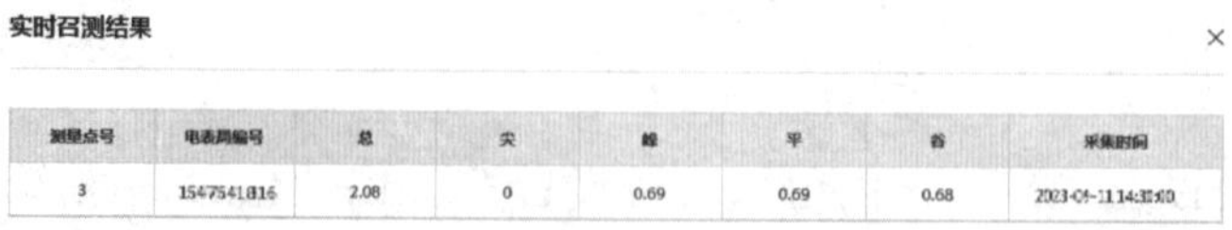

图 2-19 召测结果

返回营销业扩安装调试页面，点击【反馈】，如图 2-20 所示。

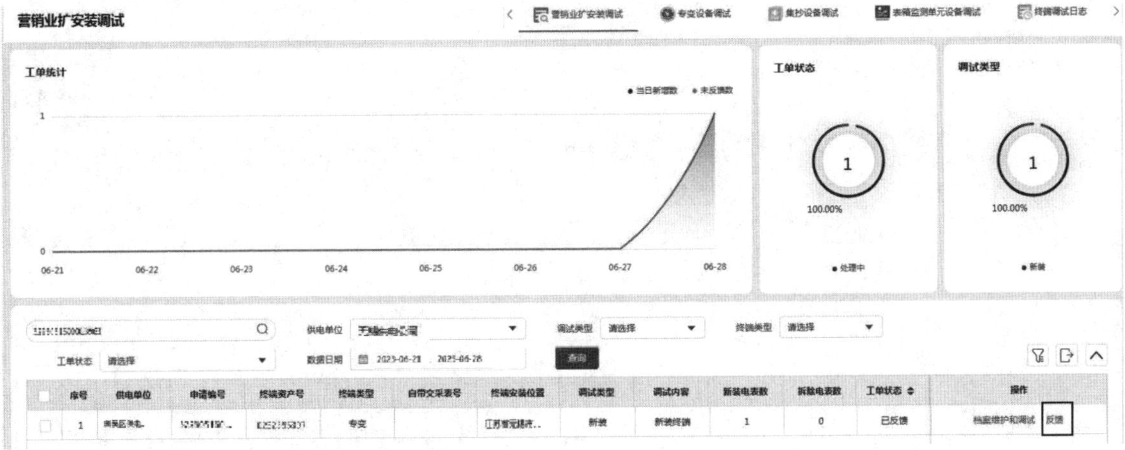

图 2-20　反馈调试信息

流转至【任务明细】，调试结果选择【成功】，点击【设置电表调试结果【成功】】→【反馈】，如图 2-21 所示。

图 2-21　调试信息选择

打开能源互联网营销服务系统，选择【工单管理】→【待办工单】，输入该新装专变用户采集终端的工单编号，再查找已无此工单号，说明该工单已完成，如图 2-22 所示。

二、更换终端用户档案管理及参数配置

（一）从营销系统关联用户信息

打开能源互联网营销服务系统，选择【工单管理】→【待办工单】，输入对应工单编号，找到需要更换终端的档案的用户，点击【签收】→【装拆调试】，如图 2-23 所示。

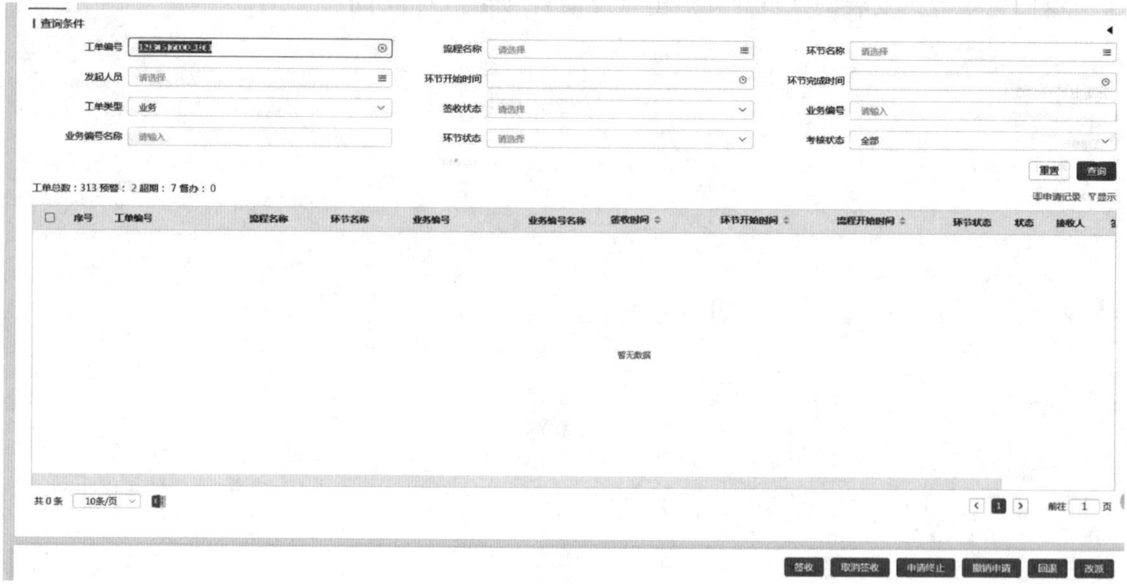

图 2-22　完成调试信息反馈

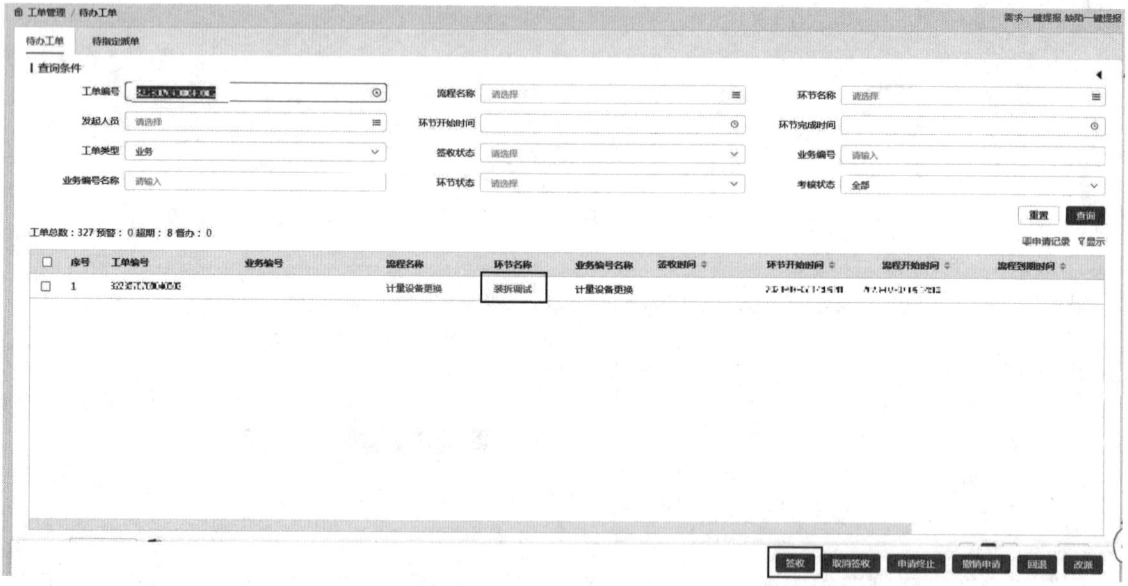

图 2-23　待办工单签收

进入装拆调试页面，如图 2-24 所示。

点击【采集关系信息维护】，在此页面左中位置可显示原终端和现终端的终端资产编号，点击【采集调试】，该工单将流转至用电信息采集系统，如图 2-25 所示。

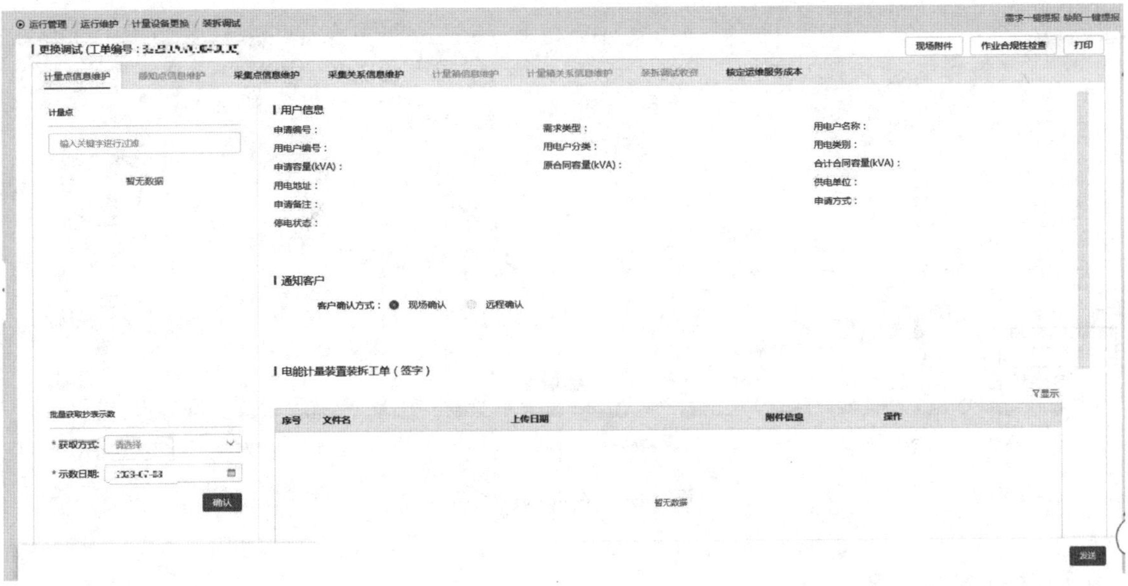

图 2-24　装拆调试

图 2-25　采集调试

（二）负控运行档案管理

打开用电信息采集系统，点击【采集运维】→【设备调试管理】菜单，进入营销业扩安装调试页面，输入换终端用户的工单编号，查找所需建档调试的对应用户，点击【档案维护和调试】，如图 2-26 所示。

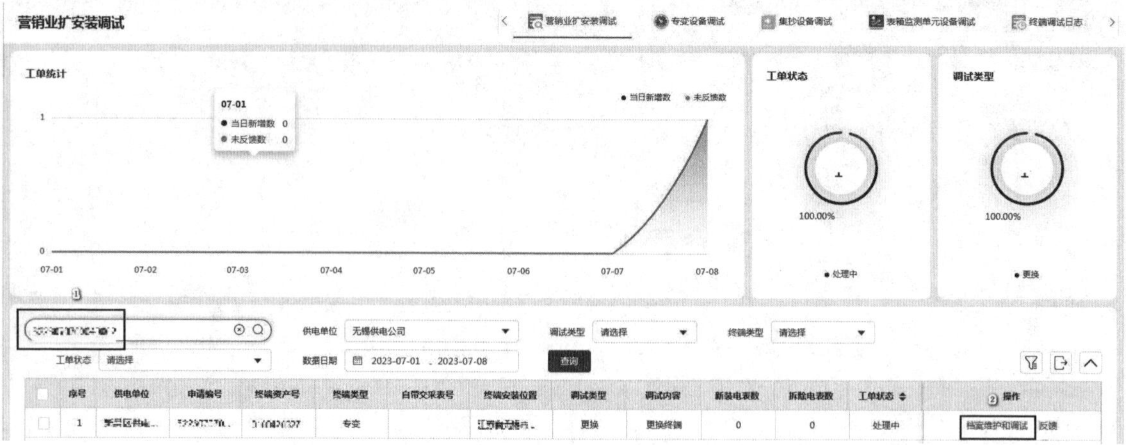

图 2-26　查询调试工单

1. 运行档案管理

跳转至【运行档案管理与终端调试】→【设备档案】，进入此界面更改终端 SA 码。设置终端 SA 码，目前采用终端资产号如果不够 12 位，在最前面补 0，更改后点击【保存】按钮。如图 2-27 所示。

图 2-27　运行档案管理

2. 电能表档案管理

删除原终端自建电能表档案信息，选择要删除的电能表，如图 2-28 所示。

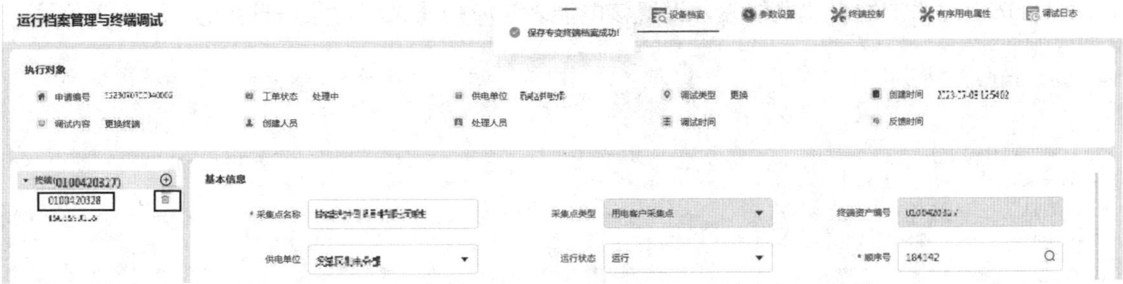

图 2-28　电能表档案管理

点击【确认】按钮删除后，自建电能表档案信息被彻底删除，如图 2-29 所示。

图 2-29　删除电能表档案

3. 添加新终端自建电能表档案信息

（1）【设备档案】“终端资产号”处，点击新建【⊕】按钮，添加自建电能表信息，如图 2-30 所示。

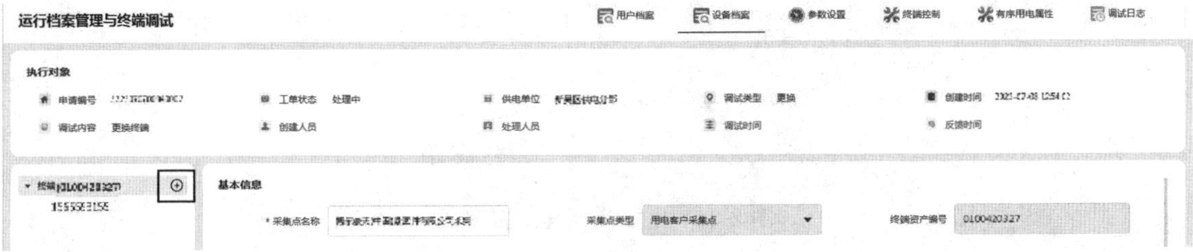

图 2-30　新建电能表

进入新建电能表页面，新建添加自建电能表档案信息，选择测量点类型，填入该终端自建电能表局编号，选择对应的用户，点击【确定】按钮，如图 2-31 所示。

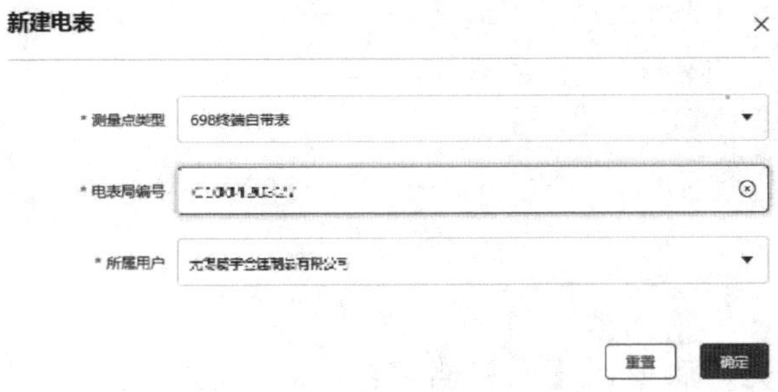

图 2-31　新建电能表档案

（2）选中已添加的自建电能表，设置该电能表对应的【采集对象信息】，如图 2-32 所示。

图 2-32　配置电能表信息

（3）按照提示确认 1 号测量点为交采模块、二次回路巡检仪，点击【确定】按钮，如图 2-33 所示，后保存当前的设置，如图 2-34 所示。

图 2-33　电能表档案配置完成

（三）终端调试

1. 终端初始化操作

操作详情同图 2-11。

2. 脉冲下发

操作详情同图 2-12。

3. 总加组配置及下发

操作详情同图 2-13。

4. 反馈营销

（1）参数设置下发完毕后返回【采集档案】页面，选中终端下挂接的营销电能表，点击【实时召测】，如图 2-35 所示。

图 2-34　保存自建表档案

图 2-35　实时召测

（2）实时召测结果如图 2-36 所示。

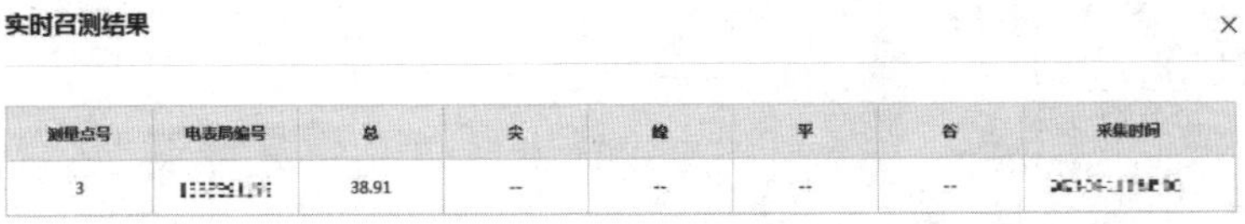

实时召测结果

测量点号	电表局编号	总	尖	峰	平	谷	采集时间
3	[illegible]	38.91	--	--	--	--	[illegible]

图 2-36　召测结果

（3）返回【营销业扩安装调试】页面，点击【反馈】，如图 2-37 所示。

流转至【任务明细】，调试结果选择【成功】，点击【设置电表调试结果【成功】】→【反馈】，如图 2-38 所示。

在掌机上根据工单号查找到此装拆调试工单，如图 2-39 所示，点击【发送】按钮，如图 2-40 所示。

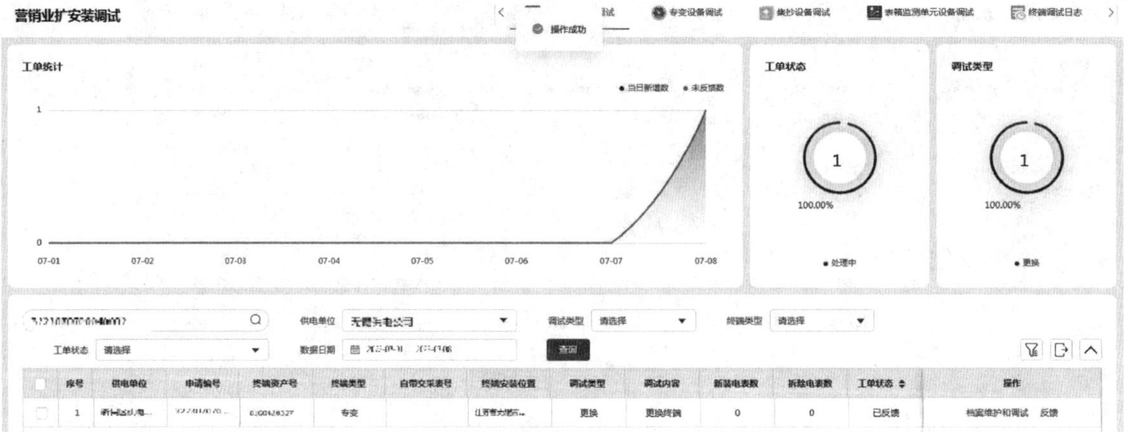

图 2-37　安装调试反馈

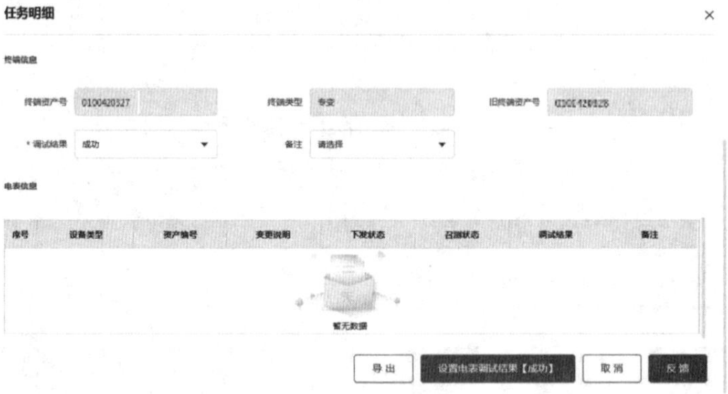

图 2-38　反馈信息

图 2-39　掌机装拆调试工单签收

图 2-40　掌机装拆调试

打开能源互联网营销服务系统，点击【工单管理】→【待办工单】，输入需要更换终端的档案的用户工单编号，查找此工单，环节名称为【拆回入库】，流程完结，如图 2-41 所示。

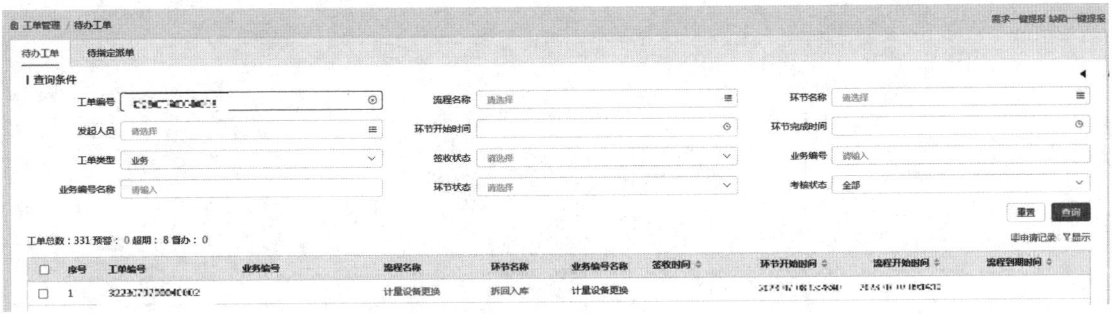

图 2-41　拆回入库

三、更换电能表用户档案管理及参数配置

（一）从营销系统关联用户信息

打开能源互联网营销服务系统，点击【工单管理】→【待办工单】，输入工单编号，查询需要更换电能表的专变用户，点击【签收】，如图 2-42 所示。

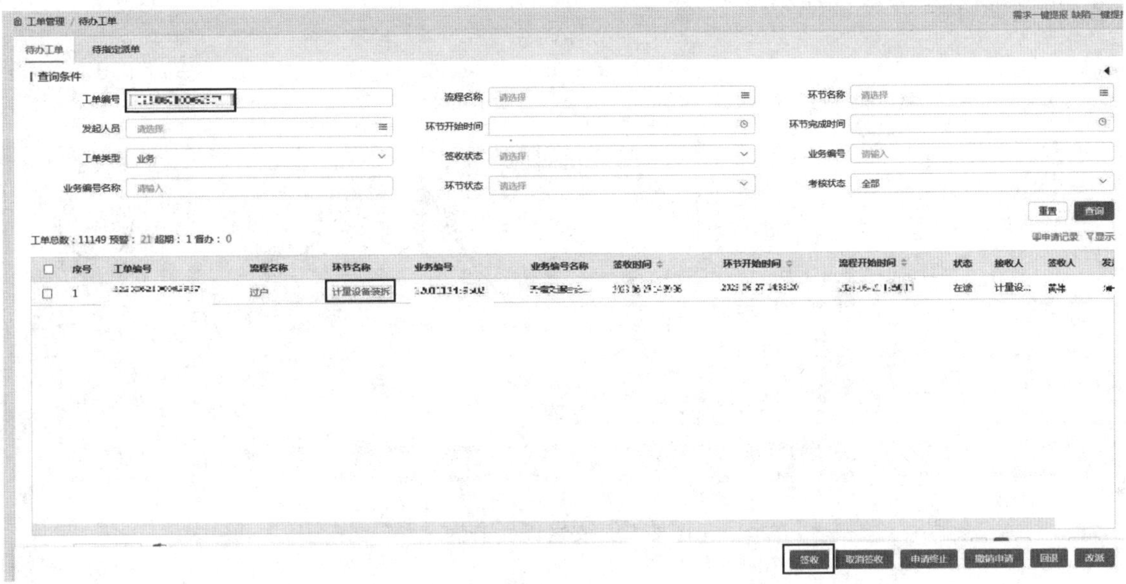

图 2-42　计量设备装拆待办工单

进入【计量信息维护】→【采集关系信息维护】，在此页面左中位置显示需换表终端的终端资产编号，点击【采集调试】，该工单将流转至用电信息采集系统，如图 2-43 所示。

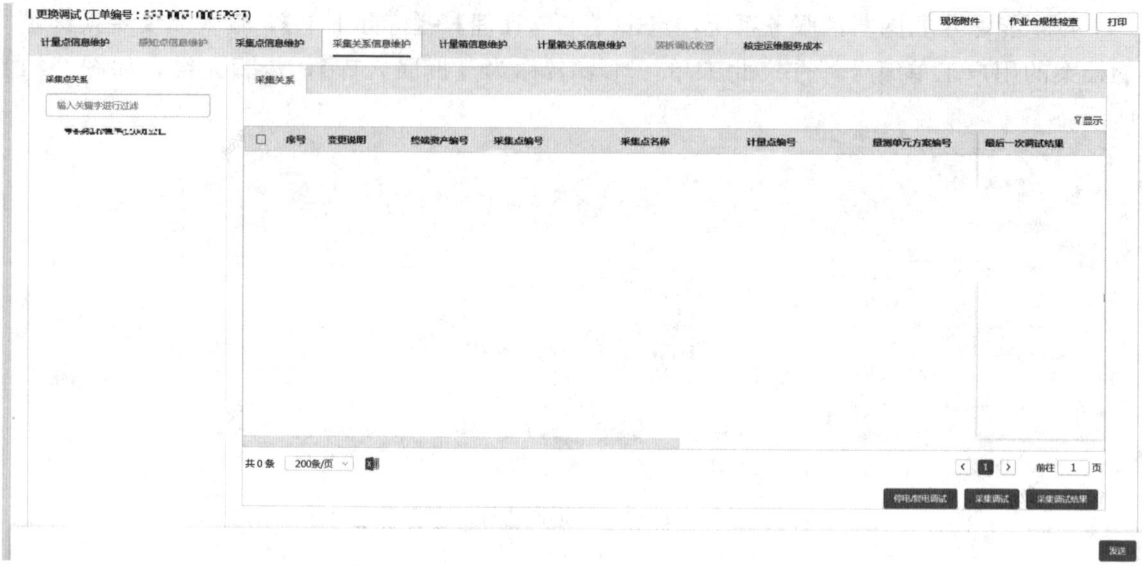

图 2-43　发送调试工单

（二）负控运行档案管理

打开用电信息采集系统，点击【采集运维】→【设备调试管理】，进入【营销业扩安装调试】页面，输入需换表终端用户的工单编号，查找所需建档调试的对应用户，点击【档案维护和调试】，如图 2-44 所示。

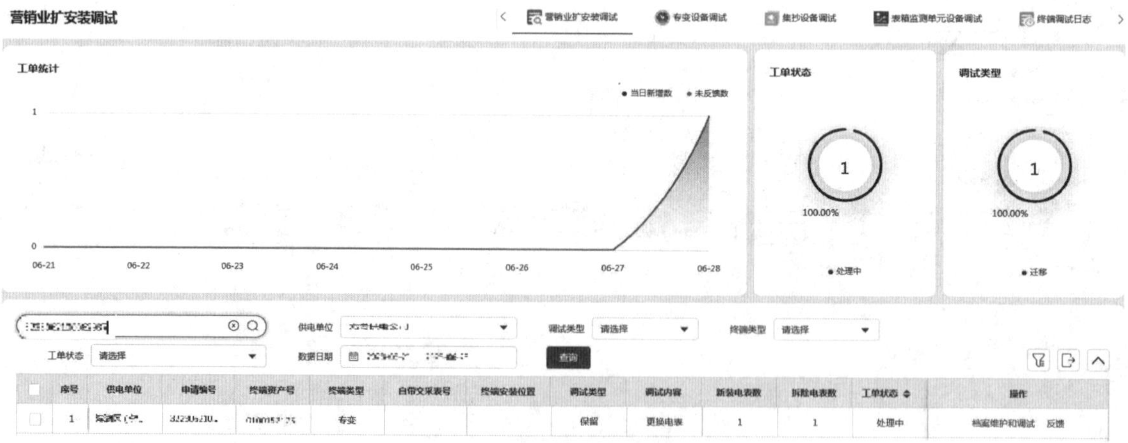

图 2-44　安装调试工单

跳转至【运行档案维护与终端调试】→【设备档案】，在此界面更改【电表资产信息】【采集对象信息】。

（1）选中该终端下已挂接的营销电能表，设置该电能表对应的【采集对象信息】部分，填写完毕后点击【保存】按钮，如图 2-45 所示。

图 2-45 电能表档案

1）TA、TV、脉冲常数值、电能表规格数据应该与营销一致。

2）设置抄表序号、抄表端口号。

3）通讯速率：300～9600bit/s 可选。

（2）设置该电能表对应的【脉冲信息】，填写完毕后点击【保存】按钮，如图 2-46 所示。

1）在电能表列表内选择要设定参数的电能表。

2）按电能表铭牌标识的脉冲参数设定。

3）设定的参数将在设置参数显示区显示。

图 2-46 脉冲信息

（三）终端调试

1. 采集档案参数下发

选中该终端下挂接的对应电能表，点击【下发】按钮，如图 2-47 所示。

图 2-47　档案参数下发

下发成功后页面如图 2-48 所示。

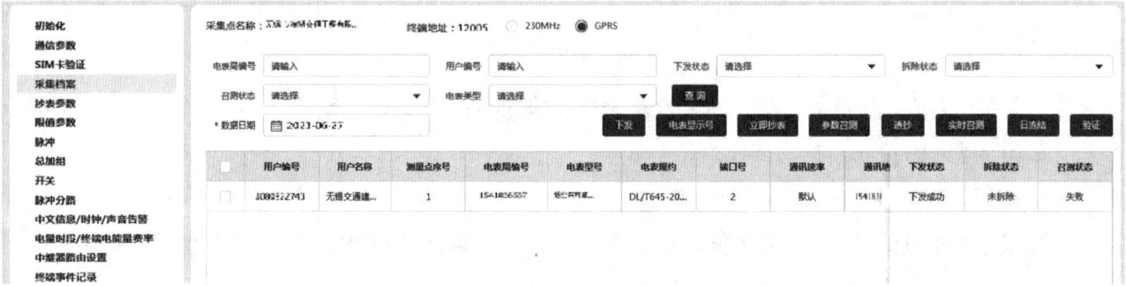

图 2-48　参数下发完成

2. 脉冲下发

脉冲参数页面主要用来对终端电能表的脉冲参数、通讯地址、互感器倍率进行下发和召测，其页面如图 2-49 所示。

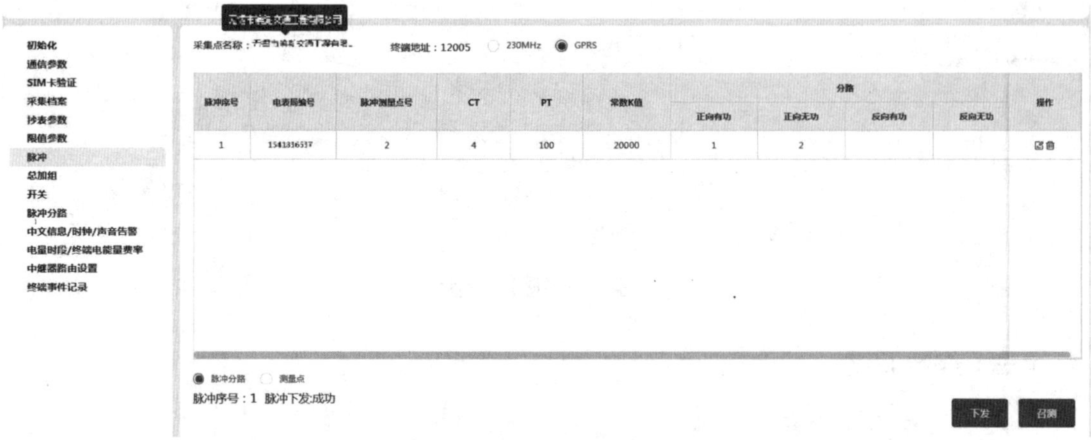

图 2-49　脉冲参数下发

3. 总加组配置下发

对总加组进行配置。配置方法为点击【新增】按钮，在此页面内可以增加、修改和删除总加组，如图 2-50 所示。

图 2-50　总加组参数配置

配置完成后返回至【参数设置】页面，选择已配置完成的总加组，点击【下发】按钮，如图 2-51 所示。

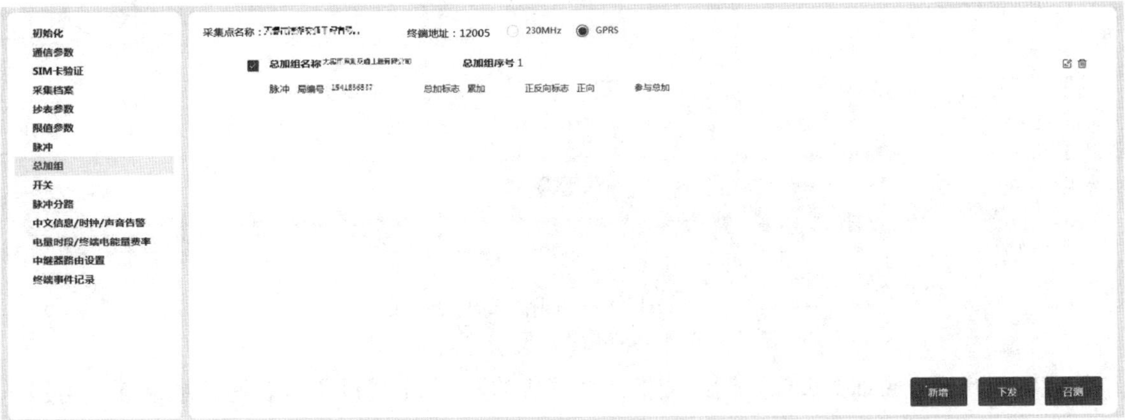

图 2-51　总加组下发

4. 反馈营销

参数设置下发完毕后返回采集档案菜单，选中终端下挂接的营销电能表，点击【实时召测】，如图 2-52 所示。

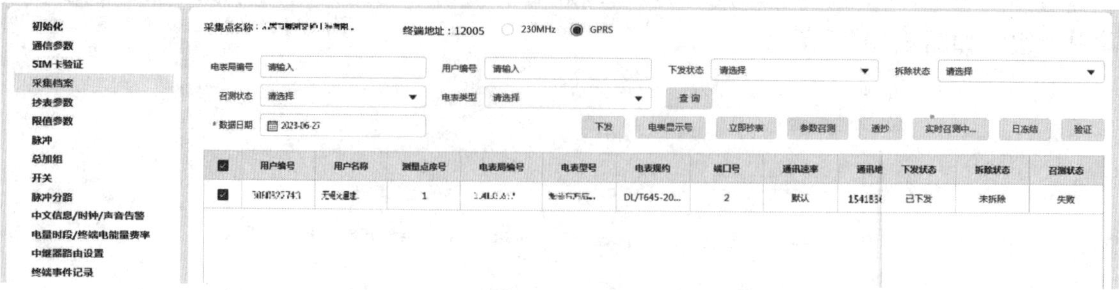

图 2-52　实时召测

实时召测结果如图 2-53 所示。

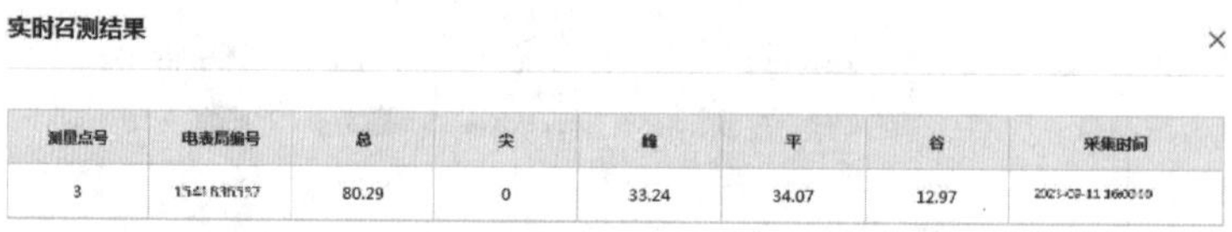
实时召测结果

测量点号	电表局编号	总	尖	峰	平	谷	采集时间
3	[illegible]	80.29	0	33.24	34.07	12.97	[illegible]

图 2-53　实时召测结果

返回【营销业扩安装调试】页面，点击【反馈】，如图 2-54 所示。

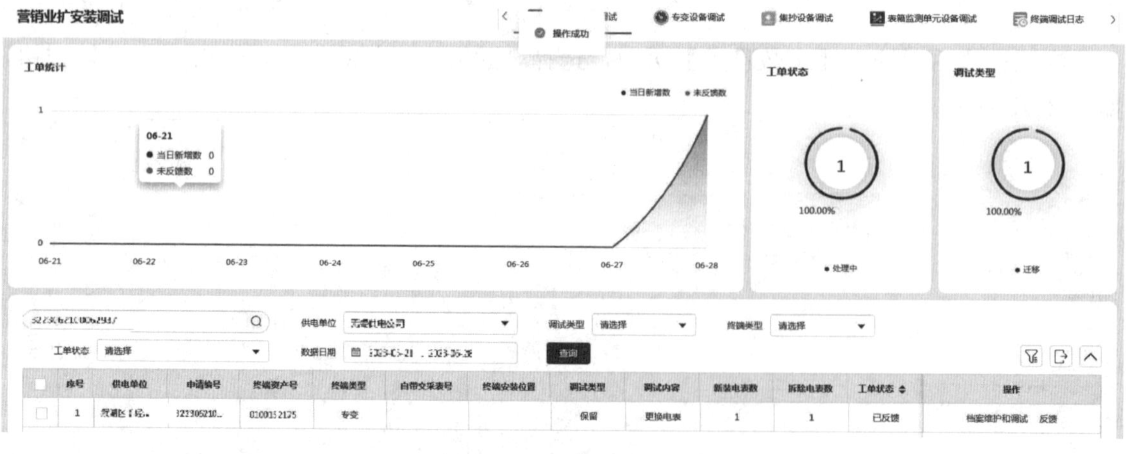

图 2-54　调试反馈

流转至【任务明细】页面，调试结果选择【成功】，点击【设置电表调试结果【成功】】→【反馈】，如图 2-55 所示。

打开能源互联网营销服务系统，选择【工单管理】→【待办工单】，输入更换电能表的专变用户工单编号，再查找已无此工单号，说明该工单已完成，如图 2-56 所示。

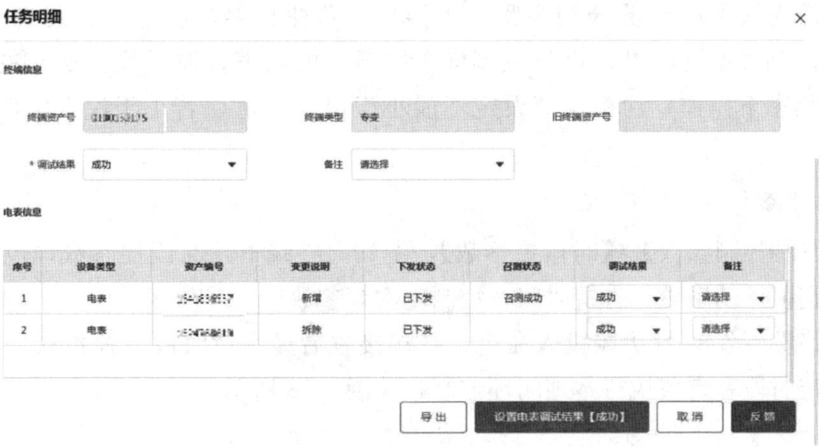

图 2-55　调试结果

图 2-56　营销服务系统工单完成

四、终端控制参数设置下发

电力负荷系统的控制功能主要分为功率定值控制、远程控制、电量定值控制、终端保电/剔除四大类。

（一）功率定值控制

终端接受主站下发功率控制命令及参数，终端监测实时功率，功率超出定值则本地执行闭环控制跳闸。功率定值控制投入、解除和控制过程中，均有语音告警。

功率定值控制根据控制方式的不同可分为时段功控、厂休功控、营业报停功控和紧急下浮控。选择【终端控制】→【终端控制状态】召测控制状态，如图 2-57 所示。

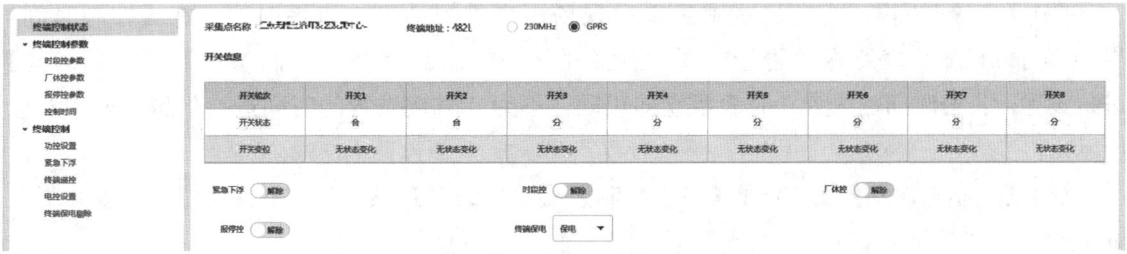

图 2-57　终端控制状态

控制的优先级由高到低分别为紧急下浮控、营业报停功控、厂休功控、时段功控。若多种功率控制类型同时投入，只执行优先级最高的功率控制类型。所有的控制执行必须在非保电状态下操作，功率定值设定不能小于保安定值，若小于保安定值按保安定值执行。

1. 时段控参数

选择【终端控制参数】→【时段控参数】，主站向终端下发时段控参数，包括功率时段、功率定值、定值浮动系数、告警时间、控制轮次等参数。

主站向终端下发时段功控投入命令，终端接收后显示“时段功控投入”状态及参数。终端根据设定时段和定值执行本地闭环控制，如图 2-58 所示。

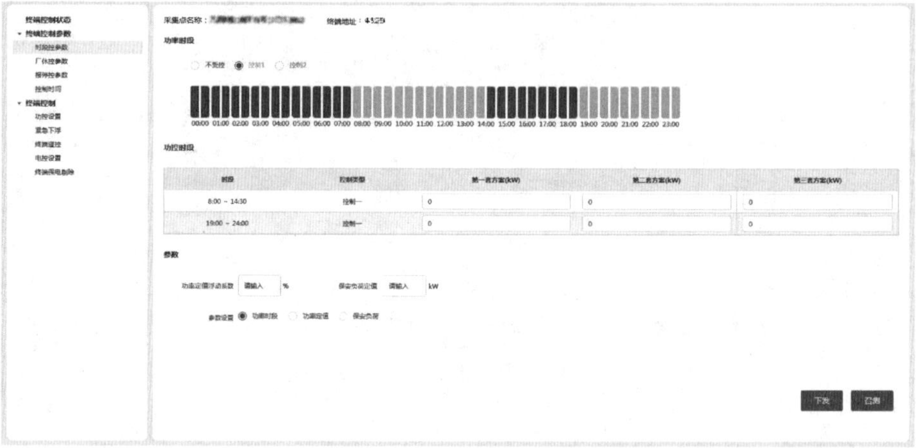

图 2-58　时段控制设置

（1）【功率时段】：时段控是功率控制中最普遍最常用的控制方式，准确地设置每个用户的时段控定值能最大限度地发挥功控的作用。在此界面内，可根据本地区用电情况将 24 小时分为平、峰、谷或者不控、控一、控二等几种用电时段。

（2）【功率定值浮动系数】：如果浮动系数为正，则实际功率定值在目前定值的基础上上浮该比例；如果浮动系数为负，则实际功率定值在目前定值的基础上下浮该比例；功率定值浮动系数正常情况下设为 0。

（3）【保安负荷定值】：按要求设定保安定值下发，时段控参数支持下发两个时段（即控一和控二，默认控一），每个时段都支持三套定值（默认为第一套定值）。

（4）【告警时间】：指满足跳闸条件后现场用户跳闸动作的告警时间。在【控制时间】界面，可以设置下发终端的告警时间。选择【终端控制】→【终端控制参数】→【控制时间】进行设置，告警时间输入为 0 时表示立即跳闸，不为 0 时按设置的时间进行告警，如图 2-59 所示。

（5）【控制轮次参数】：选择【终端控制】→【功控设置】→【控制轮次参数】，设置并下发开关轮次的“控制方式”：受控或者不受控，如图 2-60 所示。

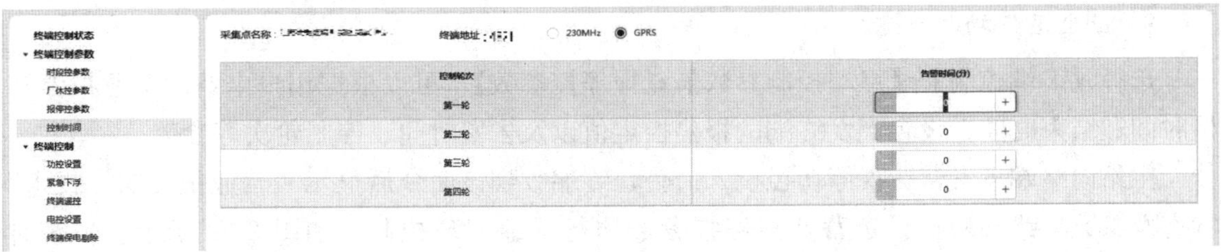

图 2-59　告警时间设置

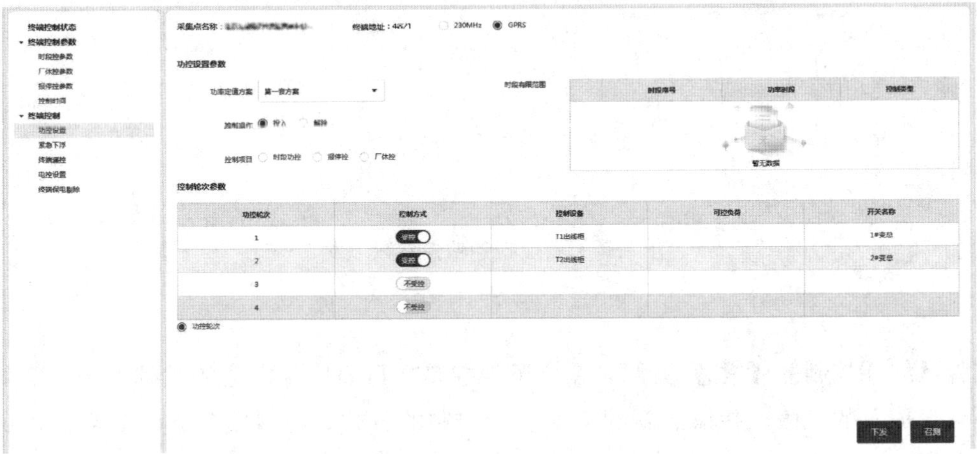

图 2-60　控制轮次下发

2. 厂休功控参数

选择【终端控制】→【终端控制参数】→【厂休控参数】，主站向终端下发厂休功控参数（界面中设置厂休日定值、限电起始时间、延续小时、每周厂休日）以及告警时间、控制轮次等参数。

主站向终端下发厂休功控投入命令，终端收到该命令后显示“厂休功控投入”状态及参数。终端根据设定厂休控参数执行本地闭环控制。

厂休功控在功率控制中的重要性和作用仅次于时段控，合理地设置每个用户的厂休功控定值能保证在休息日时确保用户真正停产，在用电高峰时期能有效降低电网运行风险。注意：厂休功控延续时间不能超过 24h。设定好厂休控参数后，勾选点击下发即可。召测返回显示的是当前采集点的设置。如图 2-61 所示，告警时间、控制轮次具体操作步骤同图 2-59、图 2-60。

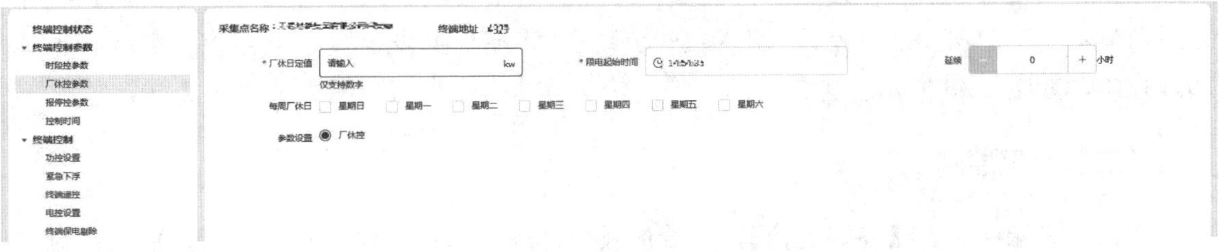

图 2-61　厂休控参数下发

3. 营业报停功控参数

选择【终端控制】→【终端控制参数】→【报停控参数】，可以根据用户申请的营业报停开始时间和结束时间，设置下发终端的报停控定值以及告警时间、控制轮次等参数。

主站向终端下发营业报停功控投入命令，终端收到该命令后显示“营业报停功控投入”状态及参数。终端根据设定营业报停控参数执行本地闭环控制，如图 2-62 所示。告警时间、控制轮次具体操作步骤同图 2-59、图 2-60。

图 2-62　营业报停功控参数下发

4. 紧急下浮控

选择【终端控制】→【紧急下浮】，紧急下浮控是在目前控制定值的基础上按一定的比例继续下浮形成新的定值，并依照新的定值执行控制的方式。在【紧急下浮】界面，可以设置终端的紧急下浮控状态：投入或者解除，也可以设置紧急下浮控的滑差时间、冻结延时、浮动系数、告警时间和控制时间等参数。

【定值滑差时间】：滑差时间概念可以认为与需量概念相似，假设滑差时间设为 15min，而终端是每分钟冻结一次功率，则第 1～15min 为第一时间段，第 2～16min 为第二时间段，将第二时间段的平均负荷与第一时间段的平均负荷作比较。因此，滑差时间一定要小于控制时间。

【控后总功率冻结时间】：从紧急下浮控投入后开始到第 Nmin（即设定的这个时间）内该用户总加负荷作为控制基准值。

【浮动系数】：在目前控制负荷的基础上下浮一定的比例作为新的控制负荷（改系数无论正负都是使控制定值下降）。

【控制时间】：开关跳闸后在此时间内控制状态持续有效的时间。

【告警时间】：在此告警时间内紧急下浮控只对用户告警不跳闸。

终端收到这些参数后计算当前功率定值。专变采集终端收到当前功率下浮控制投入命令后，显示“当前功率下浮控投入”状态及参数。终端根据设定紧急下浮控参数执行本地闭环控制，如图 2-63 所示。告警时间、控制轮次具体操作步骤同图 2-59、图 2-60。

（二）远程控制

选择【终端控制】→【终端遥控】，终端接收主站的跳闸控制命令后，按设定的【控制方式】【告警时间】【限电时间】动作输出继电器，控制相应被控负荷开关；同时终端具备语音告警通知用户，并记录跳闸时间、跳闸轮次、跳闸前功率、跳闸后 2min 功率功能，显示屏显示执行结果。终端接收到主站的允许合闸控制命令后，有语音告警通知用户，允许用户合闸。需要注意的是，跳闸操作时首先召测开关的分合状态并进行保电解除，然后进行开关的遥控跳闸。远程控制如图 2-64 所示。

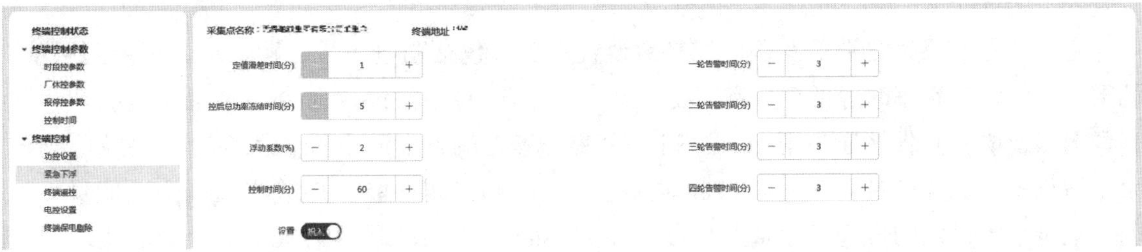

图 2-63　当前功率下浮控参数下发

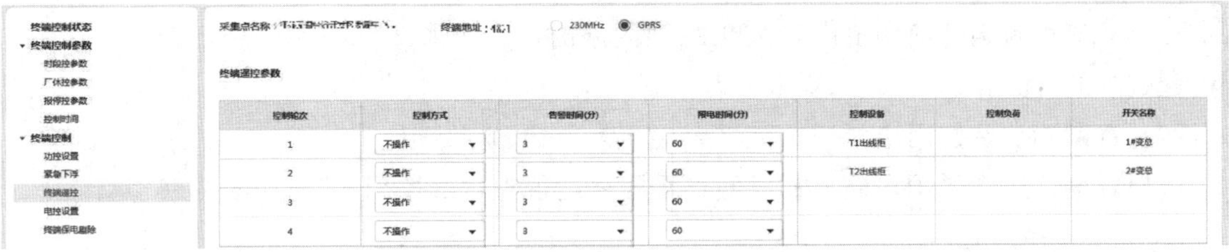

图 2-64　远程控制

（三）电量定值控制

选择【终端控制】→【电控设置】，目前的电量定值控制主要包括月电控、购电控，如图 2-65 所示。

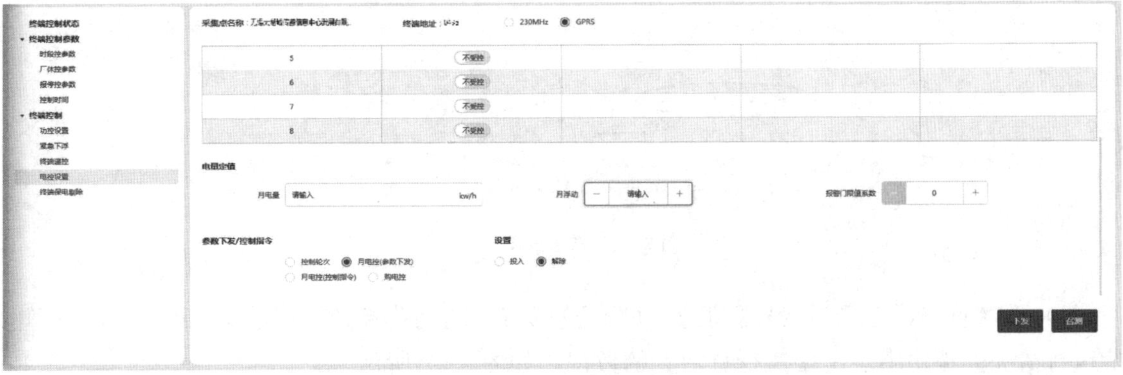

图 2-65　电控设置

1. 月电控

主站依次向专变采集终端下发月电能量定值、浮动系数及控制轮次等参数设置命令，专变采集终端收到这些命令后设置月电能量定值、浮动系数及控制轮次等相应参数，并有音响（或语音）告警通知用户。主站向专变采集终端下发月电控投入命令，终端收到该命令后显示“月电控投入”状态，监测月电能量，自动执行月电能量定值闭环控制功能，闭环控制的过程中应在显示屏上显示定值、控制对象、执行结果等信息。月电控解除或月末24 时，终端允许用户合上由于月电控引起跳闸的开关。

2. 购电控

主站向专变采集终端下发购电控参数设置命令，包括购电单号、购电值、报警门限值、跳闸门限值、各费率时段的费率等参数，终端收到这些参数设置命令后设置相应参数，并有音响（或语音）告警通知用户。主站向专变采集终端下发购电控投入命令，终端收到该命令后显示“购电控投入”状态，自动执行购电闭环控制功能。终端监测剩余电能量，如剩余电量小于设定的告警门限值，应能发出音响告警信号；剩余电量小于设定的跳闸门限值时，按投入轮次动作输出继电器，控制相应的被控负荷开关。专变采集终端自动执行购电定值闭环控制的过程中，应在显示屏上显示剩余电能量、控制对象、执行结果等信息。购电控解除或重新购电使剩余电量大于跳闸门限时，专变采集终端允许用户合上由于购电控引起跳闸的开关。

（1）查询确认费控用户。

单户查询：进入【用户档案】界面查看用户是否为“费控用户”，如图 2-66 所示。

图 2-66　费控标志

1）批量查询：选择【费控监测】→【费控总览】，进入费控监测总览页面，在【剩余电费执行情况】板块中点击【执行总数】的数据，如图 2-67 所示。

流转至【费控监测明细】界面，如图 2-68 所示，此界面显示全部费控用户清单，可根据执行时间、用户编号、工单编号、执行结果等条件查询，支持清单导出功能。

2）一户多终端用户的情况：进入【运行档案管理与终端调试】→【设备档案】界面，勾选“购电费标志”后，费控刷新购电单会对每一个终端下发，如图 2-69 所示。

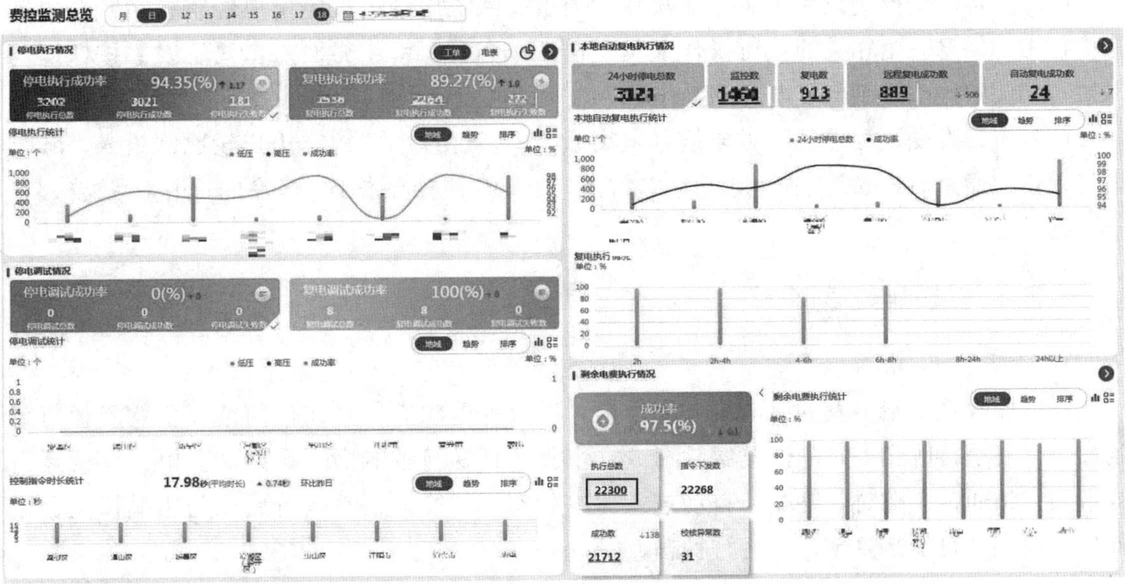

图 2-67　费控监测总览

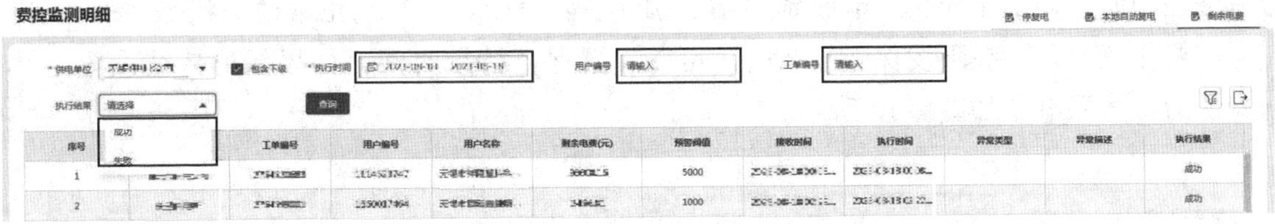

图 2-68　费控监测明细

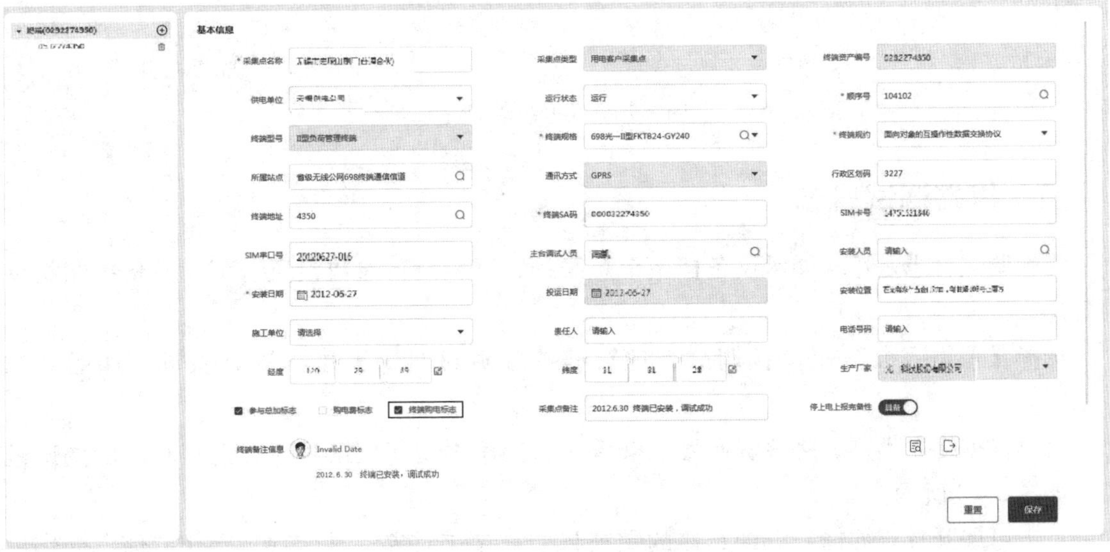

图 2-69　购电费标志

（2）远程电费控制设置。能源互联网营销服务系统内的审批停电单经审核后，会出现待执行工单信息，由相关的执行操作人员点击工单名称，弹出界面点击【下发】按钮即可以执行相关的停电跳闸与复电合闸操作。

（3）执行专变远程停复。用电信息采集系统内，远程电费控制用户轮次需投入，停复电工单审核通过后，系统自动完成保电解除/投入以及控制投入/解除的操作，无需人工干预。

（四）终端保电、剔除

1. 终端保电

终端接收到主站下发的保电投入命令后，进入保电状态，并在任何情况下均不执行跳闸命令。终端接收到主站的保电解除命令，恢复正常执行控制命令。终端上电初期或运行终端与主站通信失败时，终端会自动进入保电状态，待终端正常运行后或与主站恢复通信连接，终端会自动恢复至正常运行状态。

2. 终端剔除

终端接收到主站下发的剔除投入命令后（除对时命令外），对其他任何广播命令或终端组地址控制命令均不响应。终端收到主站的剔除解除命令，恢复到正常通信状态。

需要注意的是，在下发保电投入时，可以设置保电持续时间，如果保电持续设置为 0，则默认为永久保电。如图 2-70 所示。

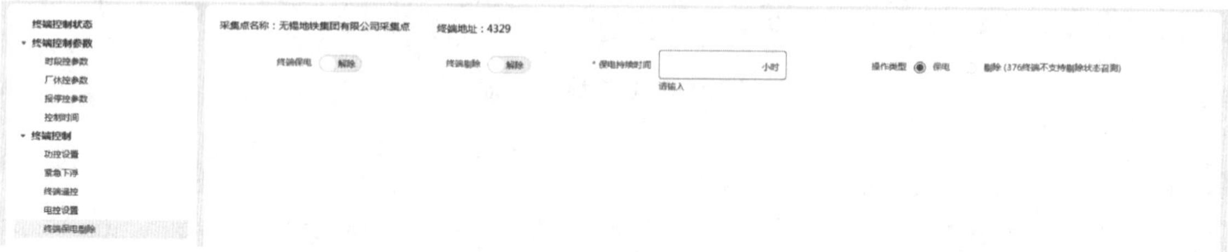

图 2-70　保电参数下发

五、终端调试日志

终端调试日志是用于展示设备档案信息维护、下发设备参数设置、下发设备控制指令的日志。

选择【采集运维】→【设备调试管理】→【终端调试日志】进入默认页面，如图 2-71 所示。

可以根据终端类型、终端资产号、操作人、操作类型、数据时间查询到对应的调试记录，如图 2-72 所示。

点击可展开日志详情，查询具体的数据日期、操作对象、操作项、操作前值、操作后值，如图 2-73 所示。

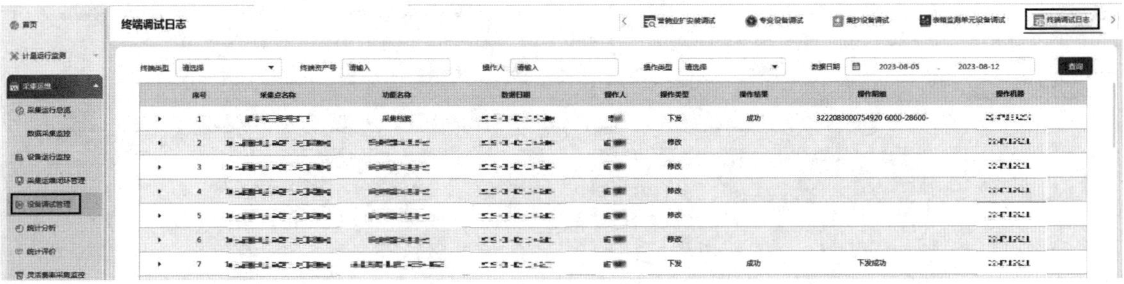

图 2-71　终端调试日志

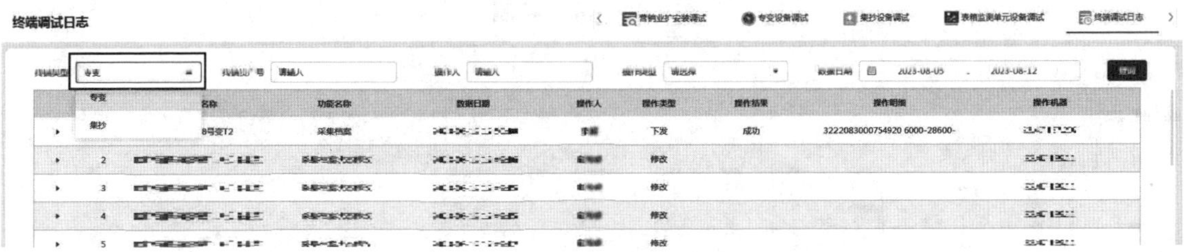

图 2-72　查询条件选择

图 2-73　终端调试日志

第二节　终端数据采集

一、用户数据召测

数据召测展示设备的基本信息，并支持手动召测单个设备的终端数据、电能表测量点数据和总加组数据，并展示召测结果。

（一）查找用户

选择【采集运维】→【采集运行总览】→【数据采集监控】→【数据召测】进入默认页面，在【用户】内按照用户编号、用户名称、用户地址、电能表局编号、抄表段号单个条件筛选，如图 2-74 所示。

在【采集点】内按照终端地址、终端资产号、采集点名称、SIM 卡号、抄表段号、电能表局编号、用户编号单个条件筛选，如图 2-75 所示。

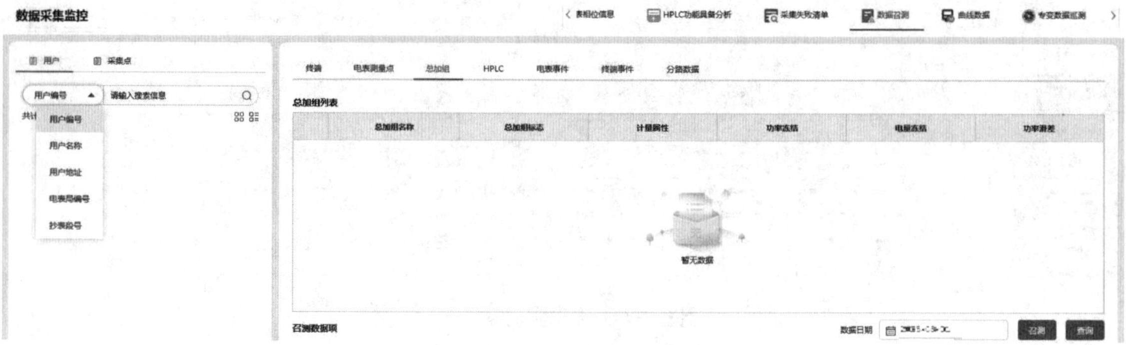

图 2-74　数据召测

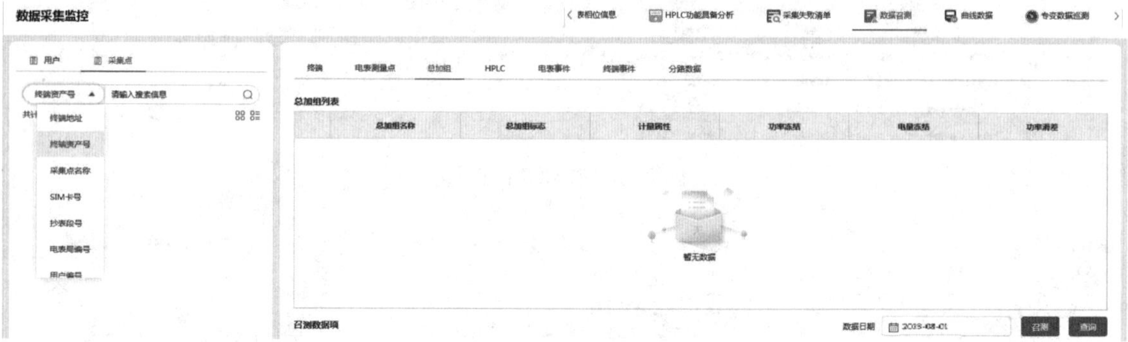

图 2-75　查询条件

（二）查询、召测数据

此页面内有 7 个选项卡，分别为终端、电能表测量点、总加组、HPLC、电能表事件、终端事件、分路数据。除事件记录不支持月数据外，其余均可查询实时数据、历史日数据和历史月数据。

1. 终端

终端界面可召测终端时钟和电气设备版本信息，如图 2-76 所示。

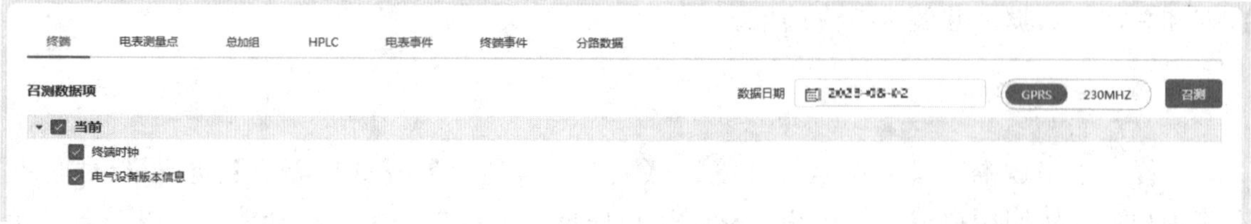

图 2-76　终端信息

2. 电能表测量点

电能表测量点数据可通过查询、召测获取，主要分为：常规、当前、曲线、当前统计四类，如图 2-77 所示。

图 2-77　测量点信息

3. 总加组

在终端可查询的数据项列表中，列出了当前终端（主界面上终端列表中选定的终端）所支持的所有可查询或召测的数据项，总加组数据界面如图 2-78 所示。

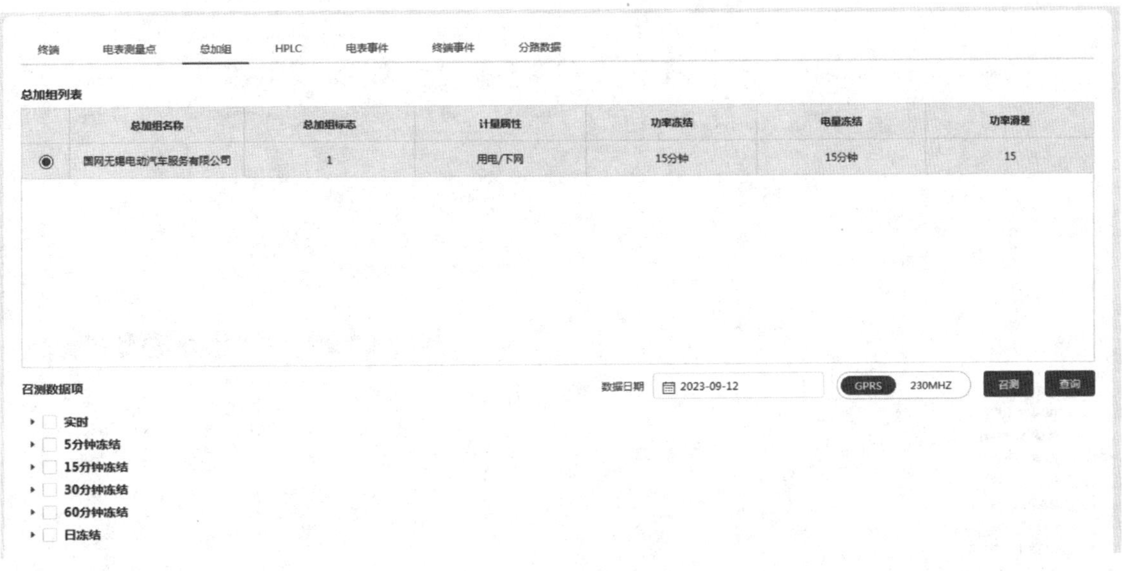

图 2-78　总加组数据信息

4. HPLC

HPLC 作为本地信道，主要用在低压采集，在此不做详细介绍。HPLC 信息如图 2-79 所示。

图 2-79　HPLC 信息

5. 电能表事件

电能表事件记录指电能表状态数据，包括事件标志状态等；查询方式与电能表数据相似。电能表事件记录查询页面如图 2-80 所示。

图 2-80　电能表事件记录查询

6. 终端事件

终端记录指终端状态数据，包括终端版本信息、控制状态、是否有通话申请、终端事件标志状态等；查询方式与终端数据相似。终端记录查询界面如图 2-81 所示。

图 2-81　终端记录查询

7. 分路数据

分路数据的界面如图 2-82 所示。使用方法参照电能表数据界面的用法。

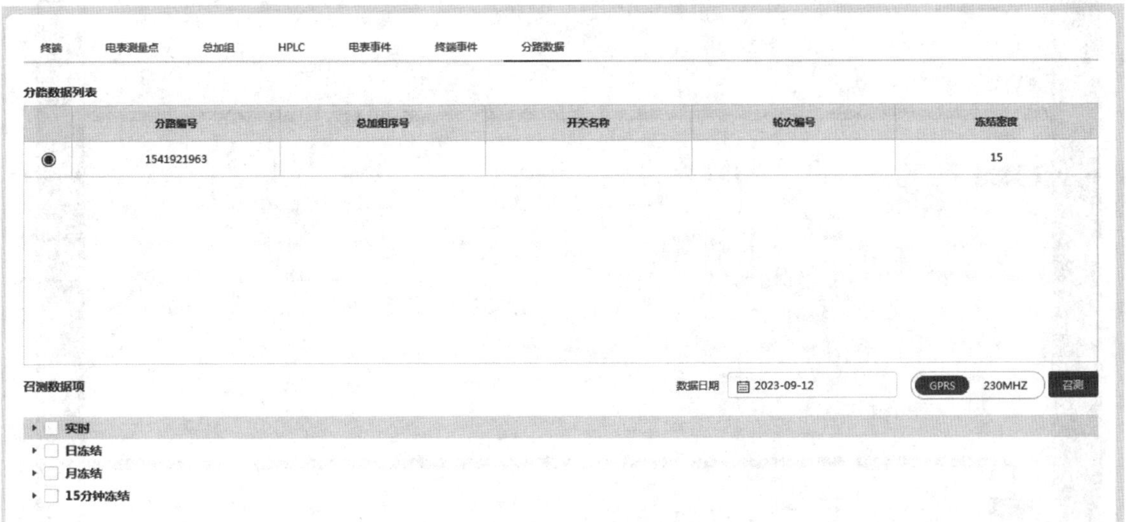

图 2-82　分路数据

二、用户数据展示

选择【采集运维】→【数据采集监控】→【数据展示】，数据展示功能支持按施工单位、用户信息、电能表信息、终端信息等条件单个/批量查询实时、日冻结、月冻结等数据项的数值，并对采集失败的数据项支持手动召测、透抄和保存入库，支持导出，如图 2-83 所示。

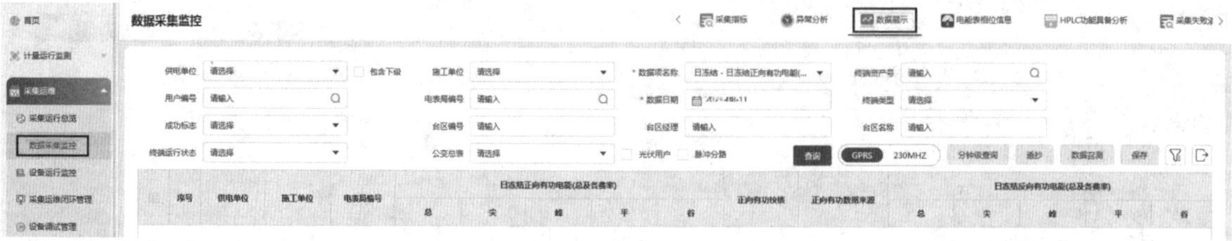

图 2-83　数据展示

三、视图中心

（一）电能表视图

选择【系统支撑功能】→【视图中心】→【电表视图】，以单个电能表为主体，输入需要查询的电能表局编号，可全方面展示电能表的基本信息、计量点信息、运行信息、资产信息和分钟级、按日按月冻结的各种采集数据，如图 2-84 所示。

图 2-84　电能表视图

（二）终端视图

选择【系统支撑功能】→【视图中心】→【终端视图】，以单个终端为主体，全方面展示终端的基本信息、采集点信息、终端安装信息、终端挂接信息和终端异常记录等，如图 2-85 所示。

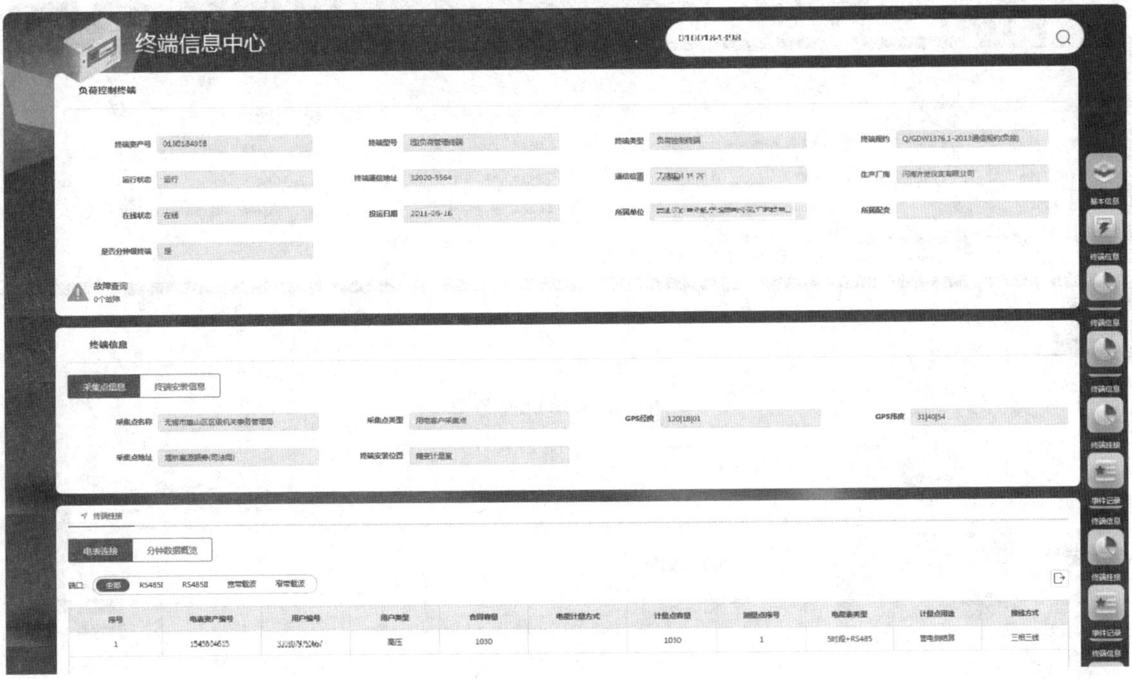

图 2-85　终端视图

（三）用户视图

选择【系统支撑功能】→【视图中心】→【用户视图】，以单个用户为主体，全方面展示用户的基本信息、分路采集信息、负荷统计、电量统计、异常统计、用户优化建议书、供电电源信息、计量装置信息，如图 2-86 所示。

四、专变数据巡测

专变数据巡测是指对已选择的终端批量查询指定数据项的操作。选择【采集运维】→【数据采集监控】→【专变数据巡测】，此页面包括【自定义巡测方案管理】和【数据巡测】功能，如图 2-87 所示。

（一）自定义巡测方案管理

（1）选择【采集运维】→【数据采集监控】→【专变数据巡测】→【自定义巡测方案管理】，点击【新增方案】后，弹出【新增方案】页面，如图 2-88 所示。

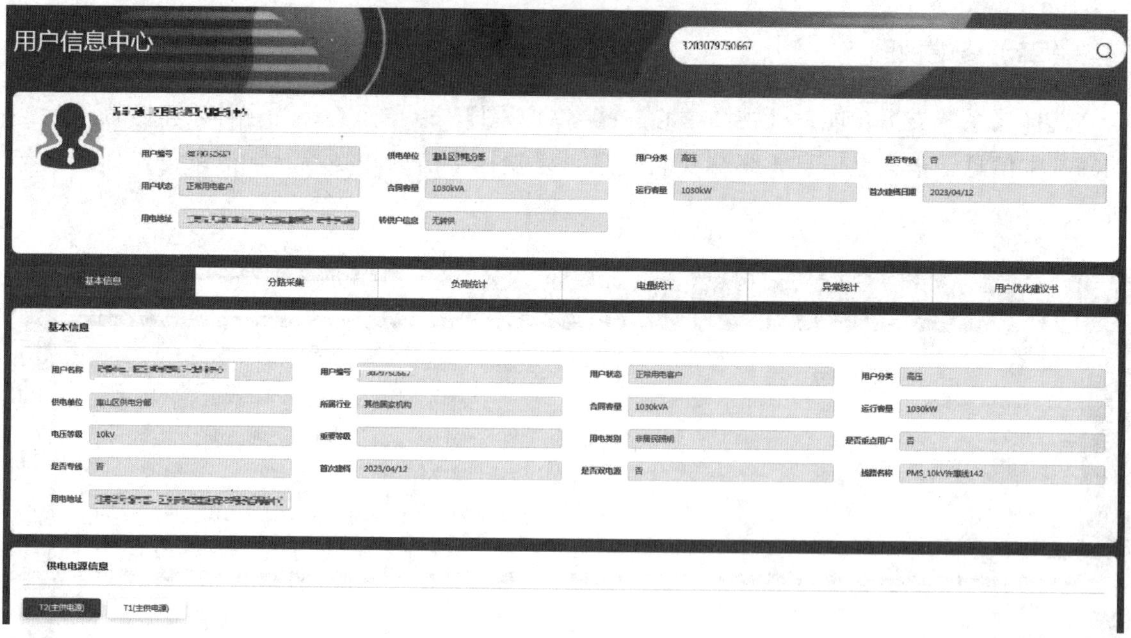

图 2-86　用户视图

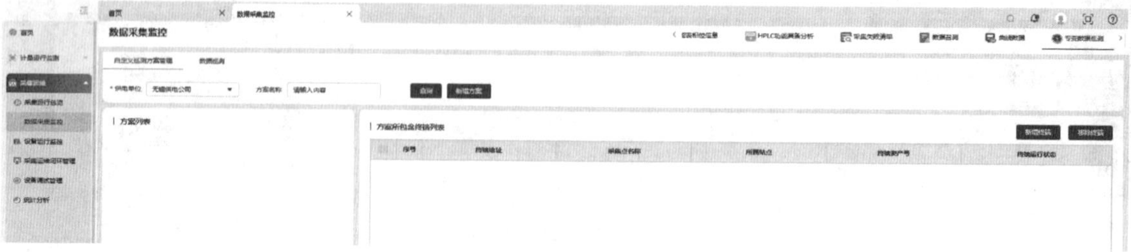

图 2-87　专变数据巡测

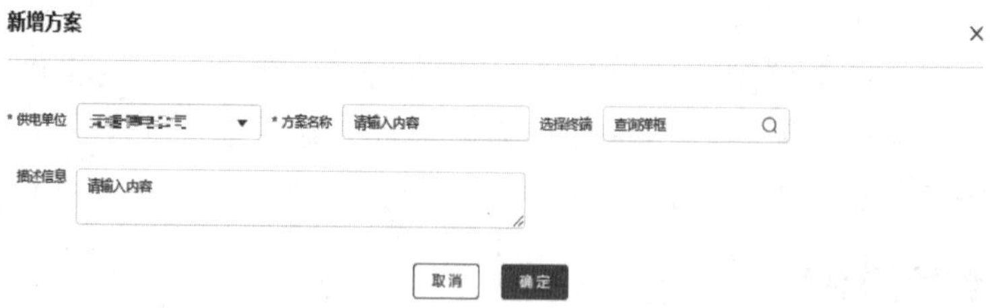

图 2-88　专变数据巡测新增

在高级搜索内可选择终端资产号、用户编号、终端地址进行批量查找，选择查找出的批量终端，点击【确定】完成方案的新增，如图 2-89 所示。

（2）在方案列表中删除选定方案，在选中方案所包含终端列表内做新增终端、移除终端的操作，如图 2-90 所示。

图 2-89　新增专变数据巡测方案

图 2-90　专变数据巡测方案调整

（二）数据巡测

选择【采集运维】→【数据采集监控】→【专变数据巡测】→【数据巡测】，【数据巡测】分为【自定义巡测方案巡测】和【默认方案巡测】，如图 2-91 所示。

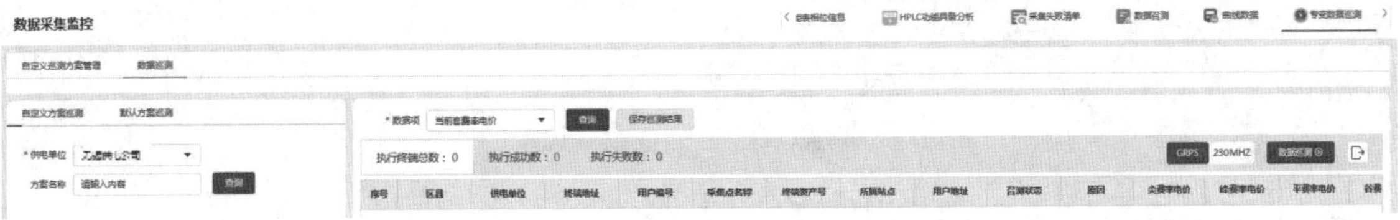

图 2-91　专变数据巡测

1. 选择【自定义巡测方案巡测】

选择【自定义巡测方案巡测】，点击【查询】后展示出所有方案，选中需要巡测的方案，可选择不同的数据项进行巡测，数据项一般可分为事件与状态、终端数据、电能表数据、购电状态四类。巡测完成后，系统会自动生成两个方案（成功方案和失败方案），运行人员可导出进行分析和处理，如图 2-92 所示。

图 2-92　专变数据巡测数据项

2. 选择【默认方案巡测】

（1）可按照供电单位查询方案，选中需要巡测的方案进行巡测，运行人员可导出进行分析和处理，如图 2-93 所示。

图 2-93　专变数据巡测结果

（2）可按照供电单位、数据日期生成默认采集方案，方案名称系统默认（根据数据项和日期的选择），如图 2-94 所示。

图 2-94　专变数据巡测方案生成

第三节　运　行　分　析

统计分析是对专变设备的相关数据进行专项分析。

一、专变数据分析

专变数据分析的内容包括智能深度分析（包括对专变终端、电能表、交采等数据进行日数据分析和月数据分析）、积分电量分析、同比电量情况分析、环比电量情况分析等。

选择【采集运维】→【统计分析】→【专变数据分析】→【智能深度分析】进入默认页面，如图 2-95 所示。

图 2-95　专变数据分析

（一）智能深度分析

智能深度分析包括日数据分析和月数据分析。日数据分析（终端），每日对终端异常数据进行分析并展示，异常类型目前包括功率或电量有负值、整点功率有零、整点功率全为零、功率全为零、功率超变容量、电量为零功率不为零、半点电量为零、脉冲有功小于无功电量。勾选异常类型，选择时间段和参数设置，点击查询，显示相关异常类型的分析信息。智能深度分析如图 2-96 所示。

（1）日数据分析（电能表），每日对电能表异常数据进行分析并展示，异常类型目前包括 220V 电压曲线数据、100V 电压曲线数据、57.5V 电压曲线数据、电流曲线数据分析、电能表需量超变容量分析，如图 2-97 所示。

（2）月数据分析（终端），每月对终端异常数据进行分析并展示，可选择不同的异常类型，点击查询，显示相关异常类型的分析信息，如图 2-98 所示。

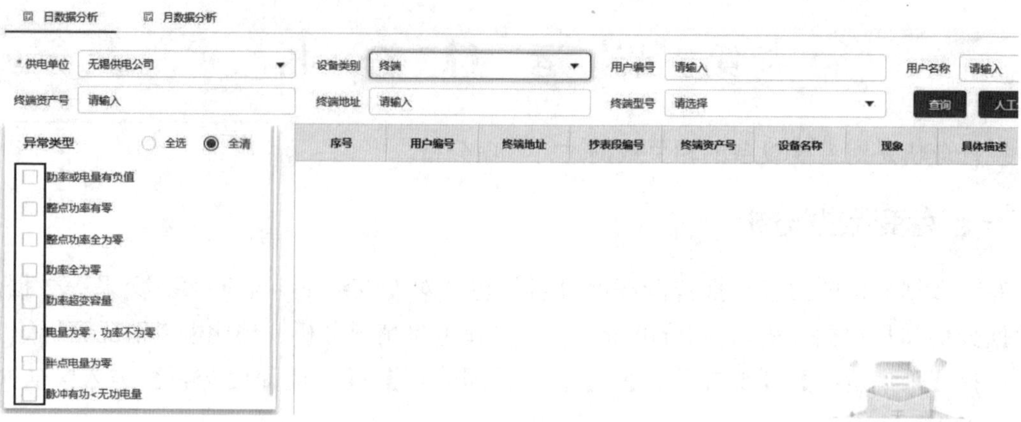

图 2-96　智能深度分析

图 2-97　电能表日数据分析

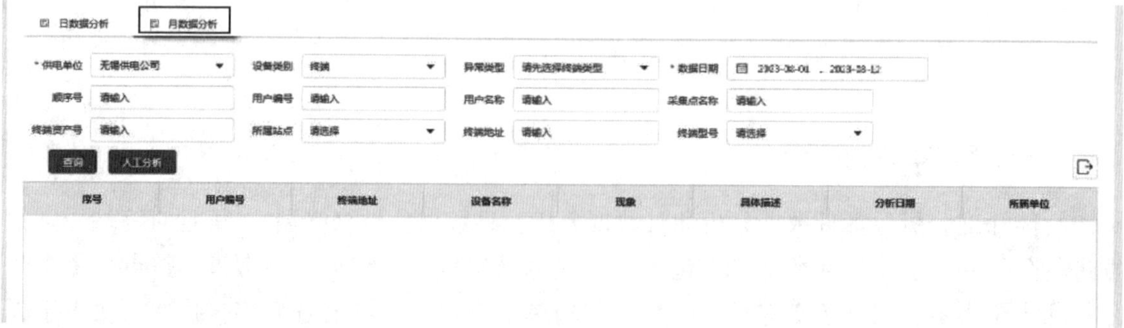

图 2-98　月数据分析

（二）积分电量比对

根据供电单位和时间等条件，查询计算出积分电量相关数据并进行展示。相关内容包括总加组电量、积分电量、抄表电量、抄表正向电量、抄表正向电量比值、抄表反向电量、抄表反向电量比值，计算出总价电量误差、积分电量误差等。选择【采集运维】→【统计分析】→【专变数据分析】→【积分电量比对】进入默认页面，可按照供电单位、站点、日期等条件查询结果并支持导出，如图 2-99 所示。

图 2-99　积分电量比对

（三）同比/环比电量比对

对同比、环比电量进行比对，并可查看电量曲线数据。选择【采集运维】→【统计分析】→【专变数据分析】→【同/环比电量对比】进入默认页面，可按照供电单位、站点、日期等条件查询结果并支持导出，如图 2-100 所示。

图 2-100　同比/环比电量比对

（四）交流采样模块分析

对交流采样模块电能表进行电压合格率、电压互感器变比、接线方式、额定电压等信息进行分析，并显示分析明细信息。选择【采集运维】→【统计分析】→【专变数据分析】→【交流采样模块分析】进入默认页面，可按照供电单位、站点、日期等条件查询结果并支持导出，如图 2-101 所示。

（五）电能表数据分析

对电能表进行电压、电流、需量信息进行分析，并显示分析明细信息。选择【采集运维】→【统计分析】→【专变数据分析】→【电表数据分析】进入默认页面，可按照供电单位、站点、日期等条件查询结果并支持导出，如图 2-102 所示。

图 2-101　交流采样模块分析

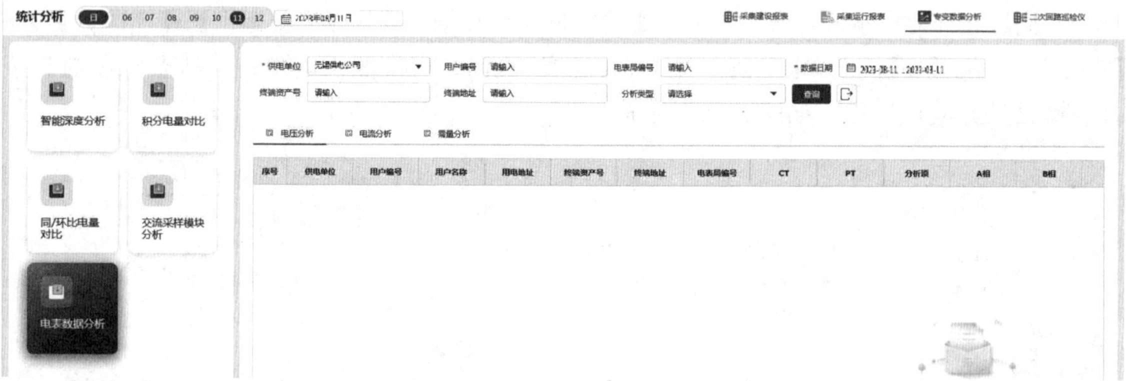

图 2-102　电能表数据分析

（1）【电压分析】页面，可选择分析类型进行分析并支持导出，如图 2-103 所示。

图 2-103　电压分析

（2）【电流分析】页面，可选择分析类型和电流失衡比值，进行分析并支持导出，如图 2-104 所示。

图 2-104　电流分析

（3）【需量分析】页面，可选择分析类型进行分析并支持导出，如图 2-105 所示。

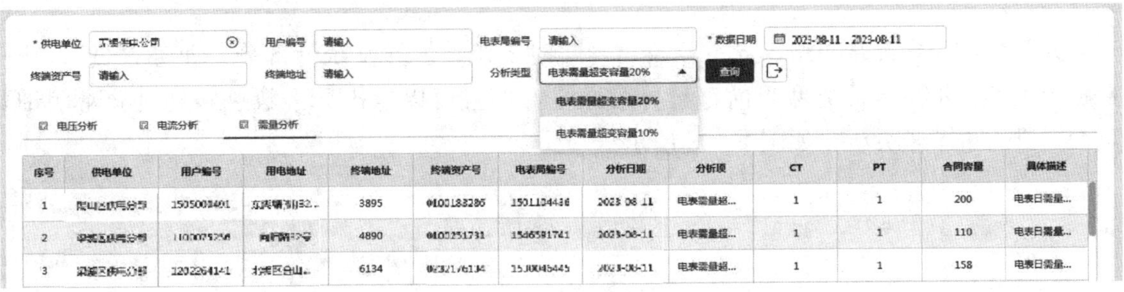

图 2-105　需量分析

二、异常统计

结合用户信息、电能表信息，展示异常详细信息，生成异常明细报表。可以查看到新增、已处理、存量的异常信息明细。异常明细支持异常的查询、异常的原因分析、派单操作以及异常的详情查看。选择【计量运行监测】→【统计评价】→【异常统计】进入默认页面，如图 2-106 所示。

图 2-106　异常统计

通过多种维度统计展示各类异常、其他专业异常、人工工单的情况，生成异常统计报表，满足对专项异常的关注需要。异常统计可以查看对应的异常明细信息及关联的工单信息，如图 2-107 所示。

图 2-107　异常明细

异常统计包含异常类型、异常频发、异常时长统计。异常统计部分：业务人员可以查看各个地市、不同异常类型当前存量异常数量，并且可以点击异常数跳转到【异常明细】页面，进行进一步分析，如图 2-108 所示。

图 2-108　异常分类

三、用电异常统计

选择【用电监测】→【用户用电异常统计】，按照统计维度查看统计分析结果，如图 2-109 所示。

图 2-109　用电异常统计

根据统计结果，选择异常主题，查看用户用电异常明细，如图 2-110 所示。

图 2-110　用电异常明细

四、向量图错接线

点击【专题应用】→【向量图错接线】进入默认页面，如图 2-111 所示。

图 2-111　向量图错接线判别

选中要查询的异常用户数量，进入流转页面，可按照表类型进一步查询异常详情清单，如图 2-112 所示。

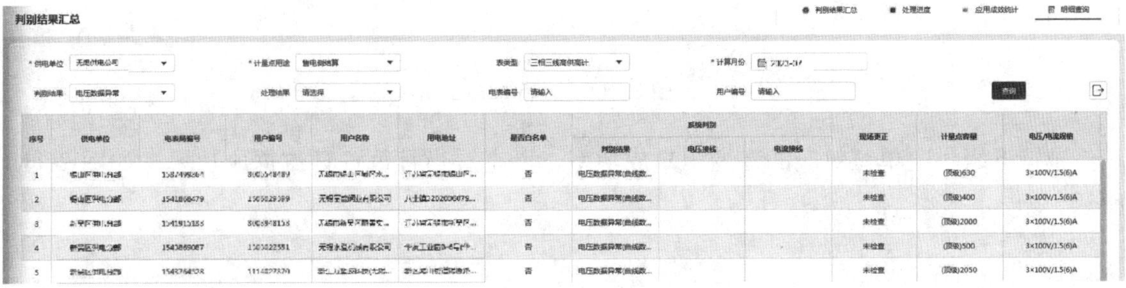

图 2-112　向量图错接线判别结果

五、运营中心

（一）运行指标

选择【系统支撑功能】→【运营中心】→【运行指标】，该页面展示【国网指标】和【省网指标】，如图 2-113 所示。

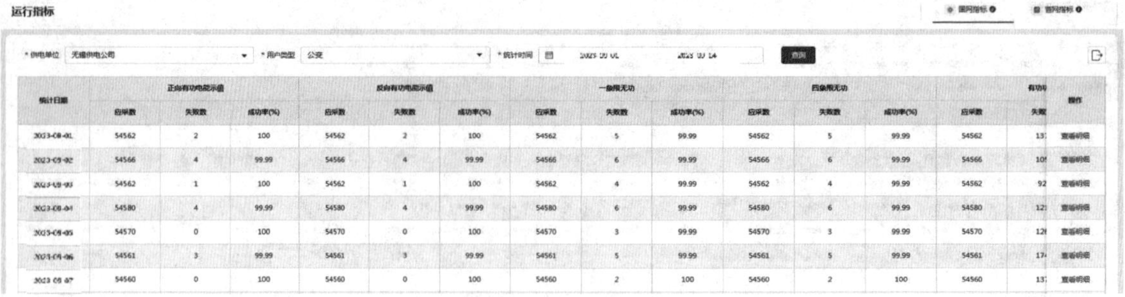

图 2-113　运营中心

【省网指标】展示低压用户、公变用户、专变用户、光伏用户、市场化用户、采集运维成功率，以专变用户为例，可根据统计时间查询各供电单位专变用户成功率和日采集成功率，如图 2-114 所示。

图 2-114　运行指标

选择下级供电单位对应的专变用户成功率，可查看当月每日日数据成功率，如图 2-115 所示。

图 2-115　专变用户成功率

按照类型进一步查询异常用户清单，运行人员可导出进行分析和处理，如图 2-116 所示。

图 2-116　异常用户清单

（二）计量管理看板

为支撑“问题看板”“采集运维闭环管理”和“设备主人制”而开展的相关业务，具体是指通过生成相关采集异常、计量异常及巡视表箱等对相关业务流程的工单进行业务处理。

选择【系统支撑功能】→【运营中心】→【计量管理看板】，根据供电单位和时间选择计量采集条件。计量采集条件包括正常采集非运行电能表、长期采集失败用户统计、未覆盖用户统计、长期计量装置异常统计、长期零电量终端统计、电能表配置异常统计、光伏用户异常统计、运行容量为 0 有电量的总表、疑似体外流转电能表统计、互感器配置不合理统计、不挂表且长期不在线终端/载波表挂采集器。以电能表配置异常统计为例，如图 2-117 所示。

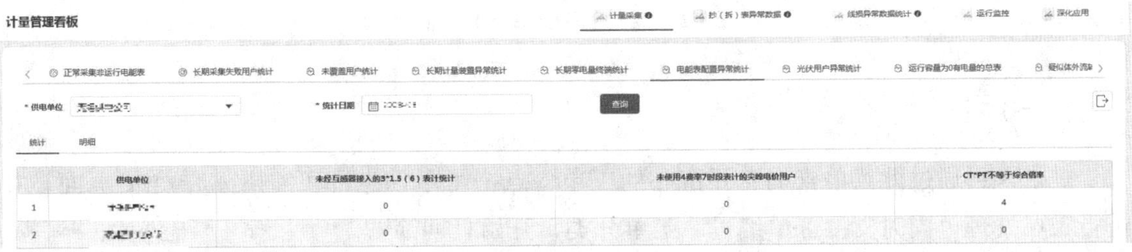

图 2-117　计量管理看板

点击【明细】，可查看异常详细清单，如图 2-118 所示。

图 2-118　计量异常明细

第四节　工　单　中　心

工单中心为采集、计量、线损业务提供异常工单处理服务。工单中心对业务侧提供的异常工单进行创建、现场处理、业务验证、归档等全生命周期跟踪，同时提供暂停和终止功能。工单中心目前菜单包括我的待办、工单监控、工单详情、工单统计、创建人配置。

一、我的待办

选择【系统支撑功能】→【工单中心】→【我的待办】，页面分为待办和待签收，如图 2-119 所示。

图 2-119　【我的待办】页面

（一）待办

登录人可通过此菜单查询需要待办的工单，点击工单信息即可查看工单详情页面，并进行工单处理。同时支持工单编号、工单分类、开始日期筛选。

（二）待签收

登录人可通过此菜单查询待处理人为自己的工单进行签收，签收后，此工单待处理人为本人。点击工单信息即可查看工单详情页面，并进行工单处理。同时支持工单编号、工单分类、开始日期筛选。

二、工单监控

（一）工单监控列表

通过多种维度统计展示各类异常、其他专业异常、人工工单的情况，生成异常统计报表，满足对专项异常的关注需要。异常统计可以查看对应的异常明细信息及关联的工单信息。

选择【系统支撑功能】→【工单中心】→【工单监控】，展示当前登录人已生成的工单及关联的工单信息数据，支持批量派单、发起工单，如图 2-120 所示。

图 2-120　工单监控

（二）工单筛选

根据供电单位、工单号、营销工单号、终端类型、工单分类、子工单、终端资产号、电能表局编号等条件筛选出所需处理工单，点击工单号即可查看工单流程页面，并进行工单处理。

工单分类包括采集运维、计量运行监测、线损监测、抄表发布，可筛选出需处理的工单进行消缺闭环。以计量运维工单为例，如图 2-121 所示。

图 2-121　工单筛选

1. 工单详情

选择对应工单号进入该工单流程环节界面，如图 2-122 所示。

2. 工单处理

主站监控人员对原因不明的工单展开进一步分析，尝试远程修复操作，或者转派现场处理。现场运维人员接收派发工单，在到达现场时，先将检修现场拍照上传，检修完成后，再次将检修现场拍照上传，为后面验证环节提供数据支撑，如图 2-123 所示。

3. 工单验证

通过佐证照片进行对比分析等，审核提交佐证材料，确认检修运维工作是否有效，如图 2-124 所示。

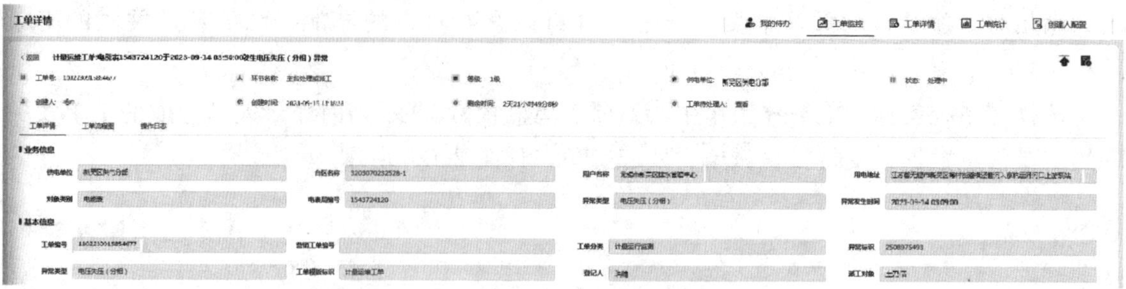

图 2-122　工单详情

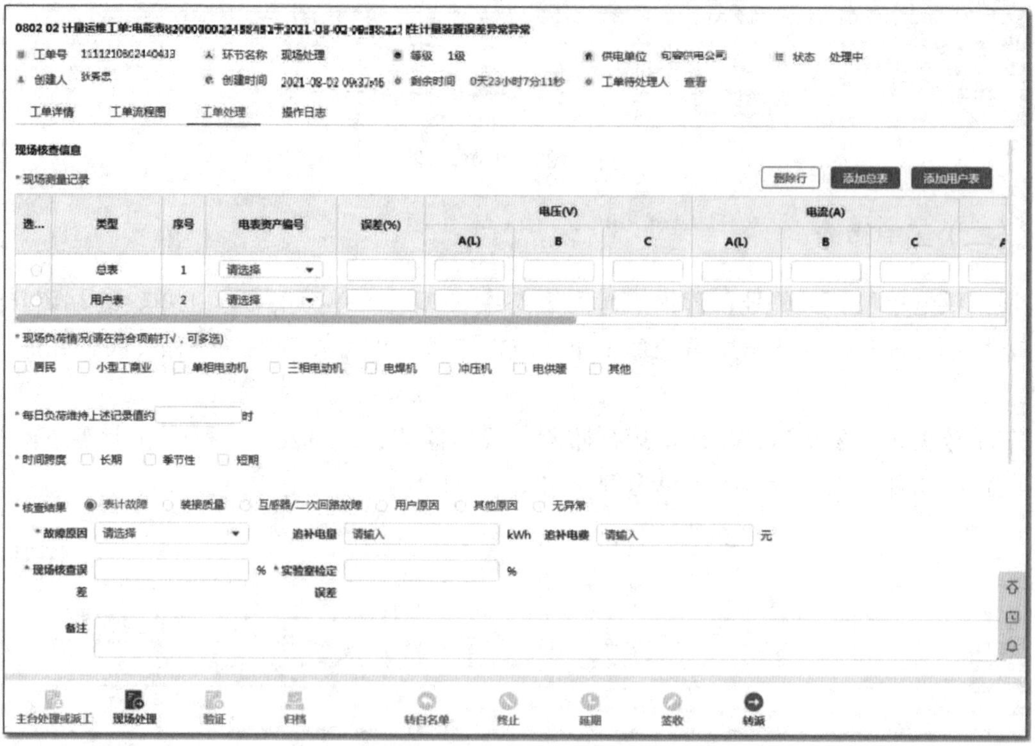

图 2-123　工单处理

4. 工单归档

针对验证通过的工单，进行完结处理，如图 2-125 所示。

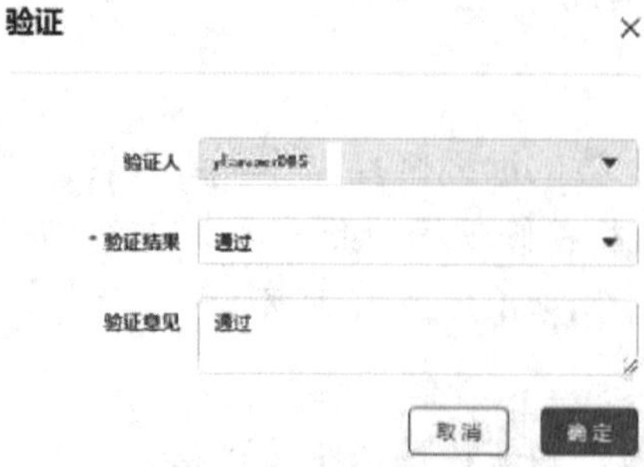

图 2-124　工单验证

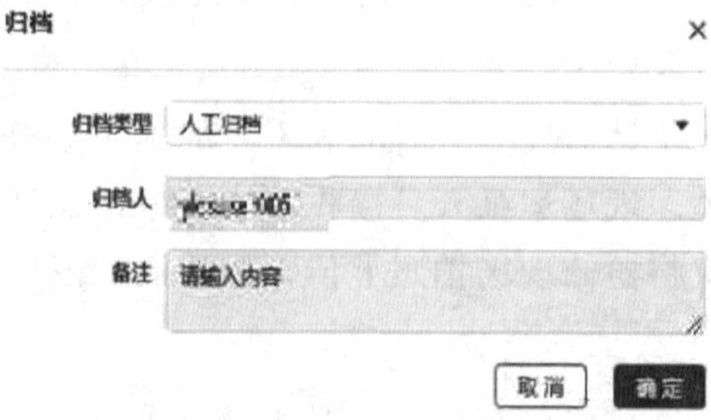

图 2-125　工单归档

三、工单详情

选择【系统支撑功能】→【工单中心】→【工单详情】，根据普通工单、我发起的工单、融合工单筛选工单，查看工单详情信息并处理工单，如图 2-126 所示。

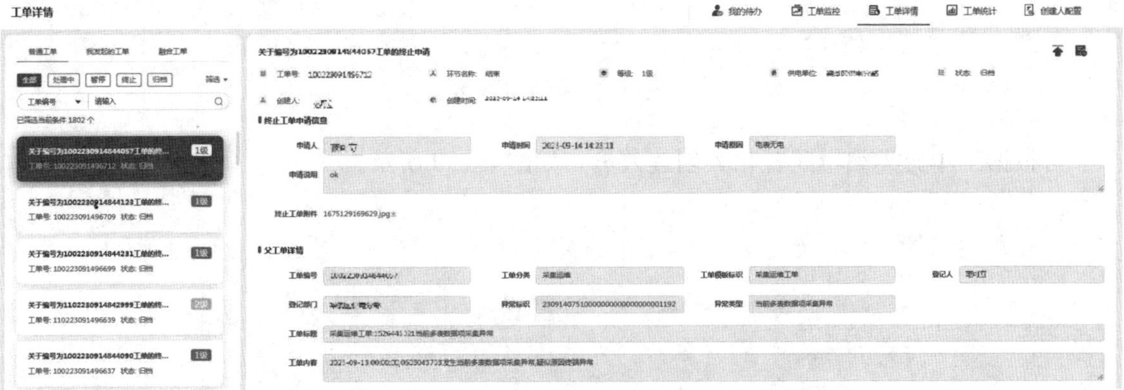

图 2-126　工单详情

四、工单统计

选择【系统支撑功能】→【工单中心】→【工单统计】进入【工单运行总览】页面，根据供电单位、工单类型、时间、工单生成方式统计工单运行数据统计。包括今日工单现状、工单趋势、工单处理情况、工单来源、工单状态、工单分类，如图 2-127 所示。

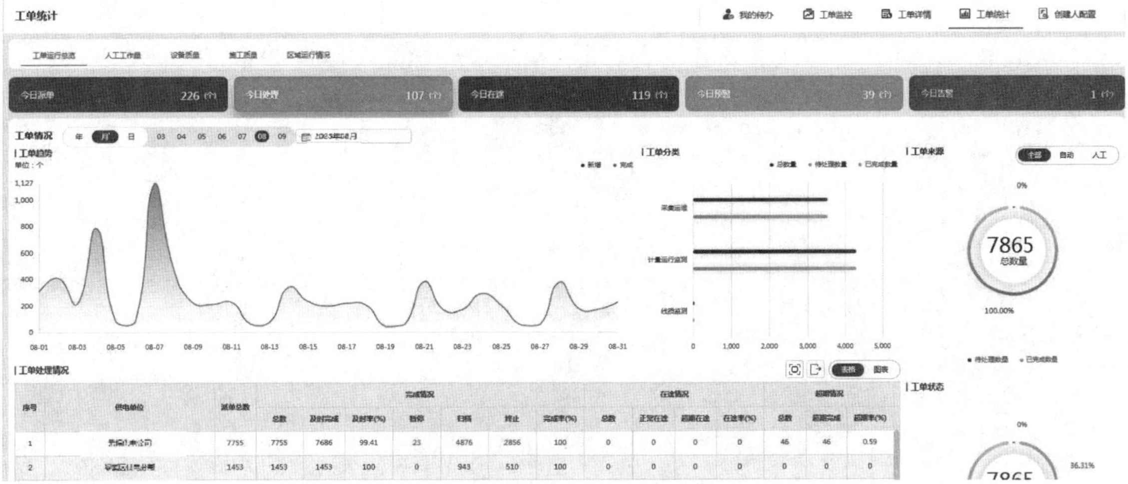

图 2-127　工单统计

五、创建人配置

选择【系统支撑功能】→【工单中心】→【创建人配置】进入工单创建人配置页面，如

图 2-128 所示。

图 2-128　创建人配置

可根据工单分类编辑配置相关创建人员，如图 2-129 所示。

图 2-129　创建人查询

第三章　专变采集终端设备安装及调试

第一节　专变采集终端本体及电源安装

一、专变采集终端本体安装

（一）专变采集终端安装位置选取

1. 现场勘察

（1）现场勘察的意义。新装专变采集终端应先进行现场勘察，特别是对于高压双电源用户、存在多路高压出线用户、主接线方式较复杂的变（配）电站用户需进行周密的现场勘察。

安装前的勘察需耗费一定的时间和精力，盲目施工会导致天线无法安装、无法实现有效的控制和采集，甚至终端调试失败，需重复现场处理，耽误工程进度，影响整个系统的统一规范管理。

（2）现场勘察的内容。新装专变采集终端现场勘察的主要内容包括用户变（配）电环境状况、设备容量、供电线路名称、用电生产负荷情况、相关控制轮次及分路采集安装施工方案等。

现场勘察需确定：专变采集终端的安装位置；天馈线、信号电缆和控制电缆的敷设路径及长度；确定专变采集终端的电源取向；被控设备的名称、编号、脱扣形式、辅助接点情况及被控负荷情况等。

现场勘察需记录以下内容：

1）用户的基本信息：用户名、地址、电气设备管理部门、联系人、电话、班次等。

2）用户电气设备信息：主变容量、所属线路、一次接线、电能表型号、电流互感器变比、电压互感器变比、电能表常数等。

3）采集终端安装位置及线缆敷设平面布置图。

4）天线的安装位置及高度，馈线走向。

5）与用户协商的控制轮次和接入的断路器信息，预约安装工作时间。

（3）记录要求。

1）现场勘察后应填写用户勘察表。勘察表上画出该用户变（配）电站一次系统的主要部分，其中应包含进线名称、进线隔离开关及断路器编号，标注进线及联络开关、被控开关、计量点和施工中必须停用的其他设备。需要向调度报停电申请的隔离开关及断路器应专门注明，并于勘察后填写停电申请单。

2）依据现场勘察表确定的控制轮次，填写“专变采集终端装接通知单”。

3）根据“现场勘察表”和“装接通知单”制定施工方案，施工人员按图施工，根据安全规程要求，做好安全防范措施。

4）施工完成后，施工现场负责人应认真填写竣工报告，完成施工资料归档。

5）各种相关记录应归档保管。

2. 施工要求

（1）专变采集终端安装必须遵守严格的现场操作规程，本着安全第一的原则，确保现场施工过程中人员、设备的安全。承担专变采集终端安装工作的施工队伍必须具有相应的电力施工资质，安装人员必须通过安全教育及相关的专业培训，并经考试合格方可参加现场工作。

（2）专变采集终端安装施工过程严格执行相关管理制度。

（3）专变采集终端的安装调试应遵守作业流程及工艺标准，确保专变采集终端的安装、调试、通信、采集、控制功能正常。

（4）Ⅱ型专变采集终端安装前应提前测试公网信号是否达标，若信号强度低于系统规定标准，则需调整施工方案或及时联系网络运营商解决。

（5）双电源或多电源用户专变采集终端的安装应配置多路电源管理装置（即工作电源自动切换装置）。

（6）新增电力用户设计图上应标明专变采集终端安装位置和接入控制的断路器编号，不得随意更改，被接入断路器应具备远程电气分闸功能和遥信接口。用户侧的断路器应按照负荷重要性分轮次接入，具备条件的加装分路采集设备，总断路器作为最终控制手段必须接入。原则上凡停电不会造成人身伤亡、重要设备损坏、重大经济损失的用电设备均应接入终端控制轮次。

（7）终端安装调试应保证各项性能指标满足设计要求（采集、控制、通话、本地显示、数据传输等）。

（8）安装完成后，应及时将用户的施工图纸及竣工验收报告和其他施工说明资料收集齐全，做好资料归档管理工作。

3. 安装位置的选取

（1）专变采集终端宜安装在计量柜专用小室或就近计量柜悬挂安装。

（2）专变采集终端悬挂安装位置应避免被行人触碰，安装高度便于人员操作查看（安装高度通常为专变采集终端箱体底部离地面 1.2～1.4m）。

（3）专变采集终端（含天馈线）应远离一次高压线路。

（4）环境应通风干燥，尽量避免阳光直晒，周围清洁无杂物，并有适当操作空间。

（二）专变采集终端的安装、固定

1. 安装前材料检查

（1）专变采集终端外观齐整，各类部（配）件齐全，型号符合要求。

（2）确定安装工作所涉及部位已停电，具备安装施工条件。

2. 终端的固定

（1）在适当的位置用电钻打孔，采用相应膨胀管及螺栓三点固定，悬挂终端要求牢固美观，不可有晃动感。安装尺寸如图 3-1、图 3-2 所示。

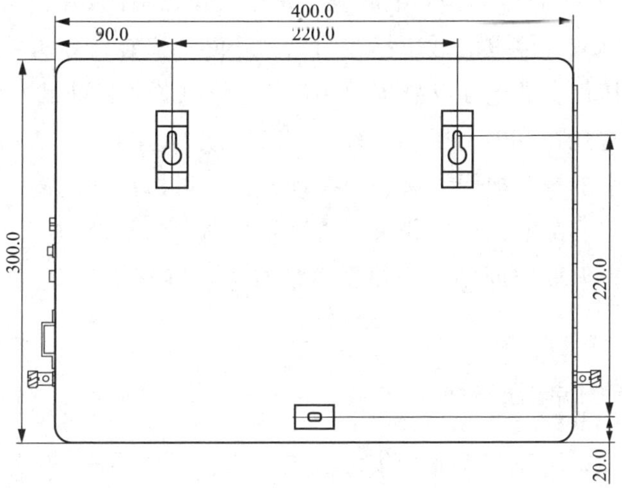

图 3-1　Ⅰ型专变采集终端安装尺寸图

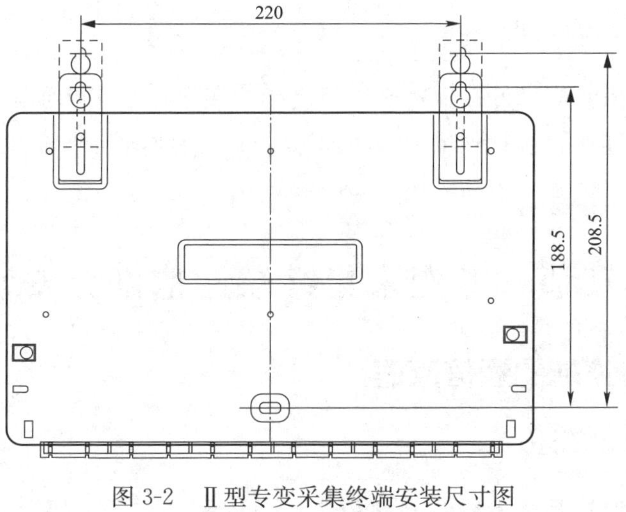

图 3-2　Ⅱ型专变采集终端安装尺寸图

（2）调整好水平度、垂直度，具备防雨、防雷、防潮、防震、防人为破坏、防鼠等措施。

（3）专变采集终端上标注该线路的名称及相应的变化。

（4）安装完毕后，应及时做好施工记录。

二、专变采集终端电源安装

（一）电源线的规格要求

为保证终端安全运行，终端电源线宜选用符合设计方案的线缆。

（二）电源的选取

在有站用变压器的情况下，220V电源应从站用变压器引出，没有站用变压器时，220V电源应尽可能从不停电或少停电的低压母线引出；若终端安装在高压配电室，选取220V电源有困难时，可从不作计费的电压互感器上引出100V电源。目前的专变采集终端电源多采用开关型稳压电源，它能在供电电压AC 170～280V或DC 85～140V范围内正常工作。

老款专变采集终端的开关电源设有一个拨动开关，可选择交流输入电压220V或100V。注意开关设置一定要与实际输入电压相符，否则将损坏电源部件。

专变采集终端的电源取向原则：用户受电端有电，终端不失电。即专变采集终端跳完最后一轮后不应失电。

（三）专变采集终端电源安装

对于单电源低压计量用户，专变采集终端电源由低压总开关前端母排引出；高压计量用户由用户的高压开关操作电源引出；双电源用户需每路按照单电源要求引入电源切换装置，再接终端工作电源端子排。

（四）专变采集终端接地

专变采集终端的机箱应良好接地，必须将终端的接地螺栓连接到配电屏（柜）机架上，接地线应与地网可靠连接，接地线直径不小于5mm，接地电阻小于8Ω，以保证人身安全及终端的正常运行。

第二节　专变采集终端通信部分安装

一、专变采集终端的通信原理

（一）无线电技术简述

电能信息采集与监控系统无线专网使用230MHz频段，属于超短波。它的传播特点是频率高、波长短、电波沿地面传播衰减很大；向前传播遇到障碍时，绕射的能力很弱；投射至高空时，大部分将跑到宇宙空间去，它主要依靠直线传播。

电能信息采集与监控系统 230MHz 频段就包含有多个频道。对每个频道，都规定了频道的使用带宽（电能信息采集与监控专用 230MHz 频道宽度为 8MHz，频道间隔 25kHz）。

在进行通信时，信号要从发送端传送到接收端。为了有效地实现信号的传送，需要一个高频电波作为携带信号的运载工具，即载波。在发送端，将信号“记载”在载波上，这个过程称为调制，而在接收端把信号从载波上取出来的过程，则称为解调。

通信系统使用频率调制方式，频率调制是使高频载波的频率按调制信号规律变化的一种方式。调制信号的变化反映在高频振荡波的角度（频率或相位）变化上，不能直接用包络检波器解调调频波，常用的解调方法是利用波形变换把调频波变成与角度变化（频偏或相移）成正比的调角调幅信号，然后再进行包络检波，就可解调出原调制信号。

（二） 230MHz 通信原理

无线电频率是一种有限的自然资源，电能信息采集与监控系统的频率由国家无线电管理委员会指定在 223～231MHz 频段内，共有 15 对双工频点（异频收发），10 对半双工（常称单工）频点（同频收发），收发间隔 7MHz（参见表 3-1），一般主站和倒频中继站采用高发低收、终端采用低发高收工作方式进行系统通信，采用点对点通信，该信道现用于主站与Ⅰ型终端的数据通信；由于资源有限，一般采用跨地区重复使用（信号衰减大于 70dB）的方法利用频率资源，为了防止对临近地区的同频干扰，国家无线电管理委员会还规定了电台的发射功率，主站一般不超过 25W，终端小于 10W；主站天线高度低于 50m，天线高度和发射功率要配合使用，电波传输采用垂直极化方式；频点最小间隔 25kHz。

表 3-1　　专网工作频点表

编号	主控站发射（终端站接收）频点（MHz）	主控站接收（终端站发射）频点（MHz）	编号	主控站发射（终端站接收）频点（MHz）	主控站接收（终端站发射）频点（MHz）
1	230.525	223.525	14	231.575	224.575
2	230.675	223.675	15	231.650	224.650
3	230.725	223.725	16	228.075	228.075
4	230.850	223.850	17	228.125	228.125
5	230.950	223.950	18	228.175	228.175
6	231.025	224.025	19	228.250	228.250
7	231.125	224.125	20	228.325	228.325
8	231.175	224.175	21	228.400	228.400
9	231.225	224.225	22	228.475	228.475
10	231.325	224.325	23	228.550	228.550
11	231.425	224.425	24	228.675	228.675
12	231.475	224.475	25	228.750	228.750
13	231.525	224.525			

用 15 对频点进行合理分配使用确实难度很大，频率复用一般都采用蜂窝网形式进行，如图 3-3 所示。其目的有两个，一是使两个同频工作区域的距离最远，从而避免出现同频干扰；二是频率的分配尽可能避免三阶互调干扰。因此在频率复用、频率合理分配使用的

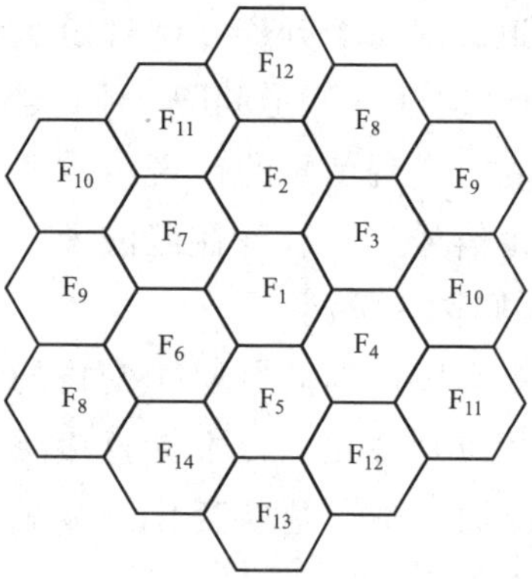

图 3-3 频率复用蜂窝网

前提下，严格控制主站的天线高度和主站的发射功率，严格控制主站天线高度是解决好频率复用的必要手段。

高速数传系统采用收发同频的单工频点。国家无线电管理委员会规划分配给电力系统的 228.075～228.750MHz 范围内的数个频点可以在本系统中使用。另外，双工频点也可拆分为 2 个单工频点使用，如 231.125/224.125MHz 的双工频点，可以拆分为 231.125 和 224.125MHz 的 2 个单工频点应用到系统中。

在基站建设前，必须在夜间进行背景噪声和干扰场强测试，以明确现场电磁使用环境，选择合适频点作为系统频点。

1. 无线电组网技术

（1）单信道无线电组网技术。由一组双工频点的单信道无线电组网技术，采用一对多点的查询通信方式，是电能信息采集与监控系统最常见的组网方式。超高速数传基站具备 2 个高速电台（含电源）和 1 个控制分机，其中高速电台工作于双机热备方式。后台软件可操作控制分机，实现 2 个电台的自动/手动切换及其他设置。

以单个基站、信道网络方式为例，典型系统网络结构如图 3-4 所示。

（2）双信道或多信道无线电组网技术。系统规模达到一定数量时需要采用双信道或多信道同时工作，从而缩短巡测时间，满足实际使用要求。

2. 中继组网技术

对于一些特殊地形和环境，要求系统控制的范围较大，往往采用一般的无线电组网技术不能满足通信要求，则在通信组网时必须采用中继组网技术来扩展控制范围。

（1）无线中继。无线中继一般采用典型的异频差转，中继站一般设在较远的山上或其他建筑物上，因此中继站的设立一定要满足无人值守的要求。中继站应采用双机系统，并要求主控台对中继站信道的收信机、发信机、电源、天线等工作状态进行监测，一旦发现中继站的主用机发生故障时，主控台发出切换指令，将备用机投入使用，从而保证系统的正常运行。由于光纤通信技术的普遍运用，一般采用光纤中继站。

（2）终端中继。终端中继是消除盲区的重要技术手段，通信路由的自动管理和智能优化是中继路由实用化的关键。无线数据采集传感器网络（WDASN）将路由的确定设计为系统自动完成，满足规模应用的需求。中继终端故障、停电、拆除等中继路由变化能够自动找出新的路由。

终端可采集临近终端的信号场强、信号质量等信息，基站通过定时巡测采集所有终端上下行场强、信号质量及终端存储的临近终端的场强、信号质量等信息。对因高大建筑物、山丘等遮挡而信号较弱的终端，系统可计算出对该终端数据采集最佳的多级、对称或非对称的路由，解决基站覆盖区内通信盲点的通信问题，实现信号覆盖区域内终端通信成功率达到 99.5%以上。

智能路由功能还可较好地解决地下室终端的安装问题，市区用户越来越密集，在其附

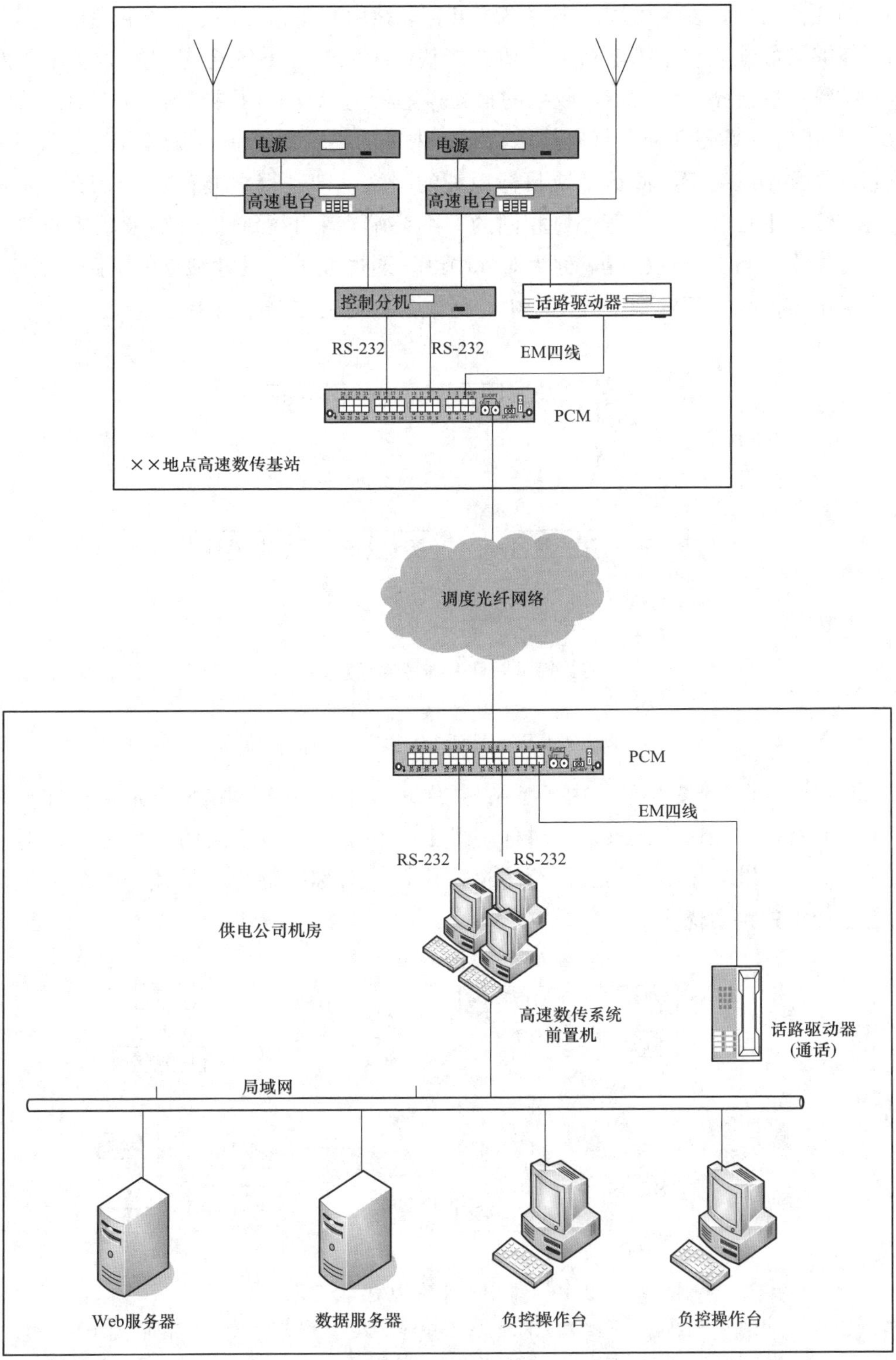

图 3-4　单信道 230M 系统组网结构示意图

近一般会有多台可做中继的终端，这些终端只要有一台可正常通信，即可解决直接覆盖盲区的终端的通信问题，多台可用的中继终端可自动路由互备，提高了系统可靠性。

为了能够较好地兼容系统，路由的功能在基站中实现，系统将应用层标准规约发给基站，由基站打包成链路规约发出，收到的报文再解析为标准应用层规约返回给系统前置机。

1）对称中继（见图 3-5）。现有技术将需要中继的终端的地址下发到中继终端中，中继终端收到以需要中继终端为源地址或目标地址的报文，即进行中继转发。由于目前采用的终端中继方法，上行和下行通信经过相同的中继终端，上下行通信中继级数相同，下行通过的中继终端次序与上行正相反，称为对称中继。通过改进，设计独立的链路层处理中继，不再将需要中继的终端下发到中继终端中，路由信息封装在链路层中。

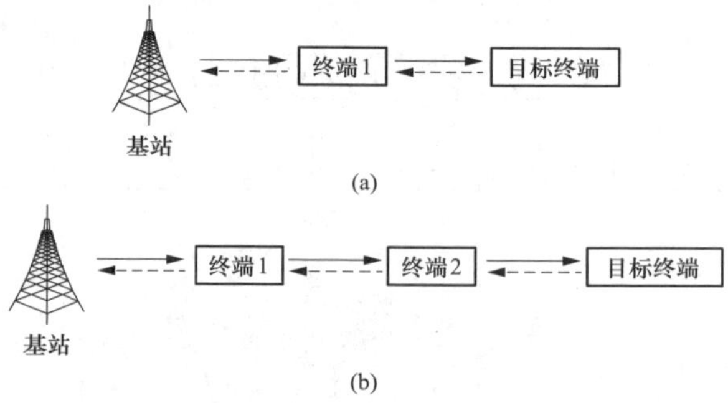

图 3-5　对称中继构架示意图

（a）一级中继；（b）二级中继

注：图中实线表示下行路径，虚线表示上行路径

2）非对称中继（见图 3-6）。由于基站与终端、终端与终端间的双向通信条件不完全相同，宜采用非对称中继通信方式，非对称中继上行和下行经过不同的中继终端或不同的中继级数或与对称中继采用不同的上下行中继次序，非对称中继可尽量减少中继级数，并方便进行上下行单独路由优化。

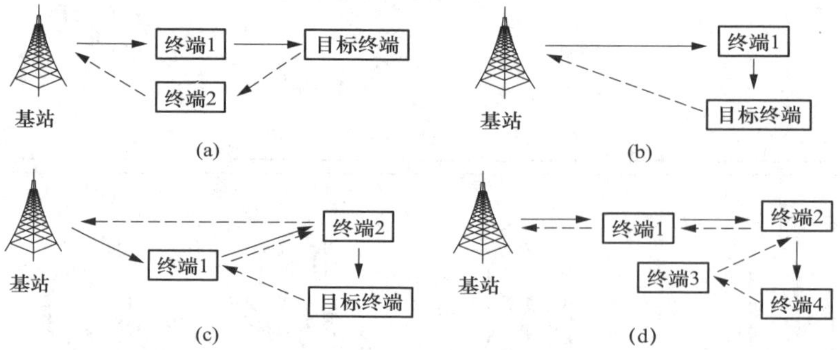

图 3-6　非对称中继构架示意图

（a）上行下行中继级数相同、中继终端不同的非对称中继；（b）上行下行中继级数不同的非对称中继；

（c）中继级数相同中继次序与对称中继不同的非对称中继，实际为两个（b）类型非对称中继的组合；

（d）非对称中继与对称中继组合而成的非对称中继方式

注：图中实线表示下行路径，虚线表示上行路径

3. 230MHz组网相关知识

（1）系统干扰。230MHz无线信道是国家无线电管理委员会指定给电力系统电能信息采集与监控的专用信道，由电力部门、省级无线电管理委员会按照保护距离和频率资源综合后，对全省的频率复用进行规划，相邻省份的频率使用由省级无线电管理委员会牵头协调。

虽然系统频率指定给电力系统专用，但同频复用距离较小，设备本身质量问题、互调干扰和地方有线传输屏蔽处理不当等原因，都容易出现系统干扰。干扰的表现方式有两种，一种是连续干扰，另一种是间断性干扰。对于连续性干扰，可以利用无线电测向技术查找干扰源；间断性干扰查找的难度较大，可以通过监听干扰源出现的规律，结合天气等因素进行分析，并报请当地无线电管理委员会协助查找。

1）互调干扰。互调干扰就是两个或两个以上不同频率的信号作用于同一个非线性器件，由于混频的结果产生一个第三频率，而此频率又正好落在另一个信道频点的附近且强度又足够强，当三个频率的信道同时工作时，会将形成干扰。

互调干扰中以三阶互调干扰影响最大，在无线组网中主要考虑它的影响。当两信号频率为 F_1 和 F_2 时，三阶互调频率分别为 $2F_1-F_2$ 或 $2F_2-F_1$。

如：$F_1=224.425$MHz；$F_2=224.525$MHz

则 $2F_1-F_2=224.325$MHz；$2F_2-F_1=224.625$MHz

224.325、224.625MHz即为三阶互调干扰的频率。

三信号三阶互调频率还可以组合为：$2F_3-F_1$；$2F_3-F_2$；$2F_1-F_3$；$2F_2-F_3$；$F_1+F_2-F_3$；$F_2+F_3-F_1$；$F_1+F_3-F_2$ 等。

产生互调干扰的条件：几个干扰频率和受干扰接收机的标称频率构成某种间隔关系；干扰信号的幅度足够大；设备同时工作且有某种非线性器件能在其中混频。

要进行三阶互调计算，选用无三阶互调的相容频率组，只有这样才能使无线电电能信息采集与监控系统免受三阶互调干扰。

2）同频干扰。凡由其他信号源发送出来与有用信号的频率相同，并以同样方式进入中频带宽的干扰，都称为同频干扰。由于同频干扰信号与有用信号同样被放大及检波，故其结果会由于两个电台的载频差而造成差拍干扰，或者由于两个电台的调制度不同而引起失真干扰，或者由于有用信号与干扰信号的相位差而引起失真干扰，或者调制度虽然相同，但由于载频差、调制信号的相位差以及信号大小不同等的共同影响而造成干扰。干扰信号越大，接收机输出的信噪比越小。

在无线电组网中为了避免同频道干扰，在同一地区一般不采用相同频率，如果需要采用，可以将系统设置为时间分隔制，如果相邻地区使用有相同频率，则必须根据一定的准则来确定同频道复用的保护距离。

同频道复用的保护距离 D 主要取决于地理环境、要求的通信质量等，一般对于调频或调相方式的异频双工（包括异频单工），可取 $D=3.3R_0$（R_0 为覆盖半径）。

（2）边界场强。在相邻地区存在有同频道其他系统时，还必须进行覆盖区边界范围的控制。常用的办法是控制发射机的输出功率，在满足覆盖区通信质量的情况下，严格限制发射机的输出功率，发射功率越大，覆盖半径也越大，要求的同频道复用的保护距离也越大（通常为覆盖半径的3.3倍）。

无线电管理委员会频率规划要求，在准平原地区，大中城市的中心站电台发射功率应小于25W，距离中心站半径90km的区域，其电波场强应小于9.7dBμV。

（3）常用计算公式。

1）在自由空间传播条件下，电波传播的路径损耗

$$LM=32.45+20\lg f+20\lg d \quad (\mathrm{dB})$$

式中：d 为传输距离，km；f 为工作频率，MHz。

在不规则地形经验公式

$$LM=88+20\lg f-20\lg h_t h_r+40\lg d$$

式中：h_t、h_r 为分别为发射机、接收机天线有效高度，m；d 为收发天线间的距离，km。

2）P_{rmin} 为接收机最低输入电平，取决于本机噪声系数和载噪比。

$$P_{rmin}=-162+NF+C/N$$

式中：NF 为接收机噪声系数；C/N 为接收机解调器输入端的载波功率与噪声功率之比，dB。

在不规则地形经验公式

$$LM=88+20\lg f-20\lg h_t h_r+40\lg d$$

适用于 $f=40\sim400$MHz，有时需加0～3dB的修正因子。

3）通信可靠度。

$$SM=SG-SL$$

式中：SM 为系统余量，dB；SG 为系统增益，dB；SL 为系统损耗，dB。

$$SG=P_t+G_t+G_r-P_{rmin}$$

式中：P_t 为发射机输出功率，dB（例如，25W=14dB，$P=10\lg25=13.98$dB）；G_t、G_r 分别为发射、接收天线增益，例主站高增益全向天线为8dB，终端五单元定向天线为10dB；P_{rmin} 为接收机输入端的最低保护率电平。

$$SL=LM+K+L_r+L_t$$

式中：LM 为自由空间路径损耗；K 为地形校正因子（与地形起伏有关），平原地带可取0dB；L_t 为发射馈线损耗，例100m，每米损耗0.055dB；L_r 为接收馈线损耗，例20m，每米损耗0.15dB。

系统余量是指对于一定的通信距离而言，系统增益减去系统损耗的剩余量。或者说，是接收机可能接收到的输入信号电平减去保证一定信号质量而要求输入的最低接收电平的剩余量。满足这一信号质量要求的概率（即通信可靠度）可以表示为：

$$T=\exp(-0.693\times10-F/10)$$

式中：F 为系统余量，dB。

4）系统覆盖范围。

覆盖范围半径 $40\lg D=LM-88-20\lg f+20\lg h_t+20\lg h_r$

$$=P_t+G_t+G_r-P_{rmin}-SM-88-20\lg f+20\lg h_t+20\lg h_r-K-L_r-L_t$$

实际工作中常用的经验估算公式

$$D(\mathrm{km})=4.12[(H_1)1/2+(H_2)1/2]$$

式中：H_1、H_2 分别为主站天线高度、终端天线高度，单位为米，适用于平原地区视距传输范围内。

5）频道复用距离。在两同频道覆盖区的覆盖半径都相同（等于 R_0）时，同频道复用保护距离可以由下式近似给出

$$D=3.3R_0$$

即一个系统的覆盖半径为 30km，那么它的同频道复用的保护距离需要 100km。

（三）无线公网通信原理

1. 无线公网简介

无线公网具有覆盖范围广、数据传输速度快、通信质量高、永远在线和按流量计费等优点，而且其本身就是一个分组型数据网，支持 TCP/IP 协议，无线公网的最大优势在于数据传输速度不是 WAP 所能比拟的。

终端与主站连接过程：初始化基本的环境、连接无线公网取得 IP，建立与控制室的网络连接，此后的基本过程与网络通信一致。使用无线公网通信的方案包括以下几种：

（1）终端自身设为服务器模式，由主站发起连接，从而实现点对点操作。

（2）主站设为服务器模式，拥有固定 IP 地址。

（3）通过域名地址访问，服务器注册一固定域名，终端通过域名解析进而实现与主站通信。

（4）短信息配合无线公网通信。

2. 无线公网实际组网应用

用电信息采集系统中，在终端上安装一张 SIM 卡，它就有自己的地址、编号，可以跟用电信息采集系统后台服务器进行实时通信，发送和接受无线公网数据，数据的传输、地址的编制、通信路由的选择等都由通信运营商负责。近年来，有的在采集器中加装无线公网通信模块，或者电能表本身就带有无线公网通信功能，每个采集器或者电能表都加装一张 SIM 卡，因此每个电能表都能直接与后台服务器实时通信。

3. 无线公网的特点

（1）无线公网的优点。

1）无线公网已在全国范围内基本覆盖，覆盖面广，并且支持大容量系统的建立。

2）传输速率高，通信成功率高。不仅满足基本的监视功能，也为控制的实现提供可能。

3）无须专门的信道维护，只需交纳相对较低的使用费用。我国无线公网的运营维护有专门的运营维护商。

（2）无线公网的缺点。

1）公网为非电力系统专网，信息安全性没有专网高。

2）无线公网在部分山区、地下室等仍有信号盲区。

3）无线公网的通信可靠性依赖于移动运营服务商。

4. 无线公网安全接入措施

由于内外网分离的要求，采集系统利用无线公网通信均采用专用通道，即由移动公司敷设专用光纤到电力公司，采集终端报文通过移动无线网络进入移动核心内网，再通过专用通道（GRE 通道）进入电力内网，到达采集系统通信服务器。

（1）建立 VPN（virtual private network）虚拟专用网络。VPN 指的是在公用网络上建立专用网络的技术。VPN 技术使无线公网可以在混乱的公共网络中架设一条独立、安全、稳定的通信隧道。实现 VPN 的最关键部分是在公网上建立虚信道，而建立虚信道是利用隧道技术实现的。无线公网和系统接入设备之间组建独立的 APN/VPN 私有虚拟专网，公网和采集系统之间以专线形式连接，保证了安全性。

（2）IP 地址绑定。从 IP 层予以隔离，隧道外的公网 IP 无法访问隧道内的 IP，隧道内的 IP 不能访问隧道外的 IP，隧道内的 IP 互访也仅限于授权的资源。通过 SIM 卡与 IP 绑定，SIM 卡与 IP 一一对应，身份唯一识别，拦截非授权设备接入和非法 SIM/UIM 登录到主站，保证信息安全。

二、专变采集终端通信部分的安装

（一）天馈线安装

1. 天线的作用和规格要求

（1）天线的作用。天线是能够辐射或接收电磁波的装置，是一种能量转换装置，即将电磁波（或高频电流）转换成高频电流（或电磁波）的装置。

天线还有两个重要作用：

1）它可以帮助提高终端机的灵敏度，如在边远地区信号很弱，但是若配上一副高增益的天线，照样可以满意地接收信号。

2）它有识别电磁波的作用和提高抗干扰的能力。空间有各种各样的无线电电磁波，它们都会在天线上或强或弱地感应出电压。如果把天线设计在所要求的频率上，则该频率电磁波感应的电压最大，这就相当于把需要的电磁波从许许多多频率的电磁波中挑出来了。另外，可以把天线的增益做得很高而且方向性很强，其他方向来的干扰波被天线抑制，进不了终端机，便可达到抗干扰的目的。

（2）天线的规格要求。负控系统中常见的天线主要分为全向天线和定向天线两种。

全向天线是指在水平面内基本上具有无方向的辐射特性而在垂直面内则具有定向的辐射特性的天线。全向天线一般用于负控基站和中继站使用。基站天线一般采用 3.2m 长度的高增益全向天线。应根据组网设计要求安装在局部的高点，如大楼楼顶、铁塔等。同平台全向天线与其他天线的水平间距必须大于 2m，天线与塔身的水平距离应大于 1.5m，天线的固定底座上平面应与支架的顶端平行（允许误差±5cm），全向天线安装时必须保证天线垂直（允许误差±0.5°）。

定向天线是一种在空间特定方向比其他方向更能有效发射或接收电磁波的天线。定向天线常用于Ⅰ型专变采集终端，一般使用五单元定向天线，如图 3-7 所示。五单元定向天线，由 1 根龙骨、3 根引向振子、1 根反射振子和 1 根有源振子组成。应先将天线在地面上组装好，组装时应注意以下几点：

1）反射振子、有源振子和引向振子必须安装在龙骨的同一侧。

2）反射振子最长，安装在最靠近天线的固定卡口处，在有源振子的后端。

3）有源振子在反射振子的前端，它的馈线引出端应该朝向反射振子。

4）引向振子按从长到短的次序从离有源振子最近端装到最远端。

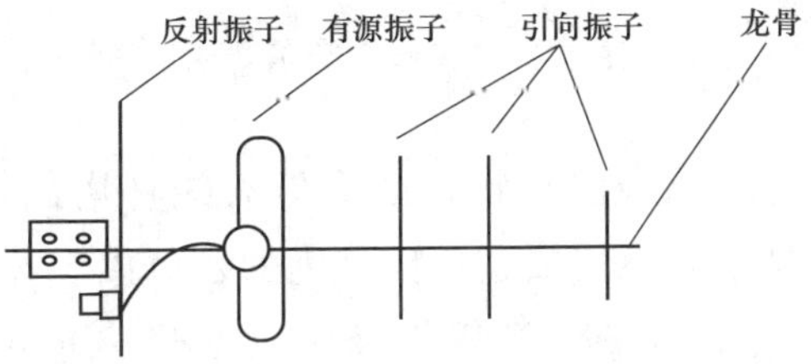

图 3-7　五单元定向天线结构图

2. 馈线电缆头的制作

高频电缆头的装配详见图 3-8 所示。

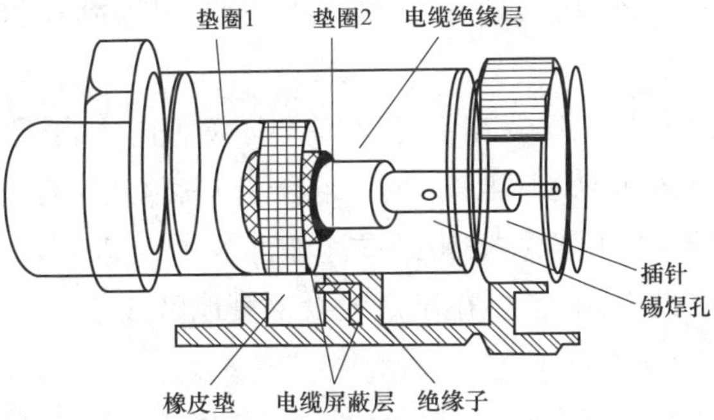

图 3-8　高频电缆头装配示意图

注意：在射频电缆线两端装配（芯线焊接）电缆头完毕后，应用万用表电阻挡测量一下，其两端间芯线及外层线应相连通，芯线和外屏蔽层线不可相通。

检查高频电缆头连接插针，要求与接头端面相平，不可缩进或突出，如图 3-9 所示。

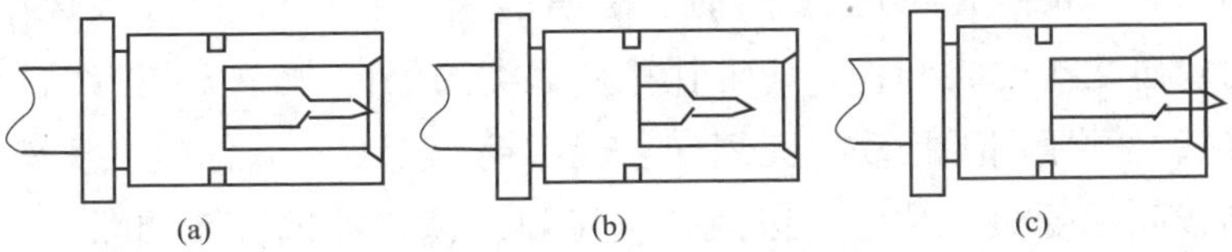

图 3-9　电缆头连接插针示意图

（a）正确；（b）错误（缩进）；（c）错误（伸出）

3. 天线的安装

天线一般安装在室外的墙上或房顶上，天线的正前方应无遮挡，以免影响无线电信号传播。由于无线信号为垂直极化波，天线的振子平面应垂直于大地平面，如图 3-10 所示。

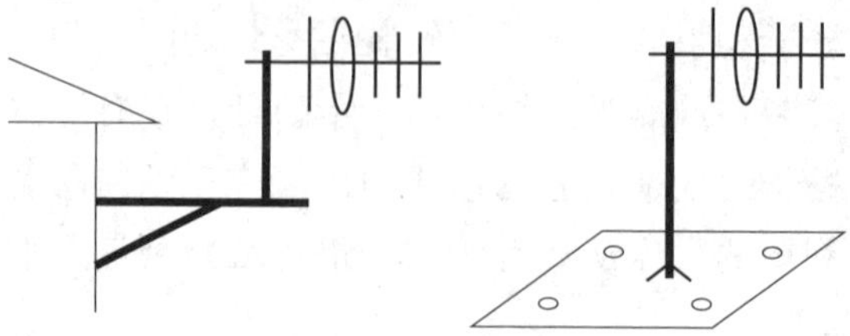

图 3-10 天线安装示意图

(1) 天线安装应尽量利用原有建筑物，以降低天线杆塔高度。天线支架一般装于变（配）电房顶部，城市高楼地下配电房或在居民区内的，可以装在建筑物主体的裙楼上，兼顾安全美观。天线的振子与地面垂直，即垂直极化。切不可使天线的平面与地面平行，否则将影响通信效果。天线架设的位置尽可能远离高压线和低压母线，如不在建筑物本身的防雷范围内，应考虑防雷措施。

(2) 天线应固定于天线支架上，支架应有一根长度不小于 800mm，外径不小于 25mm 的镀锌钢管，钢管与支架底座应焊接牢固。支架本身高度不低于 2m（含上部铁管高度）。支架与邻近建筑物的距离不小于 1500mm。支架应与地网可靠连接。支架安装必须稳固，必要时应加拉线固定。

(3) 终端天线为定向天线，安装在室外，其方向应对向主台天线，天线安装位置的前方近距离内应无高大建筑物和地形阻挡，两侧及尾部与其他建筑保持 80cm 以上距离。天线外部接点应与天线电缆拧紧后用自粘胶带及防水胶带密封，以免雨水浸入。天线振子离地面或屋面最小距离一般应大于 3m。如在城市建设密集地区或信号不稳定地区，宜采用复合型天线。

(4) 终端只有在天线及天线电缆连接后才能进行试发射，否则容易损坏电台。

(5) 天线安装后可作适当方向调整，以获得最佳接收效果。

4. 馈线制作与安装

(1) 馈线的量裁布放，按照节约的原则，先量后裁。馈线的允许余量为 3%。

(2) 制作馈线接头时，馈线的内芯不得留有任何遗留物。馈线与天线的连接处应可靠旋紧，并有防雨措施。馈线在跨过屋檐前后均应固定牢固，保证其在大风中不与屋檐产生摩擦。若屋檐为瓷砖之类的尖利物，应绑扎橡皮之类的保护物，以防馈线日久损伤。

(3) 馈线接头必须紧固无松动、无划伤、无露铜、无变形。馈线在支架上应固定牢靠，不应使天线因馈线而承受扭、拉力，以致日久倾斜。馈线在墙面垂直敷设时，上下两点用铁卡以膨胀螺栓固定，中间视具体情况固定若干点，保证其不弯曲、不晃动。

(4) 布放馈线时，应横平竖直，严禁相互交叉，必须做到顺序一致。两端标识明确，并两端对应。馈线在墙壁上横竖转角处应为略带弧度的直角。

(5) 馈线必须用馈线卡子固定，垂直方向馈线卡子间距不超过1.5m，水平方向馈线卡子间距不超过1m。如无法用馈线卡子固定时，用扎带将馈线之间相互绑扎。

(6) 馈线在布放、拐弯时，弯曲度应圆滑、无硬弯。避免接触到尖锐物体，防止划伤进水，造成故障。馈线在平台或屋顶引下前，应用铁卡以膨胀螺栓固定牢固。

(7) 馈线在室外高处若不得不横空跨越时，可采取通信电缆的架设方法。馈线入户口必须有防水弯，防止雨水沿馈线进入机房。防水弯的切角应大于等于60°。馈线进入室内后应沿管、孔、沟、道敷设，不允许凌空飞线，不允许摊放地面。特别情况下可设槽板，桥架跨越。

(8) 馈线、信号线必须与220V以上的电源线有20cm以上的间距。天线、馈线等器件、线缆必须标识明确，一一对应。

(9) 馈线在变（配）电房室外或室内敷设时，绑扎工艺应整齐美观，尽力保持环境的整体美观。馈线中途一般不应有接头，以免造成信号泄露，增加故障点。

5. 避雷设备安装

(1) 避雷器的驻波比VSWR应小于1.1的行业标准。

(2) 室内避雷器安装时，避雷器要与跳线、馈线接口、阻抗匹配。

(3) 避雷器安装的方向不能弄反，如果机房有避雷器安装架，则必须要把避雷器固定在安装架上。

(4) 安装避雷器接地线时必须整齐排布，向室外延伸，尾端必须接在室外主接地排上。

（二）第二信道通信单元模块的安装

1. SIM卡的检测

(1) SIM卡外观检查。检查SIM卡外观是否有明显破损，如果有破损则不能使用。

(2) SIM卡通信能力检测。可以用掌机对SIM卡的好坏及收到信号的强度进行检测，也可以将SIM卡插在手机上查看SIM卡是否有信号。

2. 模块的安装

(1) 装入SIM卡。第二信道通信单元使用的SIM卡，安装在模块背部小插槽里。

(2) 模块安装。为了保证通信模块的安全可靠，在不打开终端外盖的情况下无法破坏模块，原则上要求通信模块安装在终端内部（见图3-11）。第二信道通信单元模块可置于终端内适宜空间，与终端采用适宜、可靠的固定方式，如加螺栓或采用

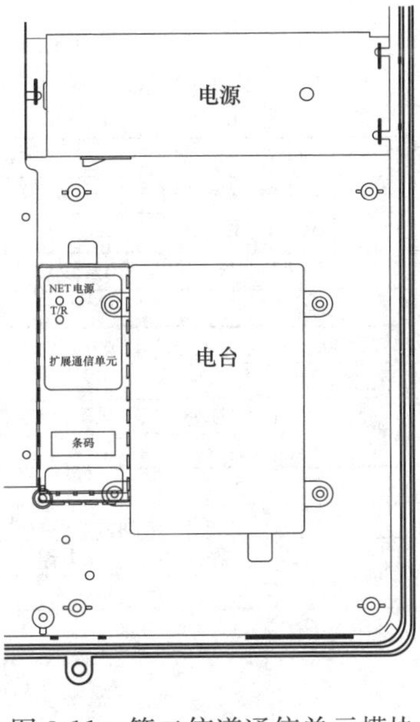

图3-11　第二信道通信单元模块安装示意图

尼龙线绑扎。通信模块的天线，应保证在不打开终端外盖的情况下无法由终端上拔出或拆下。

（3）模块接线。第二信道通信单元模块与专变Ⅰ型终端之间通过两组电缆连接：一组电源线直接接入终端 12V 端子，另一组通信信号线接在终端内部 RS-232 接口上。

（三）迭代产品结构布局

随着集成电路技术的迅猛发展，采用面向工业控制的高性能嵌入式 CPU 及先进的嵌入式 Linux 操作系统平台，专变采集终端的内部结构呈现高度集成化趋势，在改进版专变采集终端的内部构造中，已经将第二信道通信单元模块镶嵌在终端主体内部（见图 3-12），其控制接口与脉冲采集接口都作相应的调整（见图 3-13），终端支持多种通信方式、维护成本低廉、运行稳定可靠。

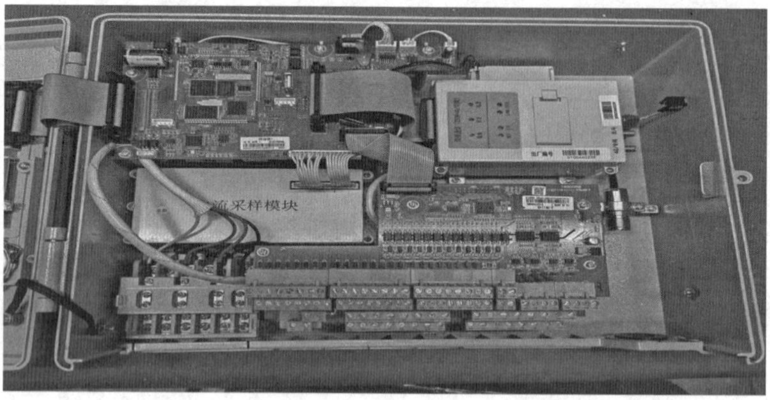

图 3-12　改进版专变采集终端内部结构示意图

65	66	67	68	69	70	71	72	73	74	75	76	77	78	79	80
5+	5−	6+	6−	7+	7−	8+	8−	5+	5−	6+	6−	7+	7−	8+	8−
37	38	39	40	41	42	43	44	45	46	47	48	49	50	51	52
1+	1−	2+	2−	3+	3−	4+	4−	1+	1−	2+	2−	3+	3−	4+	4−
遥信								脉冲							

53	54	55	56	57	58	59	60	61	62	63	64
+	−	+	−	A1	B1	A2	B2	H1	L1	H2	L2
12V输出		秒脉冲		RS-485				CAN			

19	20	21	22	23	24	25	26	27	28	29	30	31	32	33	34	35	36
开	COM	开	COM	开	COM	开	COM	开	COM	开	COM	开	COM	开	COM	开	COM
告警		第Ⅰ路		第Ⅱ路		第Ⅲ路		第Ⅳ路		第Ⅴ路		第Ⅵ路		第Ⅶ路		第Ⅷ路	
		合闸															

1	2	3	4	5	6	7	8	9	10	11	12	13	14	15	16	17	18
N	L	开	COM	开	COM	开	COM	开	COM	开	COM	开	COM	开	COM	开	COM
电源		第Ⅰ路		第Ⅱ路		第Ⅲ路		第Ⅳ路		第Ⅴ路		第Ⅵ路		第Ⅶ路		第Ⅷ路	
		分闸															

图 3-13　改进版专变采集终端接线端子示意图

此外，专变采集终端不断推陈出新，其第二信道通信单元模块以集成电路板的形式嵌入终端主体内部，结构合理，布局紧凑，便于维护，如图 3-14 所示。

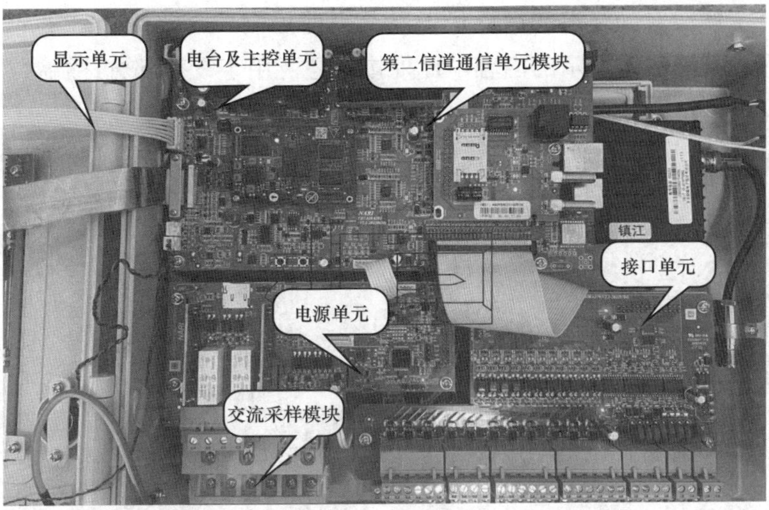

图 3-14 新版专变采集终端内部模块示意图

三、通信调试

（一）通信频道的选择

Ⅰ型专变采集终端的通信频点一般印在终端盖板背面，找到对应频道号参考设置（见图 3-15），在终端面板上选择设置即可。

频道	RX/TX (MHz)	频道	RX/TX (MHz)
1	228.075	21	224.025
2	228.125	22	231.025
3	228.175	23	224.125
4	228.250	24	231.125
5	228.325	25	224.175
6	228.400	26	231.175
7	228.475	27	224.225
8	228.550	28	231.225
9	228.675	29	224.325
10	228.750	30	231.325
11	223.525	31	224.425
12	230.525	32	231.425
13	223.675	33	224.475
14	230.675	34	231.475
15	223.725	35	224.525
16	230.725	36	231.525
17	223.850	37	224.575
18	230.850	38	231.575
19	223.950	39	224.650
20	230.950	40	231.650

图 3-15 频道与频点对应图

（二）终端地址的设置

1. 终端面板简介

专变采集终端面板如图 3-16 所示，有三个功能区：液晶屏、运行状态指示灯区、面板按键区。液晶屏显示终端的参数以及运行信息，可通过面板按键选择显示内容；运行状态指示灯可以一目了然地看到终端的运行状态以及当前控制状态（见表 3-2）；面板按键区则可以让用户选择查看液晶屏显示的内容，此外按键还可用于设置部分终端参数。

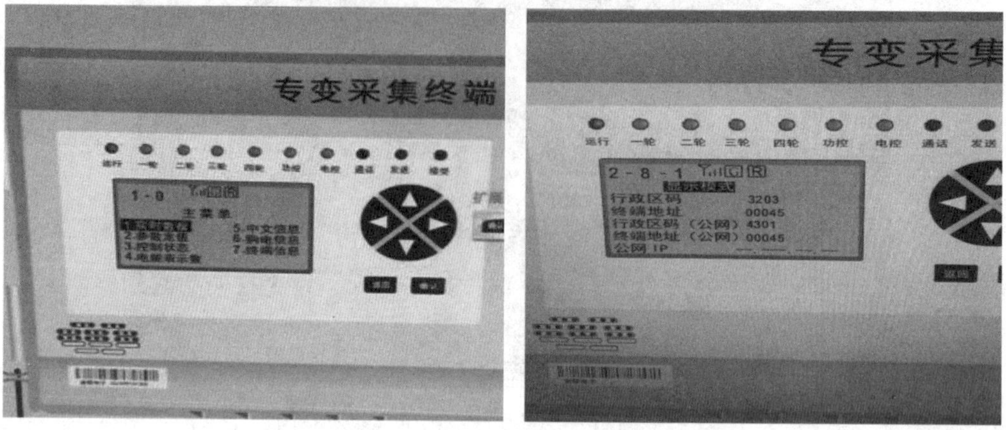

图 3-16　专变采集终端面板示意图

表 3-2　　　　　　　　　　　　**顶层状态栏各符号含义**

符号	含义
	信号强度指示：最高是 4 格，最低是 1 格。 当信号只有 1～2 格时，表示信号弱，通信不是很稳定。信号强度为 3～4 格时信号好，通信比较稳定
	上线显示：当已经上线，获得正常 IP 地址分配时显示
	通信状态指示：当已经建立了 TCP 连接，正常传送数据时显示。 G 表示采用无线公网通信方式
	异常告警指示：表示终端或测量点有异常情况。当终端发生异常时，该标志将闪烁显示
	表示终端进入保电状态
12:00:00	表示当前时刻的小时和分钟，格式为：hh:mm:ss

按键由 4 个方向键和 2 个功能键组成。方向键用户选择，功能键用于确认和返回。在参数设置状态下，左右方向键移动光标，上下方向键改变光标处的值。

2. 设置地址参数

通过＜下移＞或＜上移＞键选取密码字符，＜右移＞键移到下一位字符，输完 6 位密码后按＜确认＞键，进入修改界面（见图 3-16）。根据光标的位置通过＜下移＞和＜上移＞键修改字符，通过＜左移＞和＜右移＞键移动光标，对行政区码和终端地址进行修改，行政区码由终端所在地区决定，终端地址由主站下达，原则上两个通道终端地址应相同。修改结束按＜确认＞键确认后按任意键退出修改参数状态。

注意：行政区划为 4 位十进制数，终端地址为 5 位十进制数。

3. 新型负荷管理终端地址设置

新型负荷管理终端采用人机互动式触摸彩屏面板，操作更加方便快捷，数据显示窗口化，视觉效果简洁直观，如图 3-17 所示。

通过主菜单选项选择“参数定值”模块，再进入“配置参数”选项（见图 3-18），激活光标，呈现软键盘后，更改相应数字保存即可。

图 3-17　新型负荷管理终端触摸彩屏面板示意图

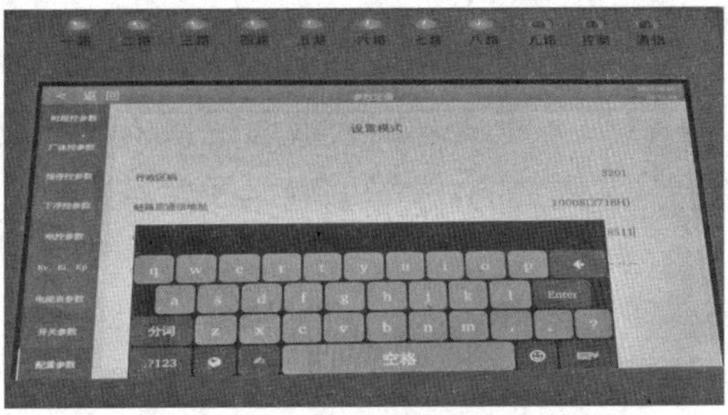

图 3-18　新型负荷管理终端修改地址界面

（三）通信强度查看及测试

检查专变采集终端通信参数，主要包括终端行政区划码、终端通信地址、APN 参数、主站 IP 地址及端口号等参数。通知主台操作人员建立相应的终端档案。在确认终端通信参数与实际通信参数一致的情况下查看终端上线信息，正常情况下终端应该在 1min 内启动拨号上线流程。将专变采集终端箱体门锁关闭的情况下，再次与主站值班人员核查确认终端是否能够正常上线。

对于专变采集终端无线专网的测试将在功率计和场强仪使用章节中介绍。

第三节　专变采集终端控制及采集回路安装

一、专变采集终端遥控回路的接入

（一）开关跳闸方式的判断

1. 分励开关的控制原理

分励断路器机构是指跳闸线圈两端平常无电压，当加上一定电压信号时，机构动作断路器分闸。当电路加压时，过电流脱扣器的衔铁吸合，使自由脱扣机构动作，主触点断开主电路。这种机构一般并接入终端继电器的动合触点。

2. 失压开关的控制原理

失压断路器脱扣机构是指线圈两端平常就有电压，此电压使脱扣器的锁钩克服弹簧力，以使断路器能够正常合闸。当电压信号失去为零时，脱扣器的锁钩会复位，机构动作断路器分闸。这种机构一般串接入终端继电器的动断触点。

3. 断路器跳闸方式的判断

跳闸控制操作开关一般有两种形式，一种是按钮式，另一种是旋转式（也叫 KK 开关）。若为按钮式则找到按钮两端的相应触点，测量触点两端电压，如果电压值等于操作电压的数值，则断路器的跳闸方式为分励跳闸；如果电压值等于零，则断路器的跳闸方式为失压跳闸。断路器无电状态下使用万用表的蜂鸣挡，用两表棒分别接触开关按钮的两个触点，如果鸣响，就表示该触点是动断触点，否则为动合触点。若按下按钮再次测量检测，会发现结果与上述现象正好相反。

（二）专变采集终端遥控接入

1. 遥控线缆的规格要求

遥控线缆采用 RVV-2×1.5mm^2 硬铜线。

2. 遥控线接入

根据用户被控断路器的性质，即失压跳闸或加压跳闸来选择用终端的动合触点或是动断触点来控制用户的被控开关，如图 3-19 所示。

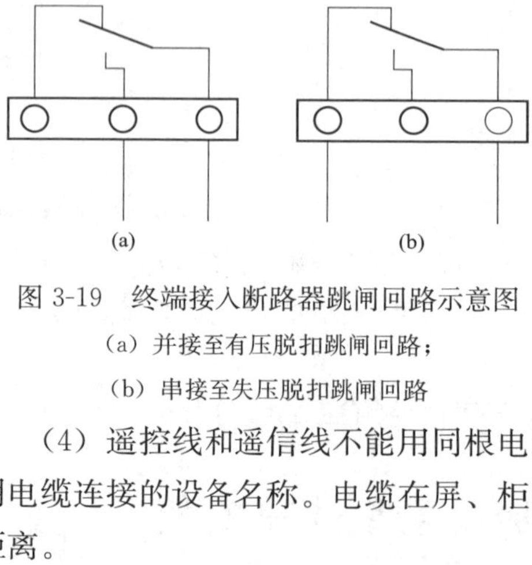

图 3-19　终端接入断路器跳闸回路示意图

（a）并接至有压脱扣跳闸回路；

（b）串接至失压脱扣跳闸回路

（1）对于失压跳闸的断路器，选取终端动断触点串接在开关的控制回路中。

（2）对于加压跳闸的断路器，则将终端跳闸回路的动合触点并接在跳闸按钮上即可。

（3）接线的时候需要注意控制回路的电压等级和控制电流，看终端的输出控制触点是否能满足要求，一般情况下终端的触点容量是 AC 250V/5A。

（4）遥控线和遥信线不能用同根电缆，所有电缆均应套上标记套管或挂上标记牌，注明电缆连接的设备名称。电缆在屏、柜内敷设时，应与带电、发热、可动部件保持足够的距离。

电缆敷设应横平竖直，转角处满足转弯半径要求，不得陡折，不得斜拉，施工中不得卷绕、拧劲。电缆应沿管、孔、沟、道敷设，不得凌空飞线，不得摊放地面。若不得不使电缆横空跨越，室内应通过槽板、桥架，室外可依托钢丝绳，电缆布在明处时，应用线槽进行敷设。

电缆在进入屏、柜后，应整齐固定，并做有标准的电缆头。多根电缆并行，电缆头应呈梯度排列。每根电缆至少固定两处。

二、专变采集终端遥信回路的接入

（一）遥信触点类型的判断

当断路器处于分闸状态时，利用万用表测量辅助触点处于导通状态时为动断触点，反之为动合触点。

（二）遥信端子要求

1. 遥信触点条件

终端的遥信输入电路直接接入光耦器件输入端，要求接入的辅助触点必须是空触点，即触点上不能带有电位或电压，也不能与其他带电的设备共用同一组辅助触点，若误接入遥控线，会损坏接口板。

2. 接线位置的选择

用户设备的遥信触点，以简单的跳闸机构为例，可以看到在跳闸机构旁，有一个双排的端子，有的是动合触点，有的是动断触点，一般接动合触点。有的跳闸机构较复杂，是从跳闸机构引出到机柜内的端子上，则需要从用户的设备图纸上找到相应端子，并确定端子的属性是动合或动断。部分断路器可能会无多余的辅助触点供遥信使用，此时可采用在断路器的合闸或分闸指示回路增加中间继电器，从中间继电器的输出触点取遥信信号。

3. 遥信线的选择

一般采用双芯护套控制电缆 RVV-2×1.5mm^2 的铜芯线作为遥信的连接线。遥信线缆的施工要求与遥控线缆施工要求一致。

（三）遥信线接入

将来自断路器辅助触点或其他遥信量（对地悬浮、无电位）输入点的信号线通过机箱的过线孔，接到接口板对应的遥信接线端子。

遥信触点确定后可用双芯护套控制电缆进行连接，一端接到被控跳闸断路器的辅助触点上（触头需采用羊眼处理），另一端的两根线接至终端接口板的“遥信”标记的两个端子上。每路遥信的两根线无正负极性之分，只要接至对应的端子上即可。通常遥信和遥控接线的关系是对应的，即接入控制第一轮的开关，其对应的遥信端口也为遥信第一路。

Ⅰ型专变采集终端，有 8 路遥信输入口（升级版终端为 10 路），除用于采集遥控变位信号外，另外几路可作为终端遥信功能的扩展应用，如通过在计量柜门上安装门控开关，并将信息送入终端，可监测计量柜门的开关事件。通过采集变压器温度传感器中的告警信息，可实现对变压器温度报警的监测与告警。也可配合终端的扩展继电器箱使用，监测断路器变位信息。

三、专变采集终端与电能表的连接

（一）材料、施工与设备的要求

1. 通信线缆规格要求

专变采集终端与电能表通过屏蔽信号线相连接。常见的屏蔽线型号有 RVVP-6×1.5mm^2、RVVP-2×1.5mm^2。注意不要将 220V 交流电压、遥控线缆误接至其他弱信号输入端，否则会损坏终端设备。

2. 智能电能表基础知识

智能电能表是以计算机、网络技术、通信技术和微处理器应用技术为核心的智能化仪表，具有计费、计时、计量、用电管理和与上位机通信等功能。工作原理是被测电压和电流经过采样之后，送到电能计量芯片中，然后经过一系列的数字处理，转化成脉冲信号再送给微处理器，微处理器把脉冲信号进行分时累加，得到各种费率电量和总电量等数据，数据结果再保存到数据存储器中。微处理器通过通信接口还具有与外部进行信息交换的功能，通过 LCD 驱动具有显示功能。智能电能表按等级划分，可分为 0.2S、0.5S、1 级和 2 级。按开关划分，可分为内置开关和外置开关两种。按通信方式划分，可分为载波、无线公网、RS-485 总线。按费控方式划分，可分为本地费控和远程费控。

3. 施工工艺

（1）屏蔽信号线的屏蔽层应单点可靠接地（在终端侧）。在电能表上进行通信线缆的连接时应采取强弱电隔离措施后再进行。

（2）屏蔽信号线缆两端应使用电缆标牌或标识套进行对应编号标识。线缆接线正确、牢固，走线合理、美观，不得有金属外露及压皮现象。

（3）屏蔽信号线与电能表脉冲通信口连接处端头绝缘层剥线长度以不超过 10mm 为宜。电能表接口处，应采取冷压接或其他有效措施。末端表计与终端之间的屏蔽信号线长度不宜超过 100m。

（4）电能表箱间、终端箱与电能表箱间，线缆的连接宜采用端子排过渡，与电源线不得同管敷设。线缆应用扎带或不干胶线卡固定，线缆直角弯时应加弯头连接，将配管用管卡固定在墙上，管卡间的距离不宜超过 30cm，绑扎完毕后要剪掉扎带多余的尾线，导线捆扎和线束固定应牢固和整齐。

（5）屏蔽信号线采用穿管、线槽、钢索方式连接时，不得与强电线路合管、合槽敷设，与绝缘电力线路的距离应不小于 0.1m，与其他弱电线路应有有效的分隔措施。

（二） RS-485 通信口简介

1. RS-485 通信原理

RS-485 又名 TIA-485-A，ANSI/TIA/EIA-485 或 TIA/EIA-485。

RS-485 是一个定义平衡数字多点系统中的驱动器和接收器的电气特性的标准，该标准由电信行业协会和电子工业联盟定义。使用该标准的数字通信网络能在远距离条件下以及电子噪声大的环境下有效传输信号。RS-485 使得廉价本地网络以及多支路通信链路的配置成为可能。

2. 电能表 RS-485 接口相关指标

（1）驱动方式：平衡。

（2）最大传输距离：1200m。

（3）最大数据传输率：10Mbit/s。

（4）驱动器输出（开路）电压：±5V。

（5）驱动器输出（加载）电压：±1.5V。

（6）驱动器负载电阻：54Ω。

（7）接收器输入电压：−7～+12V。

（8）接收器输入门限：±200mV。

（9）接收器输入电阻：>12kΩ。

RS-485 网络采用平衡双绞线作为传输媒体，线的长度与通信速率成反比，通常，能在 1200m 内达到 100kbit/s 的通信速率，而近距离可以达到 10Mbit/s 的通信速率。RS-485 接口用于多点互连时非常方便，目前终端与当地的电能表大多采用 RS-485 接口进行串行通信，实现远程抄表，在专变采集终端实际应用中，RS-485 接口允许最多并联 16 块多功能电能表。

3. RS-485 接线

专变采集终端提供两路 RS-485 抄表接口，接线方法是将终端 RS-485 接口的 A 端正极与电能表或交采装置的 RS-485 接口的 A 端正极相连，接口的 B 端负极与电能表或交采装置的 RS-485 接口的 B 负极端相连，注意区分 A 与 B。

（1）典型表计 RS-485 接线如图 3-20 所示。

（2）兰吉尔 D 表接线方法：兰吉尔 D 表通信输出是六芯水晶头，水晶头的弹簧片向上看，从左向右以依次为：第一芯和第六芯没有定义，中间的四个是负极、正极、负极、正极，其中任意选一对按照如图 3-21 所示接线方式接入即可。

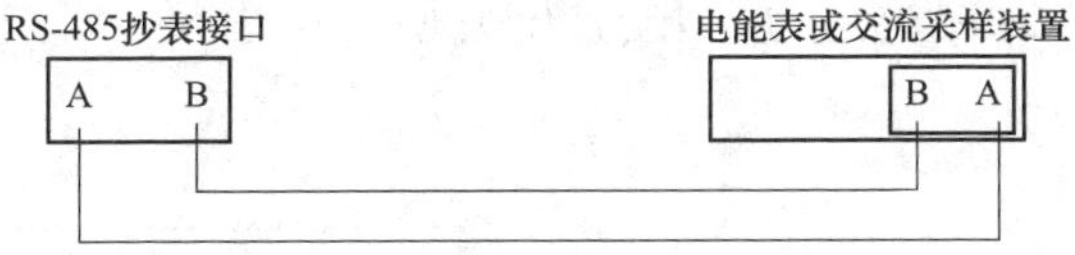

图 3-20　RS-485 抄表接线

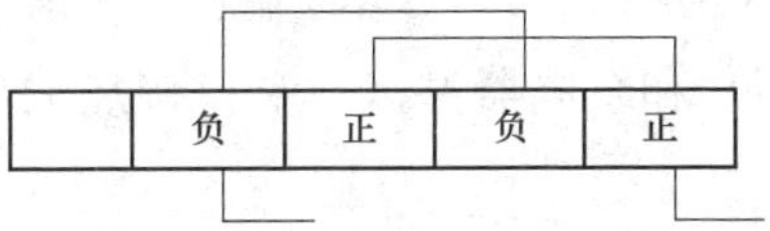

图 3-21　兰吉尔 D 表 RS-485 接线方式

注意：13 版终端 RS-485 口 1 为交采表专用。主站必须下发现场终端的 RS-485 口为 2、3，否则终端将不能抄表。

（三）电能表脉冲口的连接

1. 电能表脉冲口的原理

电能表的无源脉冲输出方式可分为电子开关型和触点型两种，电子开关型又可分为有功、无功脉冲独立输出，有功、无功脉冲共用C端输出，以及有功、无功脉冲共用E端输出三种。光电耦合器件能够将电信号转换为光信号再转换为电信号，完成信号的传送，输入和输出回路之间采用光耦合的方式完成信号传输，在电气上有明显的断开点。目前在用计量表的脉冲输出口、终端的小信号输入输出接口大多使用光耦实现电气隔离。

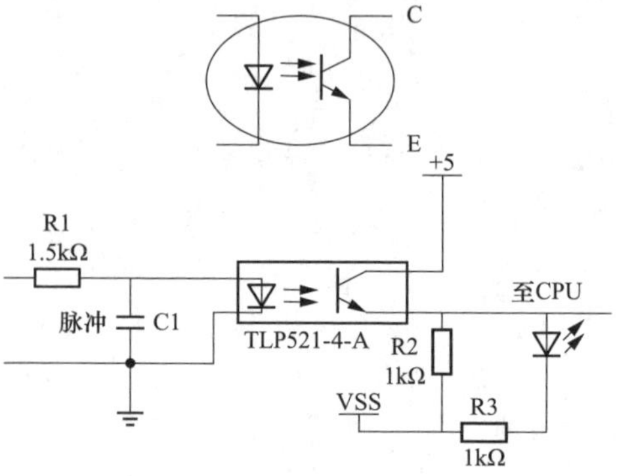

图 3-22　电能表脉冲口通信原理

如图3-22所示，输入的脉冲信号经过R1限流和C1滤波后加到光耦的输入端，光耦输出端的E极上能得到一个和输入信号同步的脉冲信号，单片机通过采集该脉冲变量就能计算出功率和电量。

终端与电能表脉冲回路接线的要点：当有脉冲输入时，光电耦合器件输入端的B-E（二极管）得到正向偏置电压，输出端的C-E得到正向工作电压，从光耦输出到终端输入的直流回路形成通路。

2. 脉冲口的规格

国家对电能表的输出脉冲的规定如下：

（1）脉冲幅值：5、12、24V，偏差不得超过5%。

（2）脉冲宽度：10、20、40、80ms，容差为20%。

（3）脉冲前、后沿：前沿，<1ms；后沿，<1ms。

（4）脉冲信号输出低电平：<0.9V。

（5）输出电流：≥15mA。

（6）输出回路阻抗：80～120Ω。

电能表的脉冲输出从电源供给形式上可分为有源输出和无源输出两大类，有源输出就是此表的输出回路有供电电源，能在运行中的表计输出端口测量到电压信号（见图3-23）；无源输出就是电能表提供输出的器件或端口接点，需提供外部电源才能取得装置内的输出信号（见图3-24），无源输出根据输出器件的种类可分为电子开关型（发射极、集电极、OC门）和继电器型（空端口接点输出）。

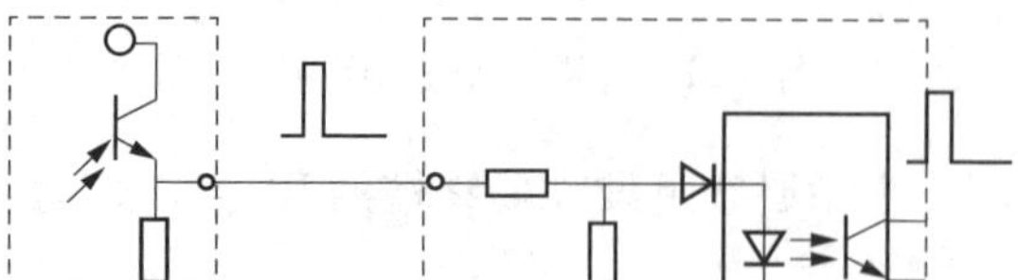
图 3-23　电能表有源脉冲输出原理电路图

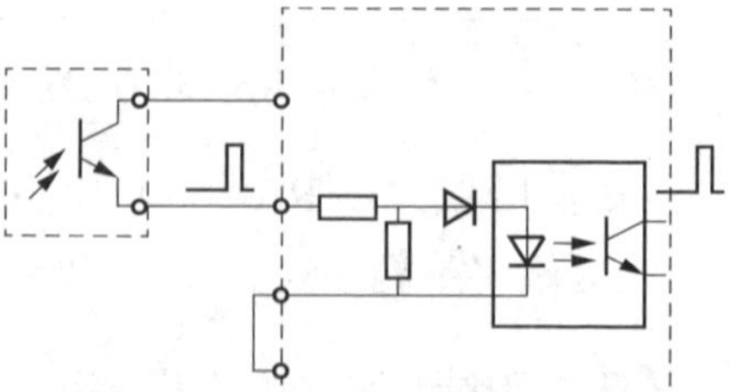
图 3-24　电能表无源脉冲输出原理电路图

电子开关型又根据输出信号是由光电耦合器件的哪一管脚接出分为发射极、集电极和

OC门输出方式；就其输出脉冲特性，可分成正脉冲输出和负脉冲输出两种。发射极输出方式和空端口接点输出方式，其输出脉冲为正脉冲，集电极输出方式和OC门输出方式的输出脉冲为负脉冲。

3. 发射极输出连接法

当电能表脉冲为发射极输出时（见图3-25），可将终端12V电源＋端接电能表输出光耦的C端，终端脉冲输入的＋端接电能表输出光耦的E端，终端脉冲－端接12V电源负极。

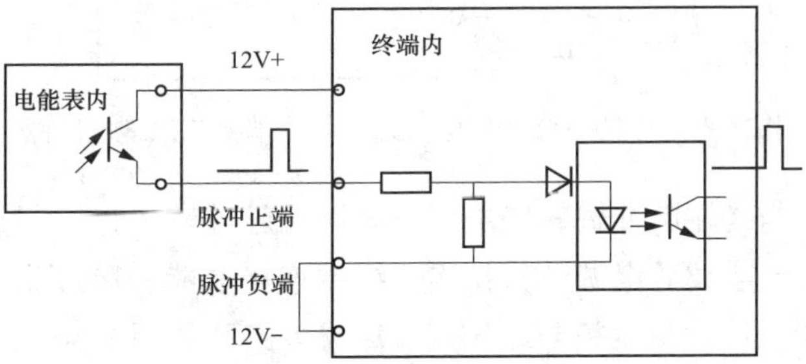

图3-25　电能表脉冲发射极输出与终端接口原理电路图

其连接回路电路图如图3-26所示。

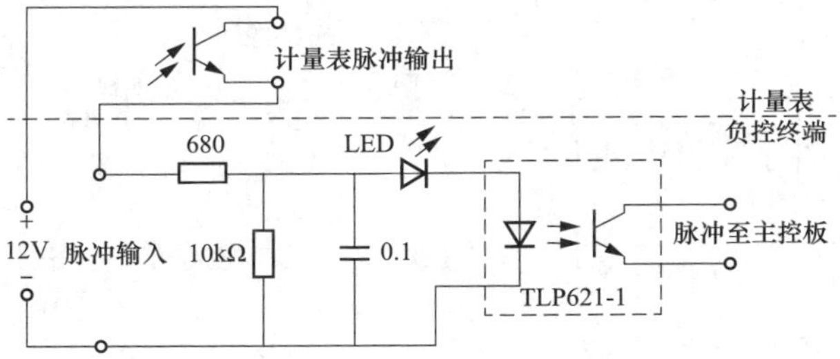

图3-26　电能表脉冲发射极输出与终端连接回路电路图

终端12V电源＋与计量表脉冲出口＋(光耦C极）相连，计量表脉冲输出－(E极）与终端脉冲输入口＋相连，12V电源－与终端脉冲输入口－相连。终端连接电能表脉冲发射极输出接线示意图如图3-27所示。

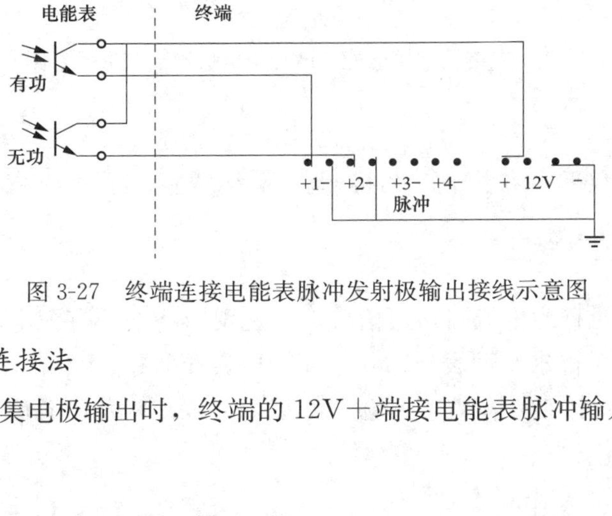

图3-27　终端连接电能表脉冲发射极输出接线示意图

4. 集电极输出连接法

当电能表脉冲为集电极输出时，终端的12V＋端接电能表脉冲输入回路的＋端，脉冲输入回路的一端接电能表的C端，电能表的E端接12V的一端。电能表脉冲集电极输出与终端接口原理电路图如图3-28所示。

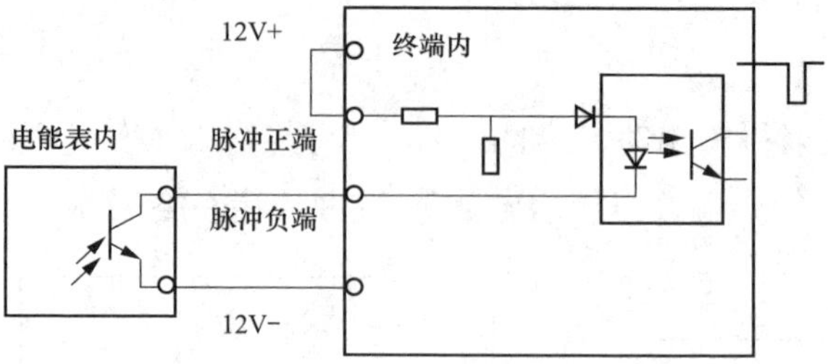

图 3-28　电能表脉冲集电极输出与终端接口原理电路图

终端12V电源＋与终端脉冲输入口＋相连，终端脉冲输入口－与计量表脉冲出口＋相连，计量表脉冲输出－与12V电源－与相连。终端连接电能表脉冲集电极输出接线示意图如图3-29所示，电能表脉冲集电极与终端连接回路电路图如图3-30所示。

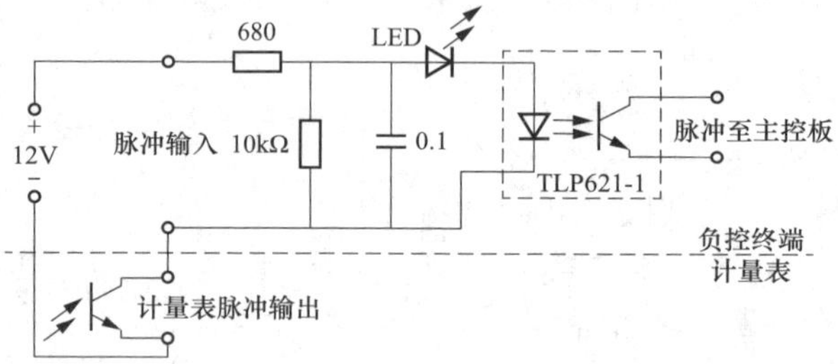

图 3-29　电能表脉冲集电极输出与终端连接回路电路图

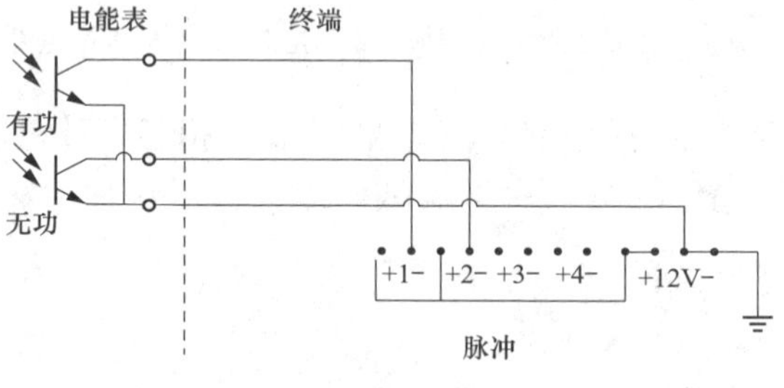

图 3-30　终端连接电能表脉冲集电极输出接线示意图

5. *有源脉冲输出接法*

有源脉冲的接线仅需要将表计的脉冲线与对应终端的脉冲线接好即可。

（四）电流环的工作原理

电流环通信接口也称为电流回路通信接口，是用回路中的有无电流来表示二进制代码“1”和“0”，常见于兰吉尔B型表、部分兰吉尔D表和部分ABB表，在国产电能表中很少使用。电流环接口分为半双工（两线）和全双工（四线）两种，通信电流由抄表设备（一般是负荷管理终端）提供，电能表侧无源。

现在终端已不提供电流环接口，因此本书仅对原理作简单介绍。

四、专变采集终端交流采样模块的接入

（一）交流采样模块工作原理

交流采样单元通过电流或电压互感器采集实时用户的交流信号，用以计算电流、电压、功率、电量、相角、周波、谐波等。

专变采集终端可按使用要求选配电压、电流等模拟量采集功能，测量电压、电流、功率、功率因数等，测量准确度应满足表3-3的要求。具有电压监测越限统计功能的终端，其电压准确度等级为0.5；具有谐波数据统计功能的终端，谐波分量准确度等级为1。

表3-3　　准确度等级及误差极限

测量量	电压	电流	有功功率	无功功率、功率因数
准确度等级	0.5/1	0.5/1	0.5/1	2
误差极限	±0.5%/±1%	±0.5%/±1%	±0.5%/±1%	±2%

（二）交流采样模块接线

1. 交流采样模块接入点选择

专变用户电流互感器应具备三个绕组，其中一个绕组供计量，一个绕组供专变采集终端交流采样模块，一个绕组接保护。

用户现场专变采集终端交流采样模块的接线应尽量避免串接在保护回路和计量回路中，若交流采样模块的电流回路串接在保护回路时，当一次系统发生短路故障时，容易造成二次电流过大，烧毁专变采集终端。

特殊条件下，专变采集终端交流采样模块的电流回路串接在计量回路时，计量回路中串入过多的元件，增大了电流互感器的二次负载，可能使计量表变慢，因此若串接在计量回路中，就要测量具体误差是否在规定范围内，能否满足计量的精度要求，如果符合要求，串联在计量回路里也是可行的。针对用户侧电流互感器没有保护多余绕组接入专变采集终端交流采样模块的情况，则先将交流采样模块的电流回路串联在计量回路，若串接后计量的精度不满足要求，则建议更换电流互感器，以满足各方面的要求。

2. 交流采样线缆的选择

三相三线：电压线3×1.5mm^{2}护套线、电流线：4×2.5mm^{2}橡胶护套线；三相四线：电压线4×1.5mm^{2}护套线、电流线6×2.5mm^{2}橡胶护套线。

3. 交采模块接线方式

专变采集终端自带内置交流采样模块。交流采样模块必须按正相序接线，接入导线颜色应符合国家标准GB/T 2681—1981《电工成套装置中的导线颜色》的规定，A、B、C各

相线及 N 中性线分别采用黄、绿、红及黑色，接地线用黄绿双色。接线方式同智能电能表。注意操作时停电作业，三相电压相序不可有误，三相电流相序和进出线不能接错。

特别注意：电流线不可开路，电压线不可短路，否则上电后会造成重大设备损坏，甚至发生人身安全事故。

4. 二次回路巡检仪安装

（1）安装原则。

1）总体要求。专变采集终端在原来交流采样模块的基础上升级功能，形成回路巡检仪模块，嵌入终端主体，共用交采回路和上行通道，独立于其他功能，互不影响。2023 版终端在设计上已经将此模块融合为一体，所有专变采集终端回路状态巡检仪模块安装所接的电压电流回路均为测量回路，严禁接入计量回路和保护回路。

专变采集终端回路巡检仪模块应用电流互感器回路状态监测技术，可实时监测电流互感器二次回路正常、电流互感器二次回路开路、电流互感器二次回路短路、电流互感器一次旁路、电流互感器回路串接半导体、磁场异常等状态，并支持回路状态事件的实时上传。

2）方案选择。

（a）三相三线制。二次测量电流回路原理图如图 3-31 所示，二次测量电压回路原理图如图 3-32 所示。三相三线二次电压接线示意图如图 3-33 所示，三相三线二次电流接线示意图如图 3-34 所示。

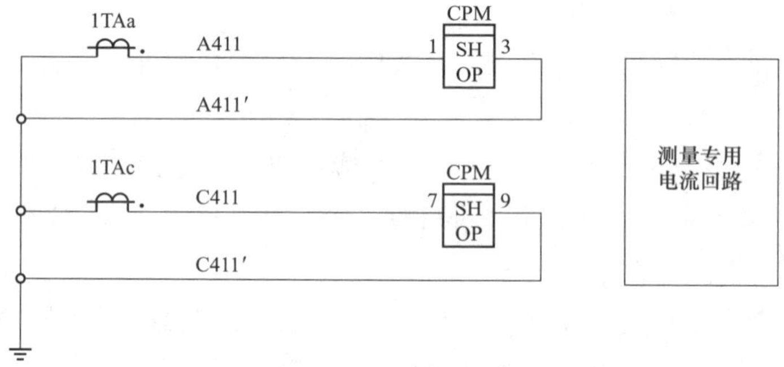

图 3-31　二次测量电流回路原理图

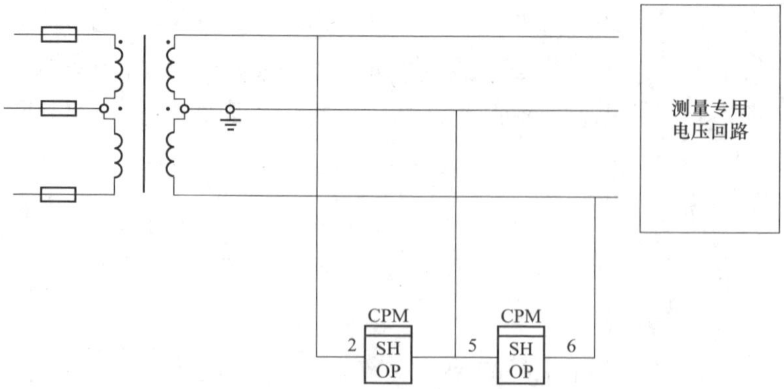

图 3-32　二次测量电压回路原理图

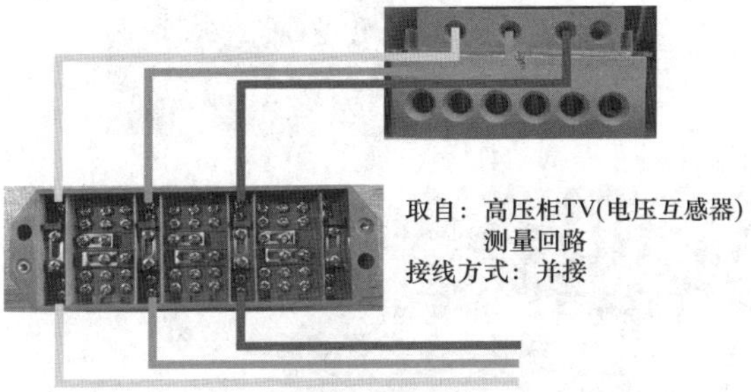

图 3-33　三相三线二次电压接线示意图

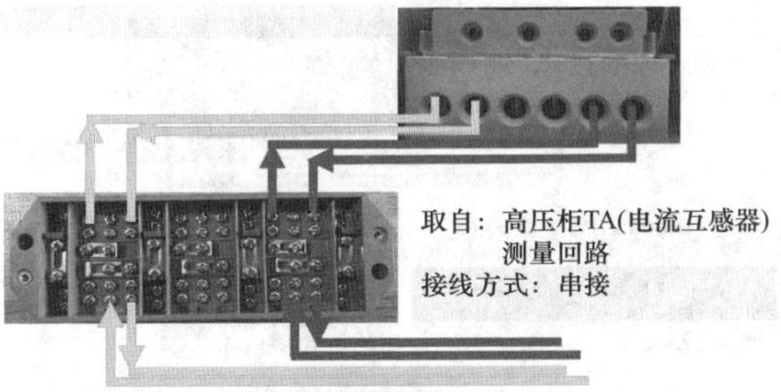

图 3-34　三相三线二次电流接线示意图

（b）三相四线制。三相四线二次电流回路原理图如图 3-35 所示，三相四线二次电压回路原理图如图 3-36 所示。三相四线二次电压回路接线图如图 3-37 所示，三相四线二次电流回路接线图如图 3-38 所示。

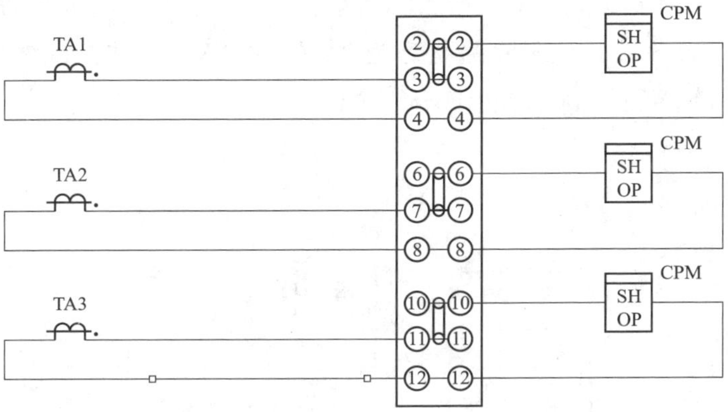

图 3-35　三相四线二次电流回路原理图

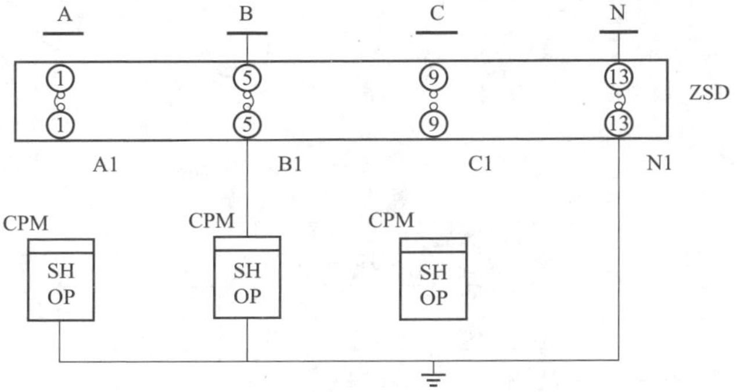

图 3-36　三相四线二次电压回路原理图

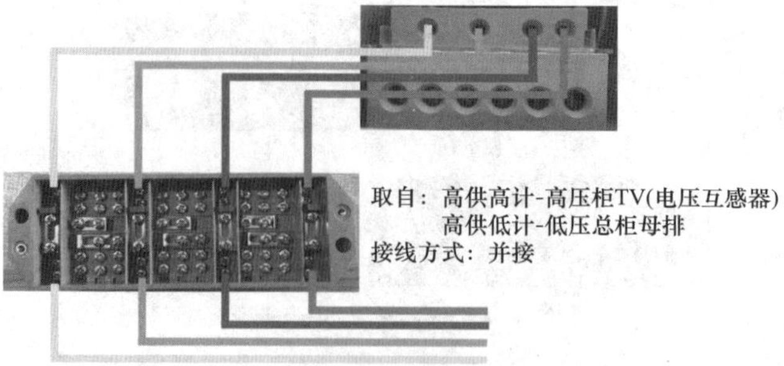

图 3-37　三相四线二次电压回路接线图

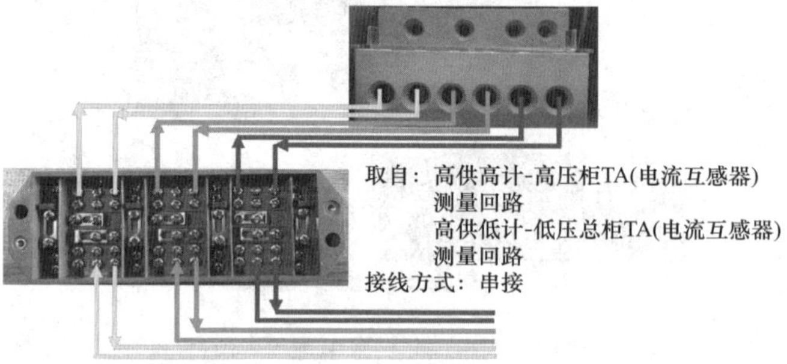

图 3-38　三相四线二次电流回路接线图

（2）设计要求。

1）新装、增容设计要求。对于新装、增容经互感器接入的采集用户，在初始设计时应新增一路测量回路，用于专变采集终端二次回路状态巡检仪专用测量回路，在计量柜或测量柜中预留专变采集终端（二次回路状态巡检仪）的安装空间，规格要求为 450mm×350mm×150mm（长×宽×高），如图 3-39 所示。

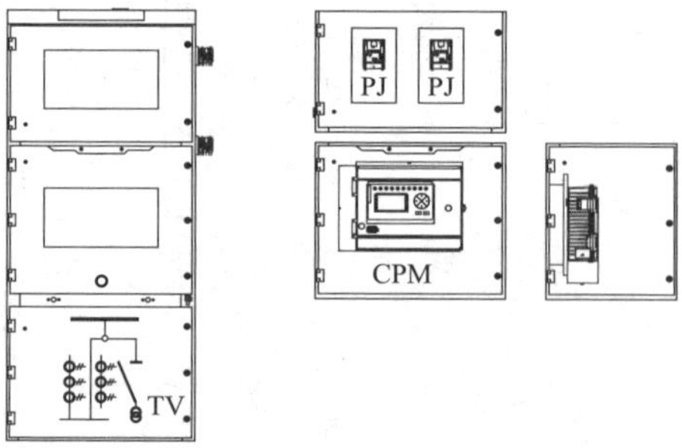

PJ	智能电能表	
CPM	回路状态巡检仪(专变终端)	

图 3-39　新装、增容经互感器接入的采集用户计量柜示意图

对于具有多个顶级计量点的用户，按每个计量点分别配置测量回路。

2）存量改造要求。

(a）高供高计。有剩余绕组的直接用剩余绕组，没有剩余绕组的接入已有测量回路，要确认绕组是否性能良好。

设备规格：1.5（6）A，3×57.7/100V。

应用场景：高供高计场合（三相四线），原 TA 二次回路有多余绕组的，CPM 串入多余绕组中，如原 TA 二次回路没有多余绕组的，CPM 串入原 PM 回路中。高供高计（三相四线）示意图如图 3-40 所示。

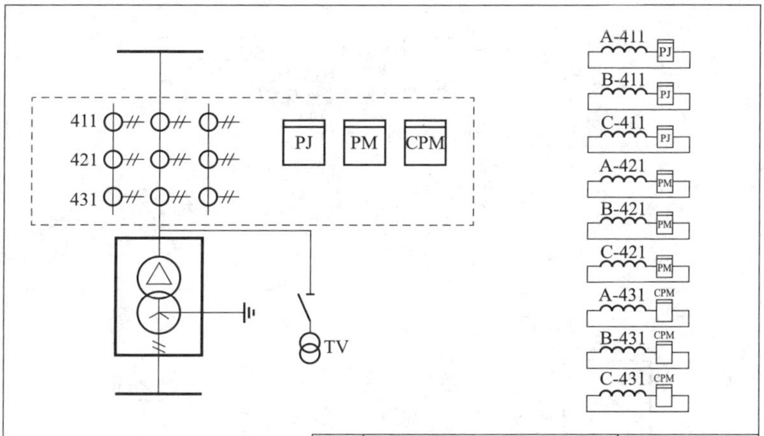

PJ	智能电能表	
PM	测量仪表回路	
CPM	回路状态巡检仪(专变终端)	
411	TA 0.2S 5A	
421	TA 0.2 5A	
431	TA 0.2 5A	

图 3-40　高供高计（三线四线）示意图

三相四线电压接线方式参照图 3-37 三相四线二次电压回路接线图。

三相四线电流接线方式参照图 3-38 三相四线二次电流回路接线图。

设备选型：1.5（6）A，3×100V。

应用场景：高供高计场合（三相三线），原 TA 二次回路有多余绕组的，CPM 串入多余绕组中，如原 TA 二次回路没有多余绕组的，CPM 串入原 PM 回路中。高供高计（三相三线）示意图如图 3-41 所示。

三相三线电压接线方式参照图 3-33 三相三线二次电压回路接线图。

三相三线电流接线方式参照图 3-34 三相三线二次电流回路接线图。

(b）高供低计。在低压母线进线侧独立新装一组 TA（电流互感器）。

设备选型：1.5（6）A，3×220/380V。

应用场景：高供低计场合，新增一路 TA，一次侧可与原计量和测量 TA 就近安装，CPM 串入新增 TA 二次回路中。高供低计（三相四线）示意图如图 3-42 所示。

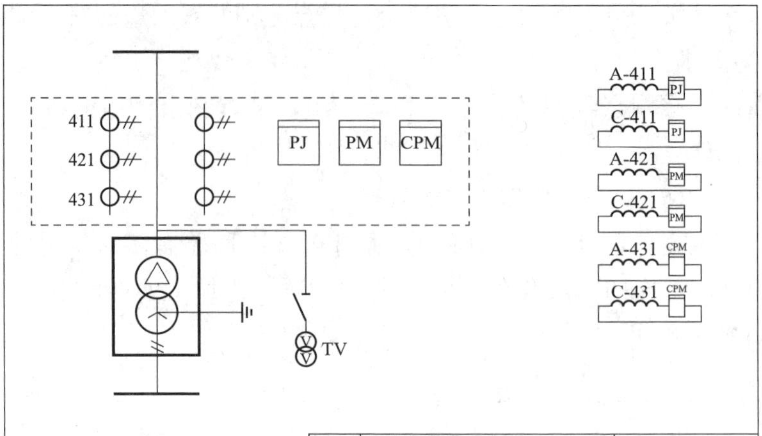

PJ	智能电能表	
PM	测量仪表回路	
CPM	回路状态巡检仪(专变终端)	
411	TA 0.2S 5A	
421	TA 0.2 5A	
431	TA 0.2 5A	

图 3-41　高供高计（三相三线）示意图

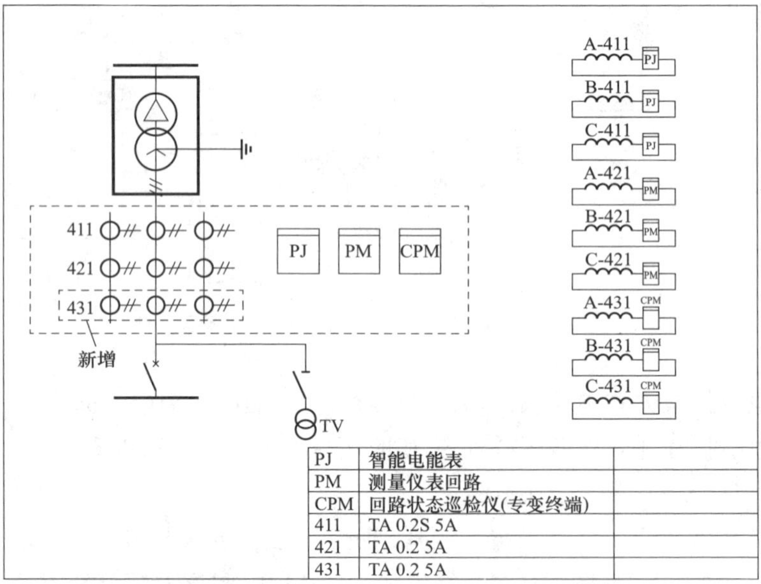

PJ	智能电能表	
PM	测量仪表回路	
CPM	回路状态巡检仪(专变终端)	
411	TA 0.2S 5A	
421	TA 0.2 5A	
431	TA 0.2 5A	

图 3-42　高供低计（三相四线）示意图

三相四线电压接线方式参照图 3-37 三相四线二次电压回路接线图。

三相四线电流接线方式参照图 3-38 三相四线二次电流回路接线图。

（c）低供低计。在低压母线进线侧独立新装一组 TA（电流互感器）。

设备选型：1.5（6）A，3×220/380V。

应用场景：低供低计场合，新增一路 TA，一次侧可与原计量和测量 TA 就近安装，CPM 串入新增 TA 二次回路中。低供低计示意图如图 3-43 所示。

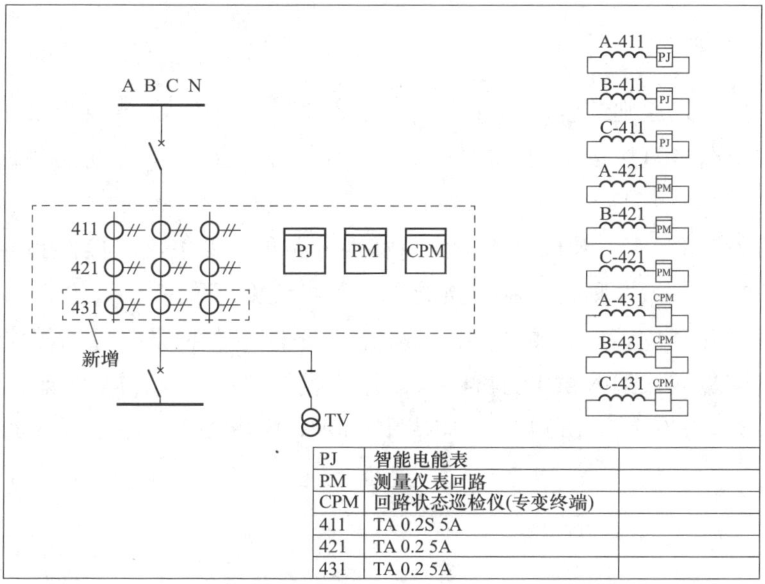

图 3-43　低供低计示意图

三相四线电压接线方式参照图 3-37 三相四线二次电压回路接线图。

三相四线电流接线方式参照图 3-38 三相四线二次电流回路接线图。

(3) 施工要求。

1) 测量二次回路应装设接线盒，在接线盒上标识回路状态巡检仪专用。

2) 电压互感器、电流互感器二次回路 A、B、C 各相导线应分别采用黄、绿、红色线，中性线应采用黑色线。接地线为黄与绿双色线。

3) 二次回路的连接导线应采用铜质绝缘导线。电压二次回路导线截面积应不小于 $2.5mm^2$，电流二次回路导线截面积应不小于 $4mm^2$。

4) 电压、电流回路导线两端编号标识应清晰。

5) 施工完毕应检查接线，进行系统调试，接线盒加盖铅封。

6) 加装接线盒和电流互感器必须停电施工，严格执行现场施工安全规范。

五、专变采集终端高压分路负荷采集点的接入

(一) 实施背景

为实现负荷精准控制，扩展专变采集终端的终端分路计量与采集能力，实现多路负荷数据分路采集，准确计算各分路可控负荷资源，为有序用电方案编制提供更细致、更精准的数据支撑。同时优化采集 2.0 系统负荷控制监控模块功能，基于分钟级采集数据，实现方案监测、执行监测、地区与行业监测及异常监测等功能，满足多维度监测需求，支撑有序用电方案执行效果评价。通过分析分路负荷采集数据，有效辨识用户分路负荷类型，标记可控负荷，实现有序用电策略的多样化、精细化执行并提高负荷控制的一次达标率。

（二）接入原则

（1）控制回路接入原则综合考虑安全性和经济性，优先接入用户末端低压负荷 380V 出线开关，对同类负荷可直接接入用户内部 10kV 及以上高压开关，坚决避免保安负荷接入控制回路。

（2）运行容量 2000kVA 及以上用户均需实现分路负荷采集，已接控制回路的需实现回路负荷的采集；按照接入原则对控制回路的补装和回路负荷采集接入工作。

（3）新增用户除高危用户、重要用户、排灌、路灯、临时用电等均需实现分路负荷采集，将分路负荷采集接入纳入供电方案中，与用户供电同步设计、同步建设、同步投运。

10kV 用户接入方案示意图如图 3-44 所示，35kV 用户接入方案示意图如图 3-45 所示。

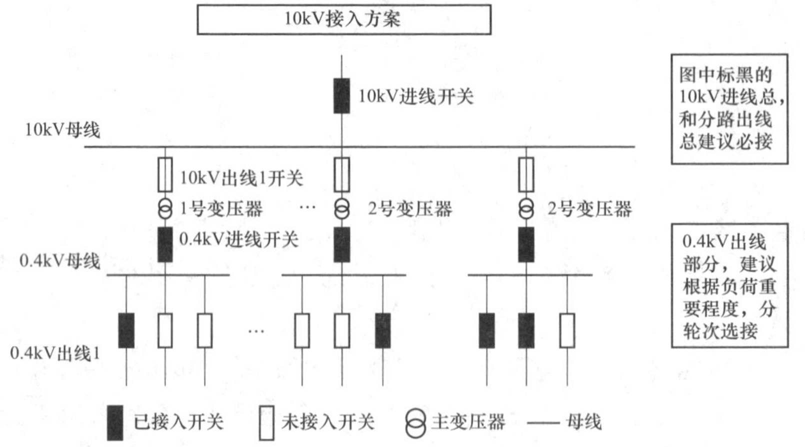

图 3-44　10kV 用户接入方案示意图

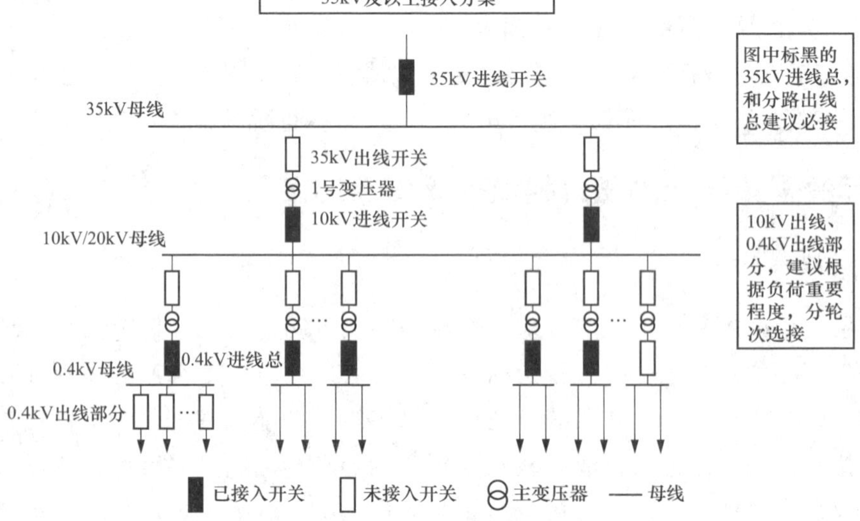

图 3-45　35kV 用户接入方案示意图

（三）施工方案

（1）若用户控制分路有计量分表，且计量分表具有脉冲输出，或控制分路原有盘表与施工条件满足接入要求，可将分表或盘表脉冲输出直接接入专变采集终端，实现对应分路的负荷采集。若用户盘表不具备脉冲输出功能则需要更换智能采集表（见图 3-46）。

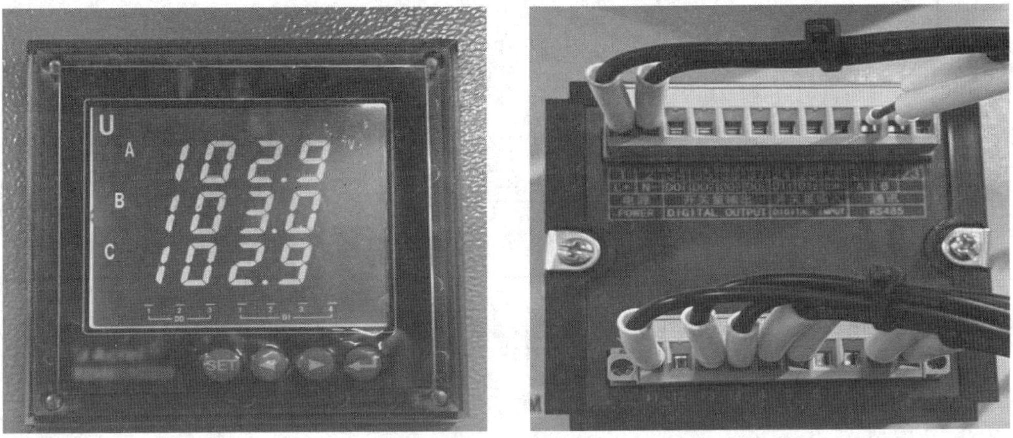

图 3-46　用户分路原有盘表

（2）若用户控制分路无盘表且电流互感器不满足接入条件，可安装一次电流互感器采样分路电流，电压取自开关柜端子排，使用开口互感器对电流进行二次采样，通过新增智能采集表计量，输出有功功率脉冲接入至专变采集终端，实现对应分路的负荷采集，同时，分路断路器需接入专变采集终端的遥控单元，实现远程控制。用户分路智能采集表现场安装图如图 3-47 所示，高压分路负荷采集接入点电气示意图如图 3-48 所示，智能采集表及安装电气示意图如图 3-49 所示。分路采集接入典型方案见表 3-4。

图 3-47　用户分路智能采集表现场安装图

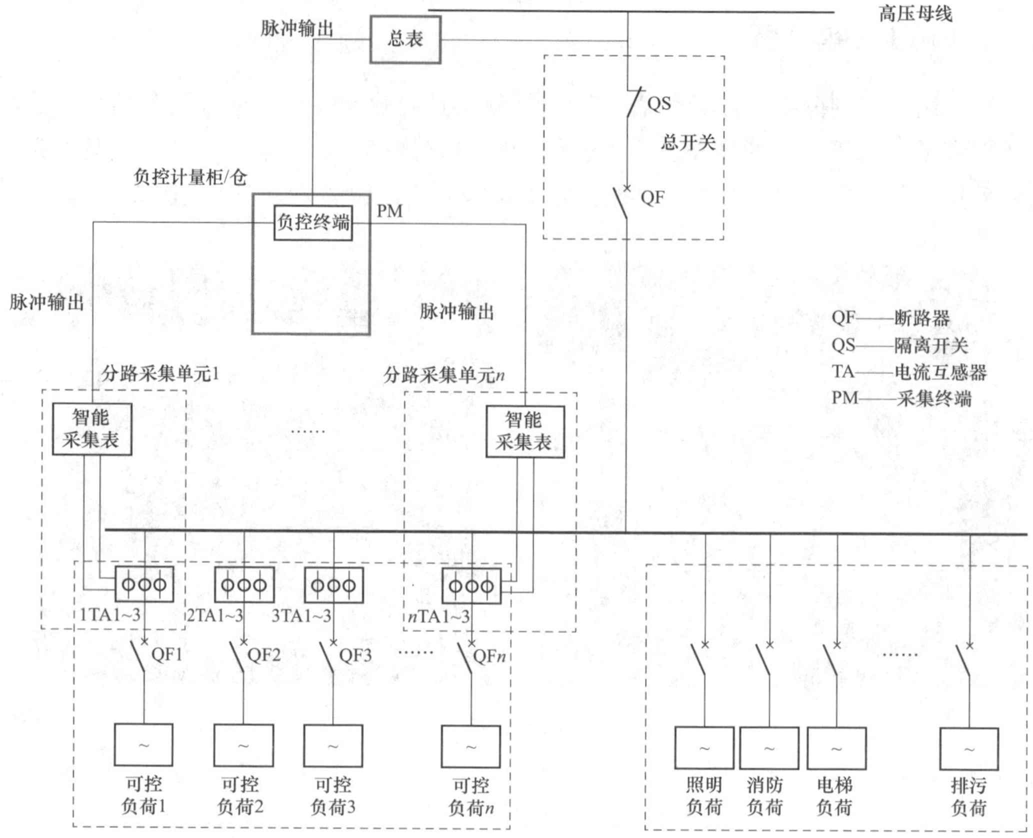

图 3-48 高压分路负荷采集接入点电气示意图

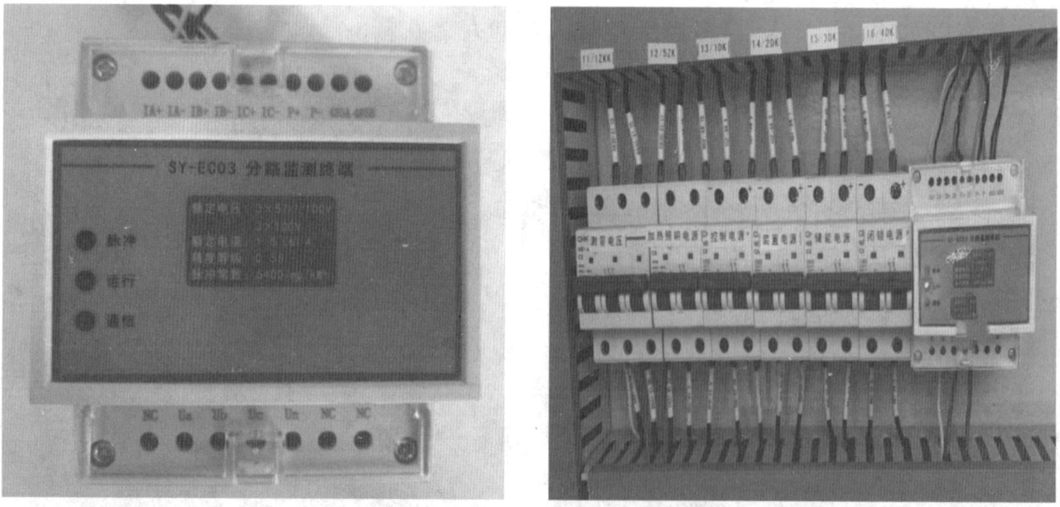

图 3-49 智能采集表及安装电气示意图

表 3-4　　分路采集接入典型方案

序号	设计方案	实现方式	设备
1	总表脉冲直接接入	原有总计量表计有功功率脉冲输出至终端端子	终端、计量表
2	分表脉冲直接接入	原有分计量表计有功功率脉冲输出至终端端子	终端、计量表
3	柜体盘表直接接入	原有柜体盘表有功功率脉冲输出至终端端子	终端、柜体盘表
4	新增采集表接入	安装开口式互感器采样自有互感器电流，通过新增采集表计量后输出有功功率脉冲至终端端子	终端、智能采集表、二次互感器
5	补装回路采集设备	安装一次互感器采样分路电流，通过新增采集表计量后输出有功功率脉冲至终端端子	终端、智能采集表、一次互感器

（3）智能采集表和分路断路器分别接入专变采集终端的方法，在前面章节已经作了讲述，这里不再重复。

第四节　专变采集终端的调试

一、Ⅰ型专变采集终端的认知

（一）Ⅰ型专变采集终端结构

专变采集终端整体结构采用分体设计结构，模块化设计方式，将上行通信模块独立进行设计，并在结构上能够与主机分离。Ⅰ型专变采集终端的外形尺寸为 400mm×300m×(125mm±5mm)，外形及尺寸如图 3-50、图 3-51 所示。

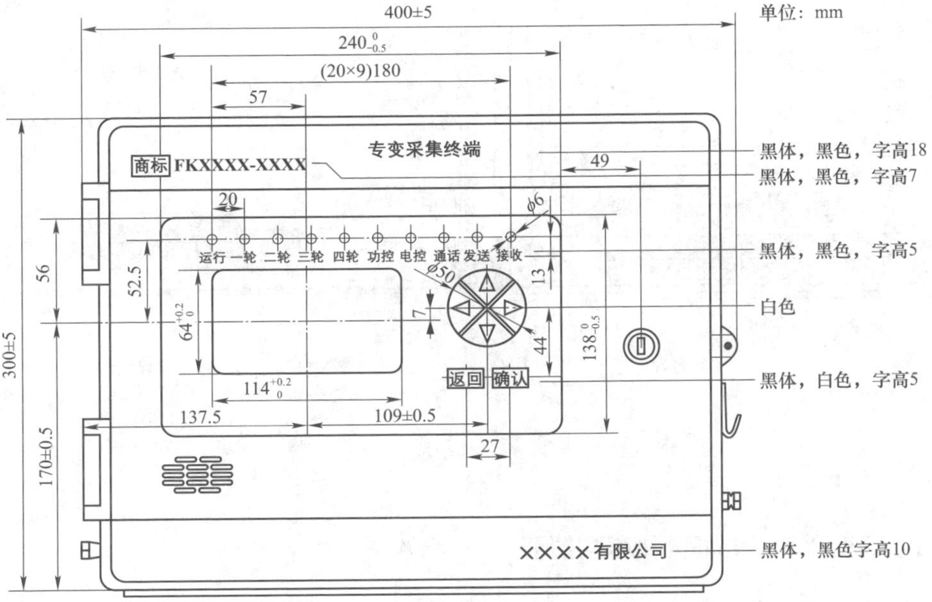

图 3-50　Ⅰ型专变采集终端外观定制图

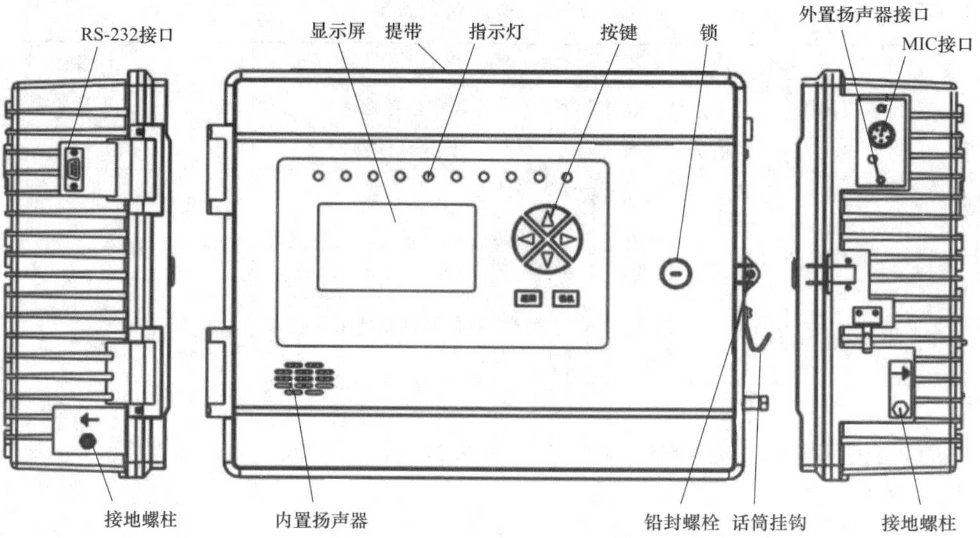

图 3-51　Ⅰ型专变采集终端外部结构图

Ⅰ型专变采集终端一般由主控板、显示屏、电源单元、电台单元、接口板等几个部分组成，具体内部结构展示如图 3-52 所示。

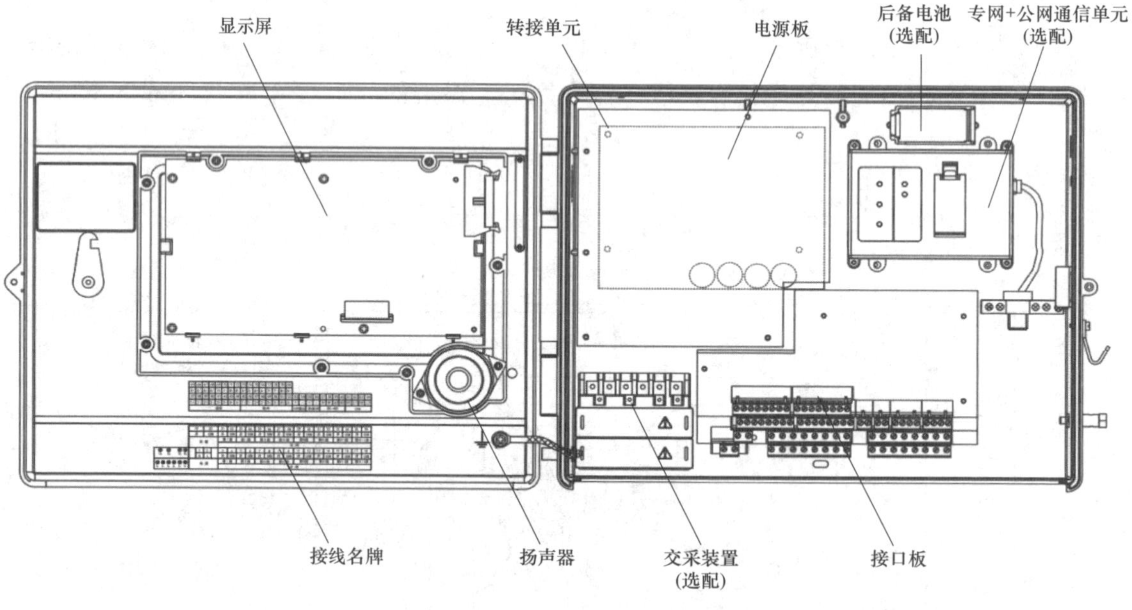

图 3-52　Ⅰ型专变采集终端内部结构图

（二）专变采集终端面板按键说明

专变采集终端面板按键示意图如图 3-53 所示。

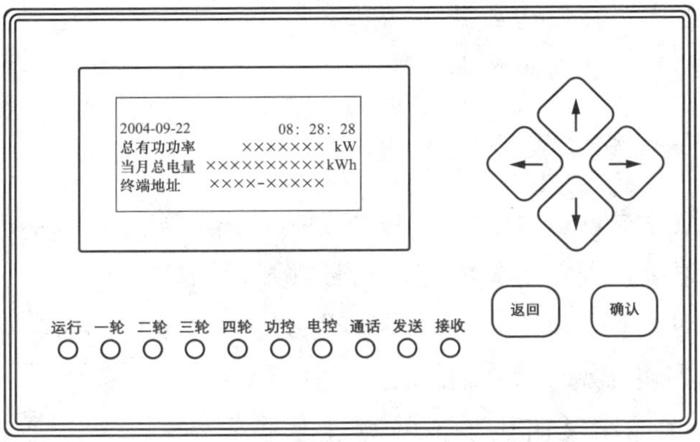

图 3-53　专变采集终端面板按键示意图

“↑”/△：表示光标上移或（在设置终端地址画面中）光标数字增大（0～9）。

“↓”/▽：表示光标下移或（在设置终端地址画面中）光标数字减小（0～9）。

“→”：表示光标右移或向后翻屏。

“←”：表示光标左移或向前翻屏。

确认：表示进入光标选定的画面内容或（在设置终端地址画面中）保存所设终端地址。

返回：表示进入上级菜单画面。

（三）Ⅰ型专变采集终端指示灯说明

面板设置 6 个按钮、4 轮跳闸双色灯、运行、功控、电控、接收、发送、通话灯。

发光二极管指示示意如图 3-54 所示（一轮～四轮指示灯用双色灯，其余用单色灯）。

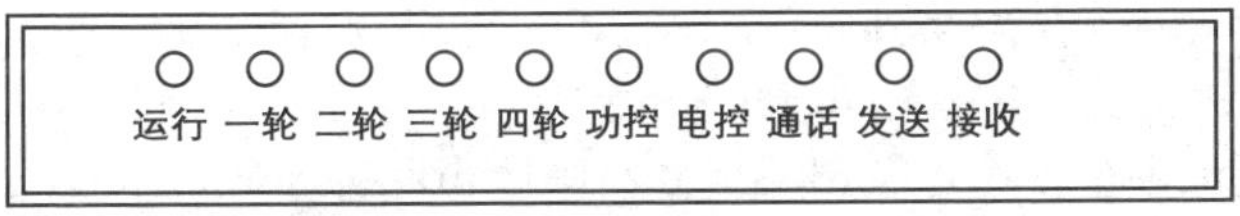

图 3-54　Ⅰ型专变采集终端指示灯示意图

运行灯红色亮（或闪烁）：表示终端运行正常。

运行灯红色灭：表示终端运行不正常。

一轮～四轮红灯亮：表示终端相应轮次处于允许合闸状态，用户可以合上相应轮次的开关。

一轮～四轮绿灯亮：表示终端相应轮次处于拉闸状态。

功控红灯亮：表示终端时段控、厂休控或实时控至少有一种控制投入。

功控红灯灭：表示终端时段控、厂休控或实时控都处解除状态。

电控红灯亮：表示终端购电控投入。

电控红灯灭：表示终端购电控解除。

通话灯亮：表示终端处于通话状态。

通话灯灭：表示终端处于数传状态。

发送灯亮：表示终端正在发送数据。

接收灯亮：表示终端正在接收数据。

（四）Ⅰ型专变采集终端液晶显示

终端采用大屏幕液晶显示，显示内容由主菜单、子菜单以及一些特殊菜单组成。

按任意键进入主菜单，查看所需内容，同时打开背光灯。

主菜单主要由实时数据、参数定值、控制状态、电表示数、中文信息、购电信息、终端信息（见图 3-55）七个菜单组成，当前光标用反白显示，可通过上移/下移，左移/右移按键来选择某一条菜单。如选中某一条菜单，光标会指向该菜单。按确认键进入该主菜单下的子菜单，在子菜单画面可通过上移/下移按键进入不同的子菜单，按返回键会从子菜单返回到主菜单。

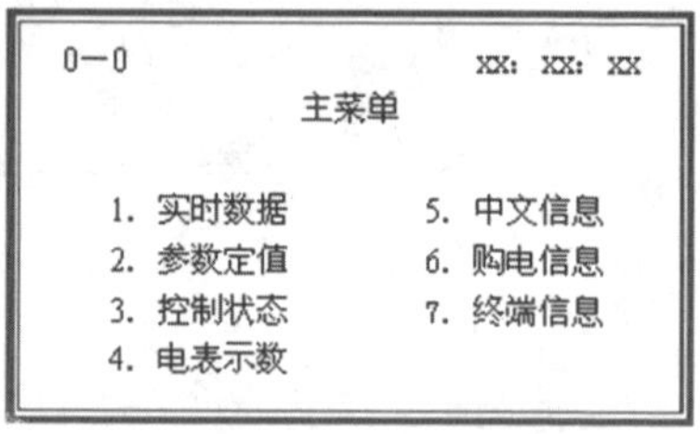

图 3-55　Ⅰ型专变采集终端液晶主菜单

（五） 2023 版新型负荷管理终端

随着电子技术的迅猛发展，2023 版新型负荷管理终端正在投入试点安装，在前面的章节中，已经将实物照片（见图 3-17、图 3-18）呈现，未来终端迭代更新的速度将加快，设计上模块高度集成化，运用人机互动智能化，成为今后终端发展的方向。专变采集终端的功能将更加强大，操作也会更为简便，为用户提供全方位、精准化的电能状况末端感知需求。

二、Ⅱ型专变采集终端的认知

（一）Ⅱ型专变采集终端结构

Ⅱ型专变采集终端的外形尺寸为 305mm×195mm×90mm（长×宽×高），外形及尺寸如图 3-56 所示。从尺寸上可以看出，Ⅱ型专变采集终端较Ⅰ型专变采集终端体积小。

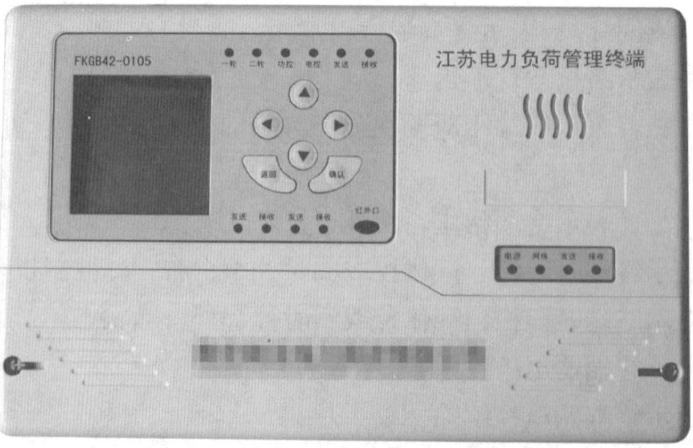

图 3-56　Ⅱ型专变采集终端外观示意图

Ⅱ型专变采集终端一般由核心处理单元、显示板、转接板、电源单元、通信单元（无线公网通信模块）、接口板等几个部分组成，具体内部结构展示如图 3-57 所示。

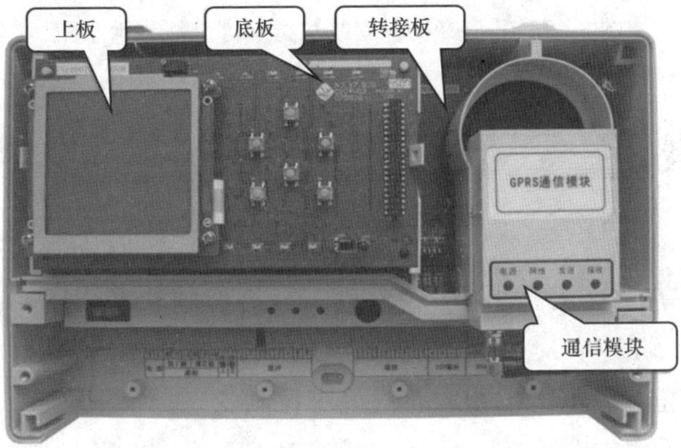

图 3-57　Ⅱ型专变采集终端内部结构示意图

（二）Ⅱ型专变采集终端面板按键说明

Ⅱ型专变采集终端面板示意图如图 3-58 所示。

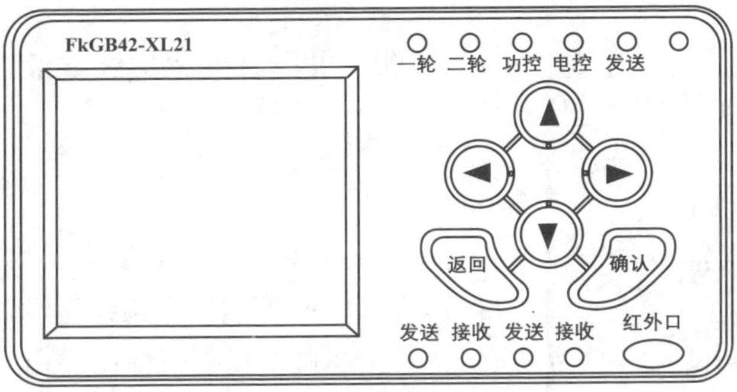

图 3-58　Ⅱ型专变采集终端面板示意图

△：表示光标上移。

▽：表示光标下移。

▷：表示光标右移或向后翻屏。

◁：表示光标左移或向前翻屏。

确认：表示确认光标选定内容。

返回：表示进入上级菜单画面。

（三）Ⅱ型专变采集终端指示灯说明

发光二极管指示灯示意如图 3-59、图 3-60 所示（一轮～二轮指示灯用双色灯，其余用单色灯）。

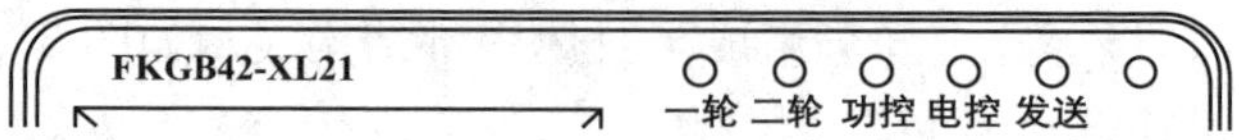

图 3-59　Ⅱ型专变采集终端指示灯上部分示意图

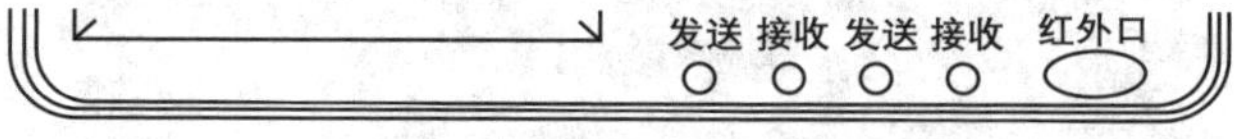

图 3-60　Ⅱ型专变采集终端指示灯下部分示意图

一轮～二轮红灯亮：表示终端相应轮次处于允许合闸状态，用户可以合上相应轮次的开关。

一轮～二轮绿灯亮：表示终端相应轮次处于拉闸状态。

功控红灯亮：表示终端时段控、厂休控或实时控至少有一种控制投入。

功控红灯灭：表示终端时段控、厂休控或实时控都处解除状态。

电控红灯亮：表示终端购电控投入。

电控红灯灭：表示终端购电控解除。

发送灯亮：表示终端正在发送数据。

接收灯亮：表示终端正在接收数据。

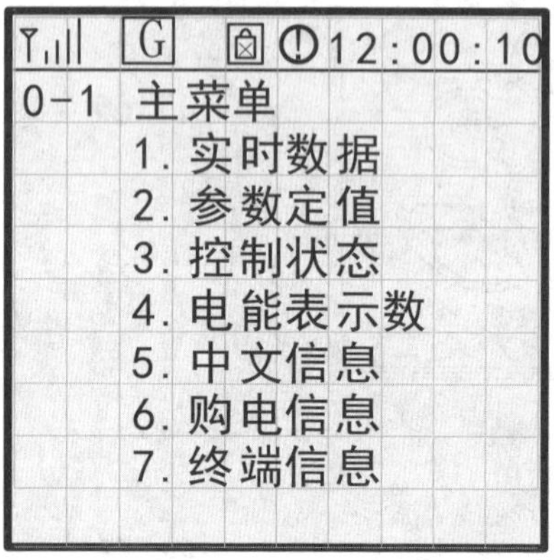

图 3-61　Ⅱ型专变采集终端液晶主界面

（四）Ⅱ型专变采集终端液晶显示

按任意键进入主菜单，查看所需内容，同时打开背光灯。

主菜单主要由实时数据、参数定值、控制状态、电能表示数、中文信息、购电信息和终端信息七个菜单组成（见图 3-61），当前光标用反白显示，可通过上移/下移，按键来选择某一条菜单。如选中某一条菜单，光标会指向该菜单。按确认键进入该主菜单下的子菜单，在子菜单画面可通过上移/下移按键进入不同的子菜单，按返回键会从子操作菜单返回到主菜单。

三、专变采集终端功能配置

数据采集：电能表数据采集、状态量采集、脉冲量采集、交流模拟量采集（选配）。

数据处理：实时和当前数据、历史日数据、历史月数据、电能表运行状况监测、电能质量数据统计。

参数设置和查询：时钟召测和对时、TA 变比、TV 变比及电能表脉冲常数限值参数、功率控制参数、预付费控制参数、终端参数、抄表参数、费率时段等参数。

控制：功率定值闭环控制、预付费控制、保电/剔除、遥控。

事件记录：重要事件记录、一般事件记录。

数据传输：与主站通信、与电能表通信、中继转发。

本地功能：显示相关信息、用户数据接口。

终端维护：自检自恢复、终端初始化、软件远程下载、断点续传。

通话功能（选配）：广播通话、选址通话、禁止通话、强制通话。

四、专变采集终端的调试过程

本文重点介绍Ⅰ型专变采集终端的调试，Ⅱ型专变采集终端调试与Ⅰ型专变采集终端调试相似，Ⅱ型专变采集终端仅支持无线公网。

（一）调试前测试

确认天馈线和终端安装完毕，工具清理出安装现场，卫生打扫完后就可以进入调试阶段。在调试过程中需注意调试的正确流程，逐步完成地址设置、参数上报与下发、电能表数据采集、脉冲功率采集、遥控测试等项目。

1. 终端通电前检查

（1）保证信号强度：用场强仪测试现场的场强，调整天线方向，保证现场场强不小于14dBμV，否则调整天线方向或升高天线高度。

（2）保证终端设备安全：用万用表测量终端电源，确认输入的电源和电源输入电压一致。

（3）保证终端设备安全：测量遥信端子两触点对地电压，判断遥信端子是否带电，确保遥信不带电。

2. 终端通电后检查

（1）测试天馈线是否安装正确：测试天馈线驻波比，应小于1.3。

（2）保证终端发射信号正常：测试终端电台功率，一般大于7W。

（二）终端开通调试

1. 主站建立用户档案

现场核查用户用电参数、用户电压、电流变比、用户用电档案、用户电能表型号、表号，及电能表地址、电能表常数等，通知主站建立用户档案，并要主站分配用户终端地址。

主站把用户档案建立完成，再次跟主站校对档案参数是否正确完整，待主站分配好用户地址后在终端上设置终端地址，设置方法根据不同型号版本终端而异，在本书第三章第二节已经介绍。

2. 终端相关通信参数设置

（1）电台通信参数设置。按“确认”+“→”组合键，弹出终端界面密码输入的页面，输入授权的密码后，终端显示隐藏选项。

在终端直接面板选择“8. 参数设置”➡“1. 通讯通道配置”，如图 3-62 所示。

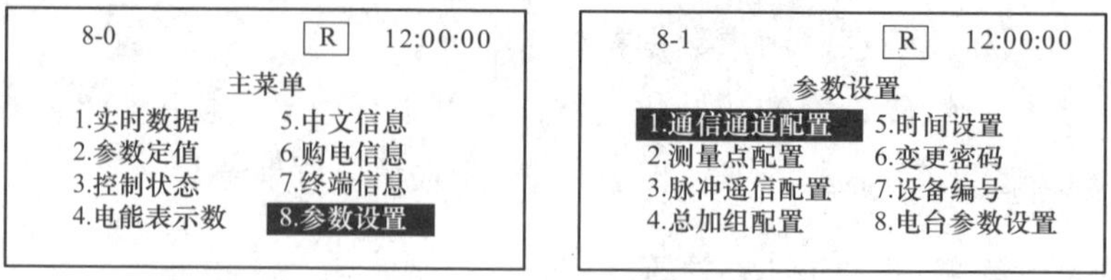

图 3-62　通信参数设置页面

在“信道类型”选择“Radio”，“通信模式”选择“永久在线”，如图 3-63 所示。

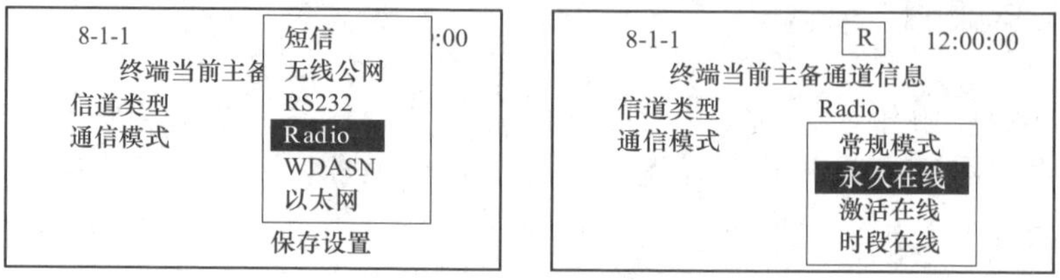

图 3-63　信道设置页面

设置完成后，按“↑”“↓”键移动焦点至“详细设置”，进入详细设置页面，如图 3-64 所示。

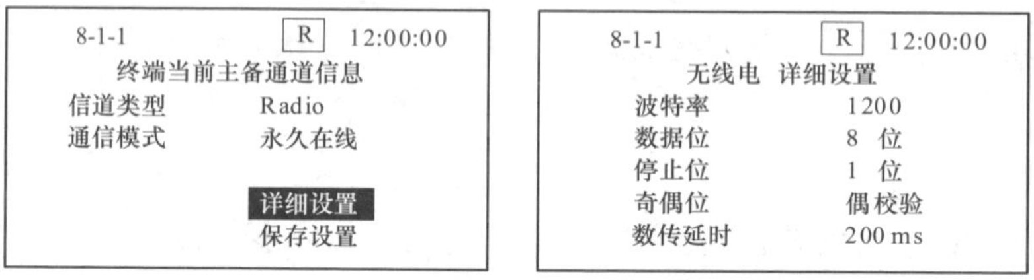

图 3-64　Radio 信道信息页面

返回“8. 参数设置”➡“8. 电台参数设置”，设置通信的频道号、功率、灵敏度，设置完成后移动光标至“设置参数”，按“确认”键保存当前电台的参数，如图 3-65 所示。

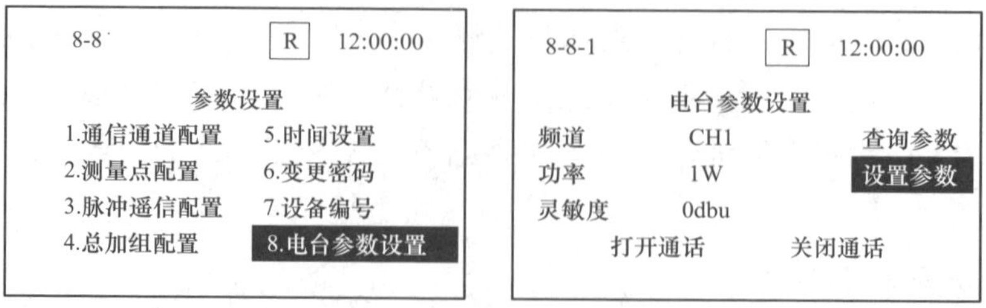

图 3-65　电台参数设置页面

（2）WDASN 通信参数设置。重复图 3-62 过程，之后在“信道类型”选择“WDASN”，“通信模式”选择“永久在线”，如图 3-66 所示。

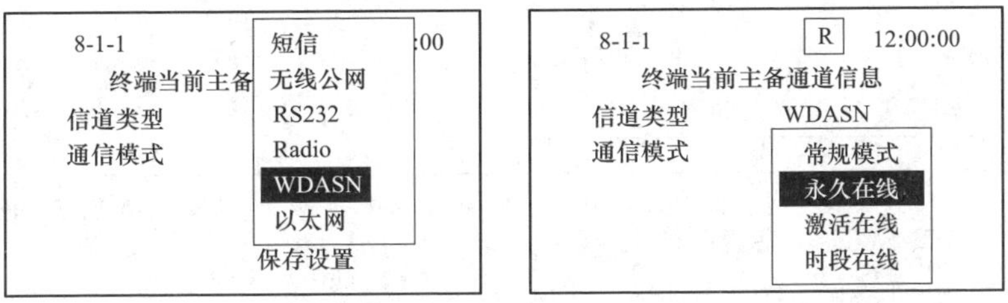

图 3-66　WDASN 通信参数设置页面

设置完成后，按“↑”“↓”键移动焦点至“详细设置”，进入详细设置页面，如图 3-67 所示。

图 3-67　WDASN 信道信息页面

返回“8. 参数设置”➡“8. 电台参数设置”，设置通信的频道号、功率、灵敏度，设置完成后移动光标至“设置参数”，点击【确认】按钮保存当前电台的参数。

WDASN 参数设置和 Radio 通信参数设置基本相同。

（3）无线公网设置。重复图 3-62 和图 3-63 过程，在“信道类型”选择“无线公网”，“通信模式”选择“永久在线”，信道选择为：主通道，如图 3-68 所示。

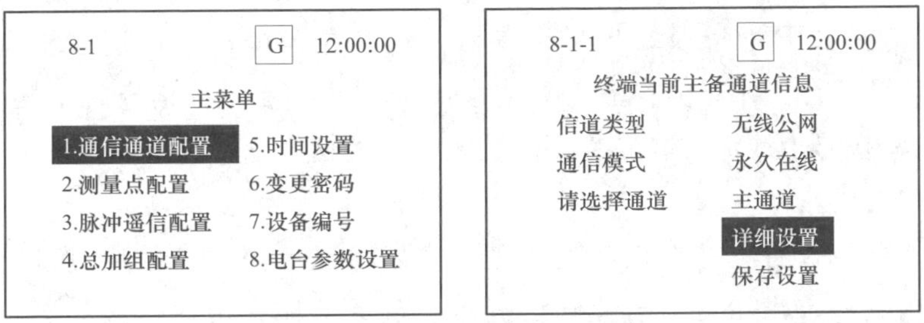

图 3-68　无线公网设置界面

在该页面按“↑”“↓”键移动光标至“详细信息”，点击“确认”按钮后，进入无线公网的详细设置页面，如图 3-69 所示。

8-1-1	G　12:00:00
通信类型	GPRS
通信协议	TCP
地址	192.168.1.1
端口	1020
网关	-.-.-.-
端口	-
周期	2分
APN	CMNET

8-1-1	C　12:00:00
通信类型	CDMA
通信协议	TCP
地址	192.168.1.1
端口	1020
网关	-.-.-.
端口	-
周期	2分
APN	CMNET

8-1-1		C　12:00:00
通道切换间隔 -	分	
短信在线时间 -	分	
拨号重试间隔 -	秒	
拨号重试次数 -	次	
用户名　-		
密码　-		

图 3-69　无线公网信息界面

通信类型选择“无线公网”（如果是 CDMA 就选择 CDMA，CDMA 需要输入指定的用户名和密码），通信协议选择“TCP”，地址输入公网或者专网的主机的 IP，端口号输入已经开放无线公网权限的端口号，工作模式选择“客户机模式”，周期可以任意设置×分钟，APN 设置为公网或者专网专用的 APN 标示。

当参数设置完毕后，只需等待屏幕左上方的G或C字母变为实线并且不再闪烁，此时终端和主站通信建立完成。

3. 专变采集终端功能调试

主站在接到终端设置完毕通知后，方可下发建好的新用户终端参数，具体步骤如下：

（1）上报终端参数。终端档案及运行参数主要包括跳闸开关属性、遥信属性、跳闸接入路数、脉冲接入路数、表计型号、表计局编号、表地址、电能表电压变比、电流变比、K 值以及用户一些基本信息，如用户总户号、变压器容量、用户地址、联系人、联系电话、进线名称等。

（2）终端通信功能调试。检查终端通信参数，主要包括终端行政区划码、终端通信地址、APN 参数、主站 IP 地址及端口号等参数。通知主台操作人员建立相应的终端档案。在确认终端通信参数与实际通信参数一致的情况下查看终端上线信息，正常情况下终端应该在 1min 内启动拨号上线流程。在终端安装箱关闭的情况下，与主站值班人员联系确认终端是否能够正常上线。

（3）参数下发与查看。终端正常上线后，主站将已上报的参数通过系统下发到终端。终端应能接收相应参数，并发出语音确认提示。现场工作人员通过液晶屏查看终端参数，确认参数下发是否正确。

（4）终端抄表功能测试。在终端通信正常情况下按抄表测试按键或复位启动终端抄表。在终端完成抄表后，核对终端抄读数据与电能表数据，在现场数据核对正确无误后，请主台调试人员召测终端抄表数据并进行数据核对。

需要注意的是，对于13版之后的专变采集终端，由于默认RS-485口1对应为交采回路接口，接到终端接口板RS-485口1、RS-485口2的电能表，主站配置时必须要对应设置为RS-485口2、RS-485口3下发到终端内。如果抄表不成功，请核对抄表线、表规约、表地址是否正确。

（5）脉冲接线测试。正确配置终端脉冲测量点参数，在用户正常用电、电能表脉冲输出正常的情况下，查看终端脉冲总加组功率和现场用户实际功率是否一致，如果偏差太大，请仔细核对各测量点（电能表脉冲）电流互感器变比、电压互感器变比及电能表常数值。

（6）控制接线检测。在有条件的情况下（用户正常用电不受影响），解除用户跳闸机构，主站下发遥控命令测试。应可检测到脉冲式跳闸输出信号，约每分钟输出一次跳闸信号。若终端不能正常响应主站遥控跳闸命令，在排除了终端设备故障原因之后，应该检查终端是否处于保电状态。

在完成上述工作后，将现场终端档案与主站数据核对表，根据终端逻辑地址、终端生产编号等唯一标识进行一一对应，并形成组合档案。

如果主站已设置遥控、遥信为重要或一般事件，可从终端召测到对应的事件信息。

（7）遥信接线测试。在遥信采集点接入点开断遥信触点，观察终端遥信状态是否与现场遥信状态一致，若遥信状态与现场开关状态相反则应该检查终端参数中的遥信触点状态类型与现场是否一致，重新设置终端参数，若终端显示遥信状态不变，则需要检查遥信接线。

（8）交采模块测试。终端通电后，主站设置交采参数，主站召测交采模块的三相电压、三相电流、总功率和三相功率均应与现场电能表实时参数基本相同。否则检查交采接线、相序、电流进出线是否接反等。

具备内置交采的Ⅰ型专变采集终端一般出厂默认第一测量点为交流采样测量点，交采表抄表序号、抄表端口必须设置为“1”。

通过用电信息采集系统远程抄读终端采集的交采数据。主站召测交采测量点的电压、电流、功率等实时数据与从远程抄读的电能表数据进行对比、确认。在接线正确的情况下，交流采样装置采集的电压、电流等数据应该与现场电能表的电压、电流值相符。在交采装置和电能表抄读电压、电流数据相符的情况下还需要对采集的电压、电流及功率因数等数据进行初步分析，避免由于施工过程中相序或电流进出线反接等原因造成数据异常。

4. 测试记录

调试结束后，清理现场并做好调试表格的记录。

第四章　负　荷　管　理

本章主要阐述负荷管理中涉及的用电信息采集系统中相应功能模组的功能及操作步骤，包括运行监测、用电分析、负荷调控三个部分。

第一节　运　行　监　测

用采系统运行正常、数据采集完整是负荷管理的基本保障。

一、采集运行总览

按数据采集监测、设备运行监测、采集运维闭环管理分类统计，通过点击【数据采集监控】【设备运行监控】和【采集运维闭环管理】按钮，切换统计页面。

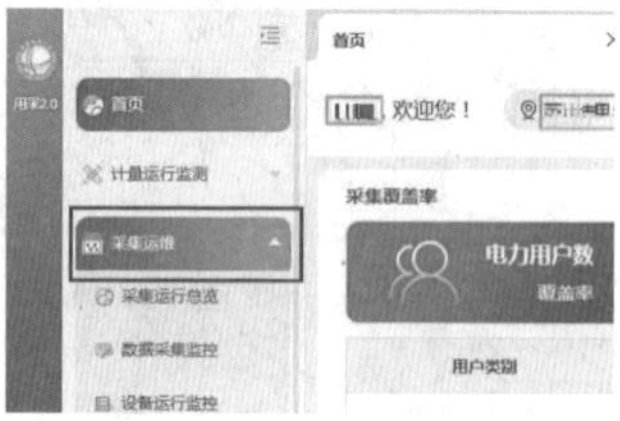

图 4-1　登录主页面

（1）协同账号登录主页。如图 4-1 所示。

（2）点击功能菜单中的【采集运维】→【采集运行总览】菜单，跳转到采集运行总览页面。

默认为 T-1 日期下的数据，如图 4-2 中所示标出位置可以多维度选择进行总览。

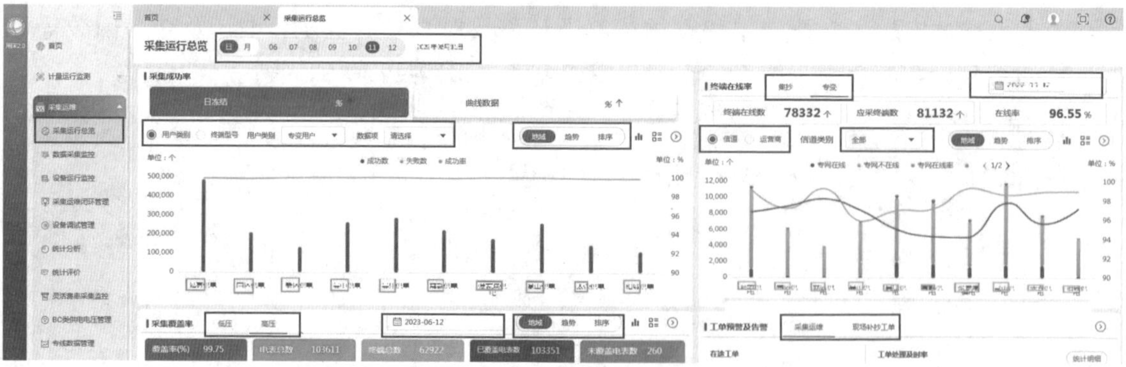

图 4-2　采集运行总览页面

二、负荷资源筛选

1. 用户类别→选择

选择用户类别页面如图 4-3 所示。

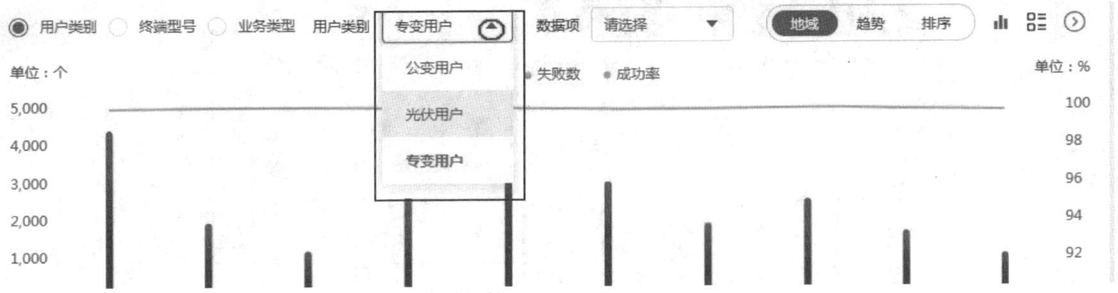

图 4-3 选择用户类别页面

2. 数据项→选择

选择数据项页面如图 4-4 所示。

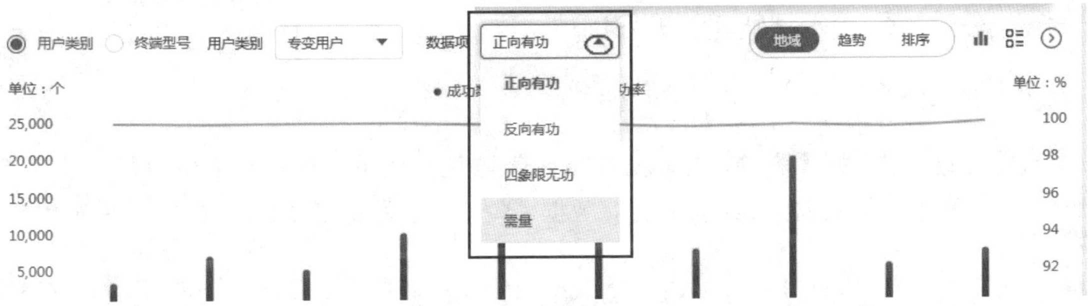

图 4-4 选择数据项页面

3. 信道类别→选择

选择类别页面如图 4-5 所示。

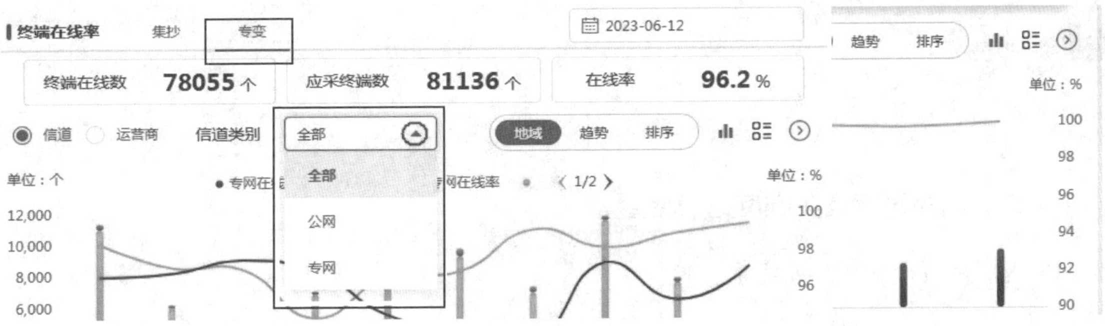

图 4-5 选择类别页面

4. 日期选择→选择

选择日期页面如图 4-6 所示。

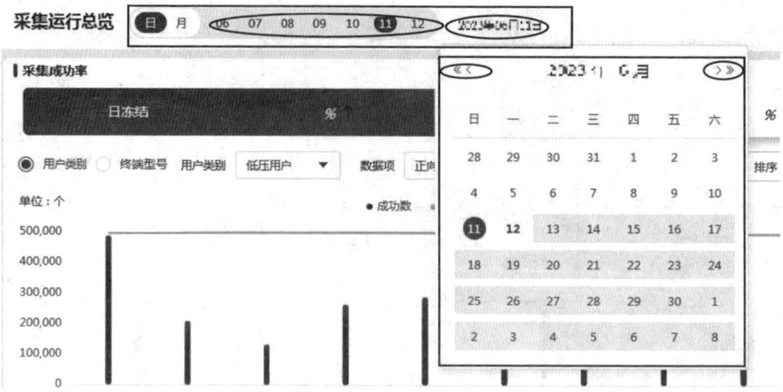

图 4-6　选择日期页面

三、数据采集监控

查看采集成功率、采集监控（数据采集监控、设备运行监控、采集运维闭环管理）、异常趋势、异常分类、异常消缺等信息统计。

（一）默认展示

点击功能菜单中的【采集运维】→【数据采集监控】菜单，跳转到采集运行总览界面。默认为 T-1 日期下的数据，Tab 显示为【数据采集监控】的总览页面，如图 4-7 所示。

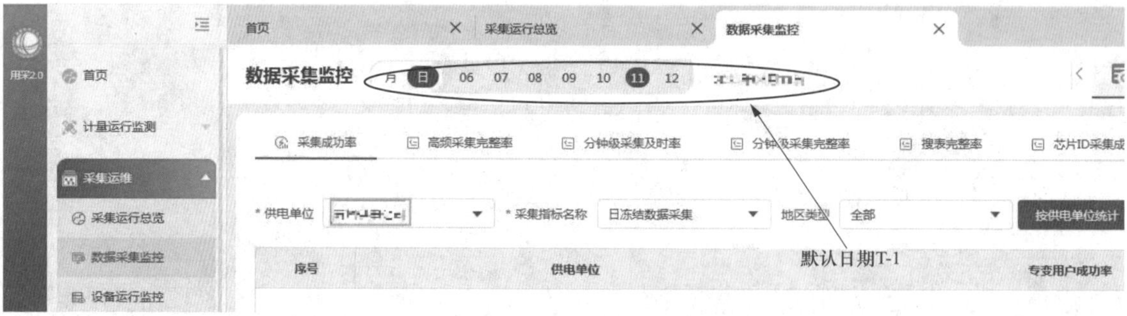

图 4-7　数据采集监控总览页面

（二）选择日期及多维度选项后查看

采集指标页面如图 4-8 所示。

图 4-8 采集指标界面

1. 采集指标

在 Tab “采集指标”中根据所选日期，在采集成功率、高频采集完整率、分钟级采集及时率、分钟级采集完整率、搜表完整率、芯片 ID 采集成功率和有序用电负荷完整率的模块中，展示相应不同维度的数据。主页面如图 4-8 所示。

(1) 采集成功率。根据所选不同统计口径，按日期查看采集成功率。采集成功率模块中，展示时间、终端类型、数据项等不同维度的采集成功率数据。设备采集成功率指标对用电监测和负荷控制至关重要。

1)【按供电单位统计】。点击【按供电单位统计】，选择“供电单位”“采集指标名称”“地区类型”对采集成功率从供电单位维度进行切换，展示此供电单位下专变用户和集抄用户的采集成功率数据，如图 4-9 所示。

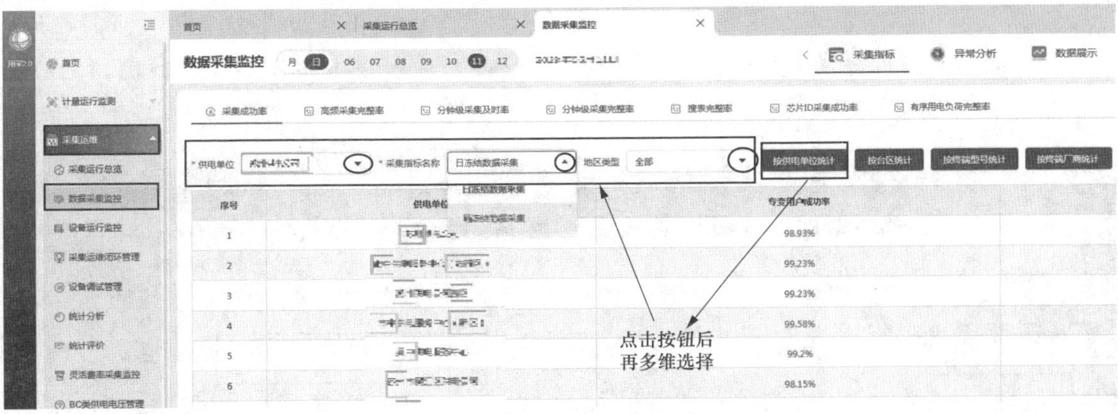

图 4-9 采集指标界面——供电单位统计

2)【按台区统计】。点击【按台区统计】，选择“供电单位”或具体到“台区编号”，将以台区展示有功、无功、电压、电流、功率因数等成功率数据，如图 4-10 所示。

3)【按终端型号统计】。

(a) 点击【按终端型号统计】，选择“终端型号”，将按所选型号展示相应成功率数据。负荷管理的负荷控制对象主要是专变终端用户，如图 4-11 所示。

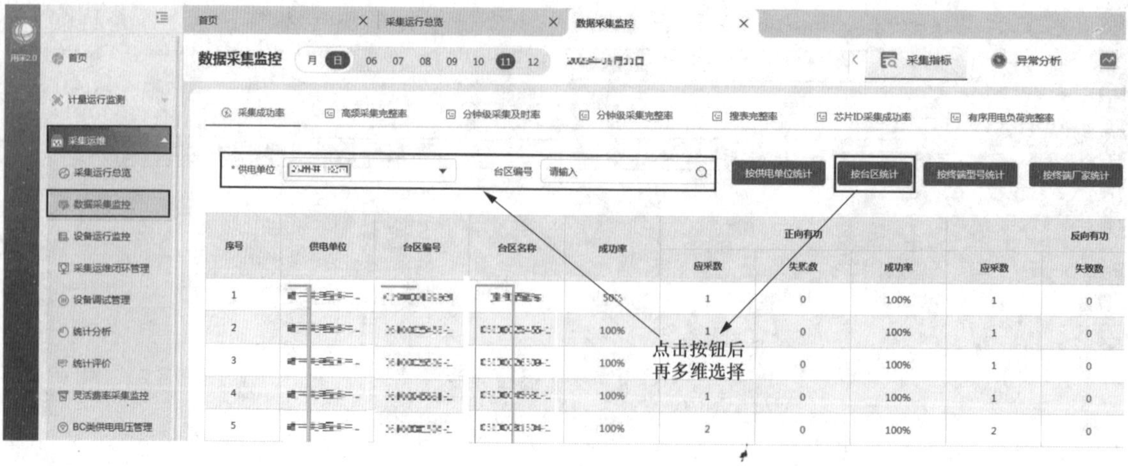

图 4-10　采集指标界面——台区统计

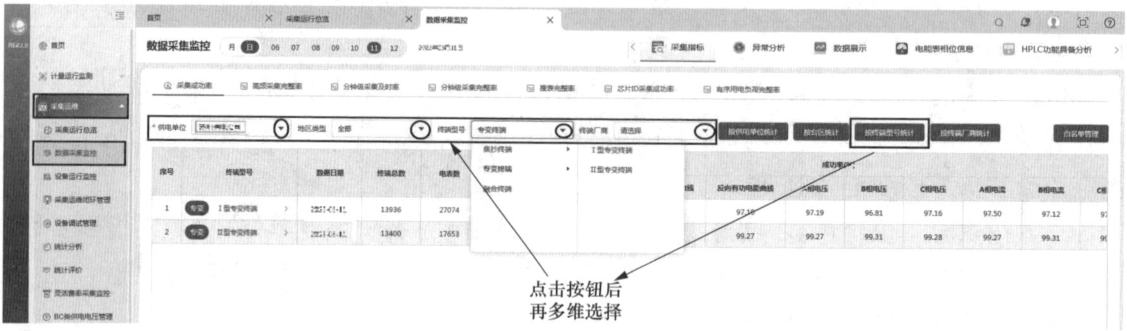

图 4-11　采集指标界面——终端型号统计

（b）继续点击折叠【>】按钮，可查看此类终端对应各供电单位的相应数据，参数更细，如图 4-12 所示。

图 4-12　采集指标界面——对应终端数查询

4）【按终端厂商统计】。点击【按终端厂商统计】，选择“终端型号”和“终端厂商”后，再次点击【按终端厂商统计】可查看对应厂商相应的终端数量及相关成功率，如图 4-13 所示。

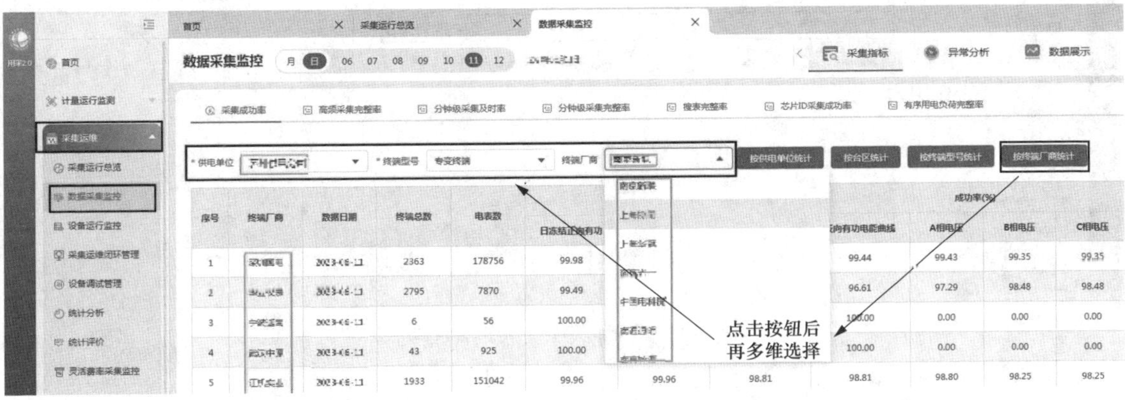

图 4-13　采集指标界面——终端厂商统计

（2）高频采集完整率。按日期根据所选不同统计口径，查看模块中相应的数据。

在模块页，“供电单位”“终端型号”“终端厂商”“芯片厂商”“模块厂商”等多维度设置，再点击【按供电单位统计】或【按厂商统计】，即可获得对应的数据展示，如图 4-14 所示。

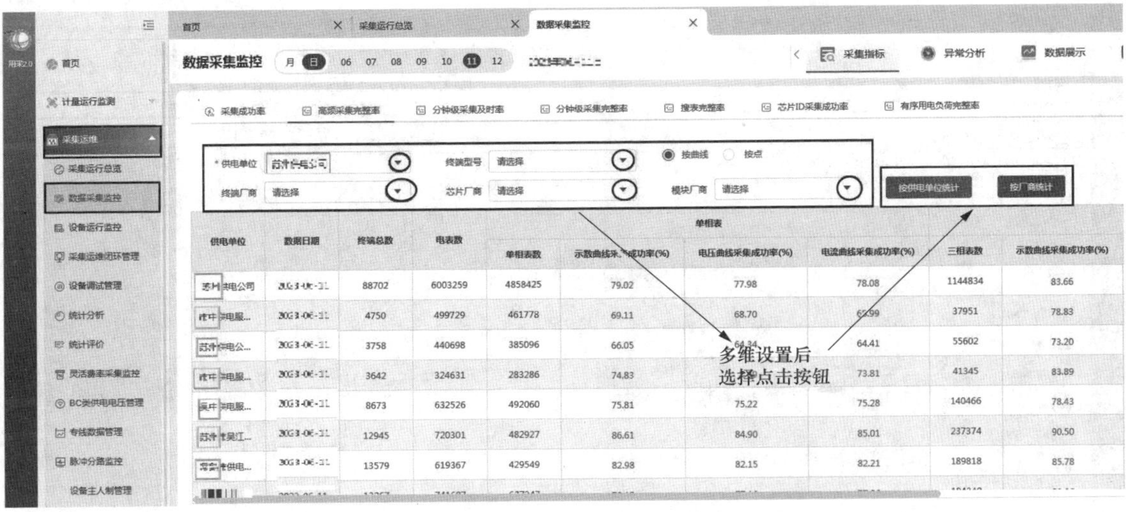

图 4-14　高频采集完整率查询

（3）分钟级采集及时率。按日期根据所选不同统计口径，查看模块中相应的数据。

操作步骤：在模块页，选择好“供电单位”“终端厂商”“芯片厂商”“模块厂商”等多条件，或直接输入“及时率”“终端资产号”，再点击【查询】按钮，即可获得对应的数据展示，如图 4-15 所示。

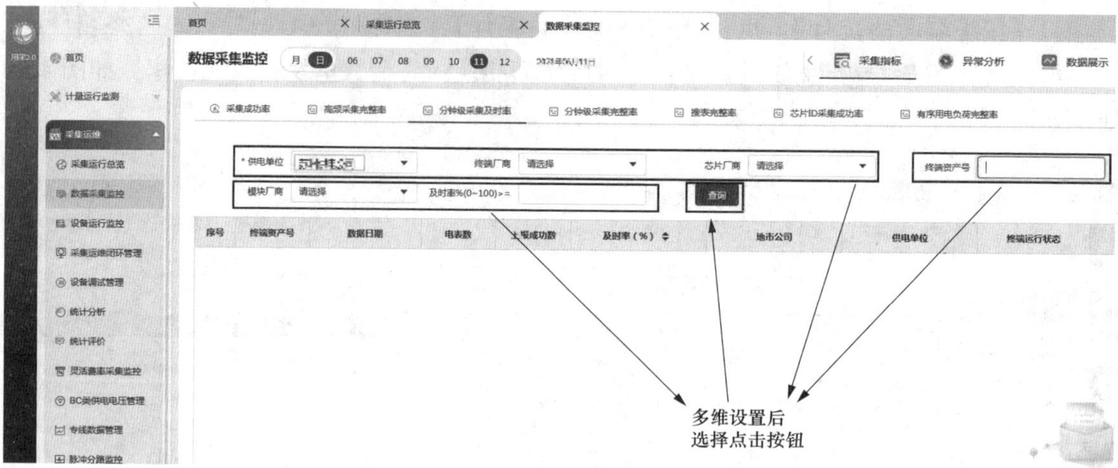

图 4-15　分钟级采集及时率查询

（4）分钟级采集完整率。按日期根据所选不同统计口径，查看模块中相应的数据。

在模块页，选择好“供电单位”“终端厂商”“芯片厂商”“模块厂商”等多维度设置后，再选择点击【按供电单位统计】【按终端厂商统计】【按模块厂商统计】，即可获得对应的数据展示，如图 4-16 所示。

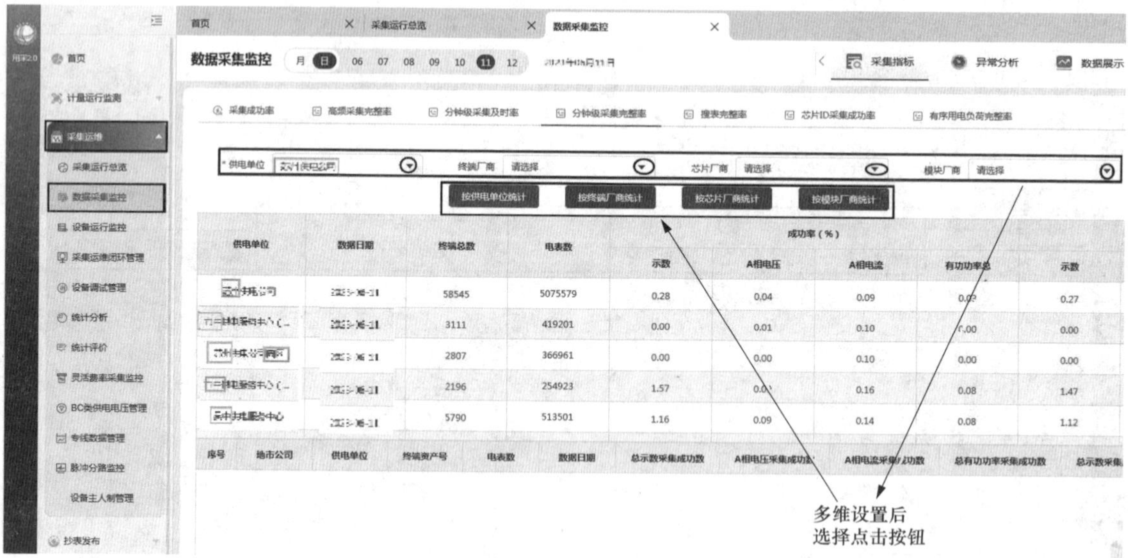

图 4-16　分钟级采集完整率查询

（5）搜表完整率。按日期根据所选不同统计口径，查看模块中相应的数据操作步骤。

在模块页，选择好“供电单位”“终端厂商”“芯片厂商”“终端规约”等多条件，再选择点击【按供电单位查询】【按厂商查询】，即可获得对应的数据展示，如图 4-17 所示。

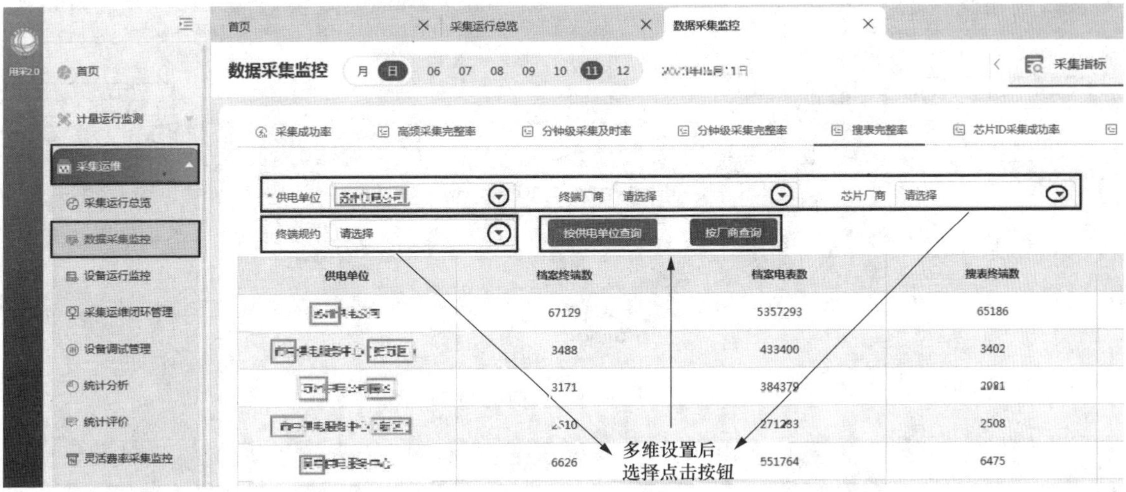

图 4-17　搜表完整率查询

（6）芯片 ID 采集成功率。按日期根据所选不同统计口径，查看模块中相应的数据。

在模块页，选择好“供电单位”“终端厂商”“终端规约”等多条件，再选择点击【按供电单位查询】【按终端厂商查询】，即可获得对应的数据展示，如图 4-18 所示。

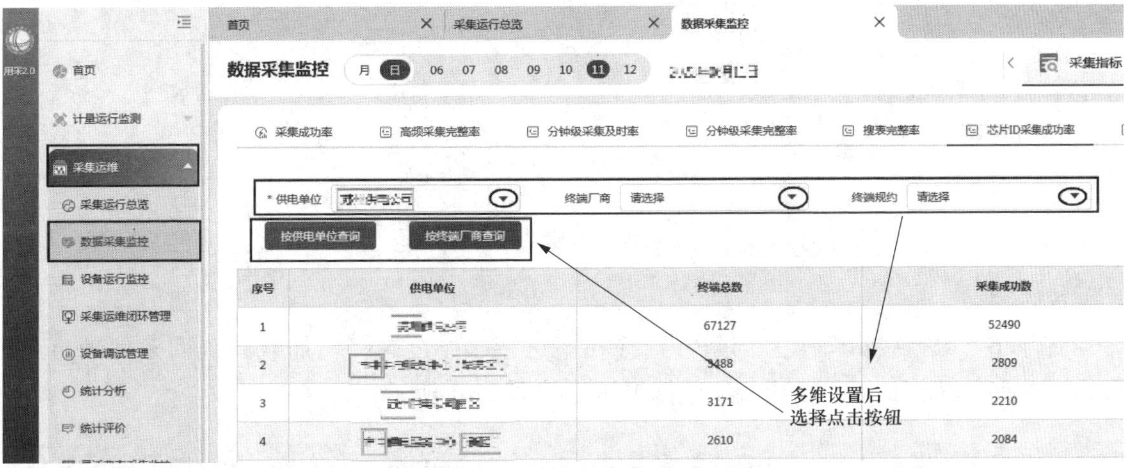

图 4-18　芯片 ID 采集成功率查询

（7）有序用电负荷完整率。按日期根据所选不同统计口径，查看模块中相应的数据。

在模块页，选择好“供电单位”和“全量有序用电”或“参与有序用电”，再点击【查询】按钮即可获得对应的数据展示，如图 4-19 所示。

2. 异常分析

在 Tab“异常分析”根据所选日期，展示电能表数据异常，并显示异常等级和异常消缺进度。能根据“供电单位”“数据日期”“异常类型”“异常等级”“终端类型”等多维度设置，或直接输入“终端资产号”，【查询】相关信息；选择“是否生成工单”，如图 4-20 所示。

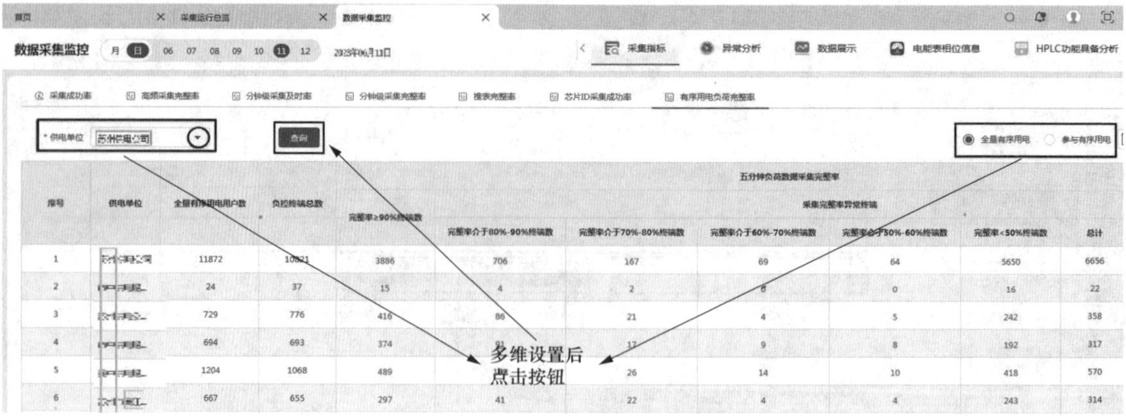

图 4-19　有序用电负荷完整率查询

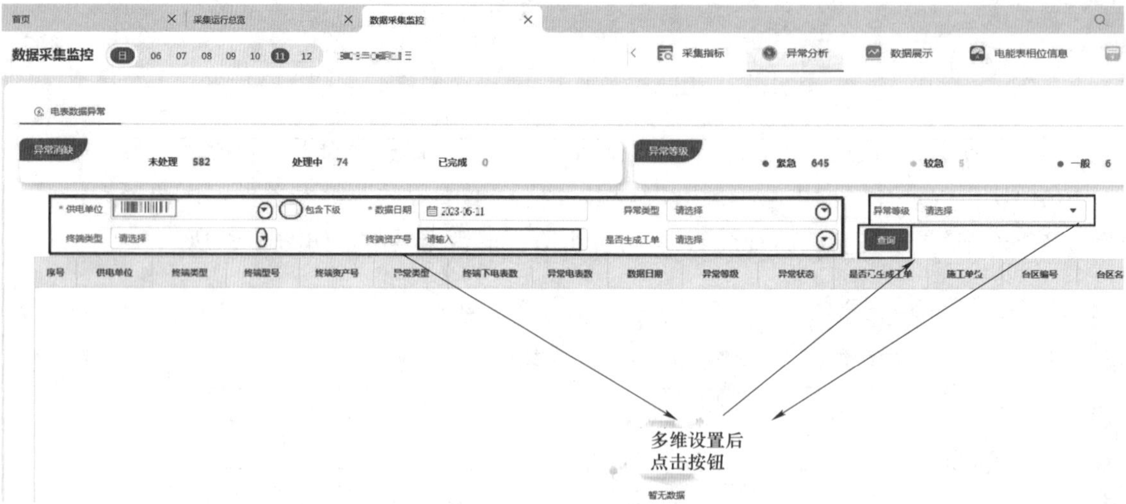

图 4-20　异常分析界面

3. 数据展示

在 Tab“数据展示”中上部条件选择栏中进行多维度选择，加载的查询条件满足后，点击【查询】按钮，即可获得相应数据展示，如图 4-21 所示。

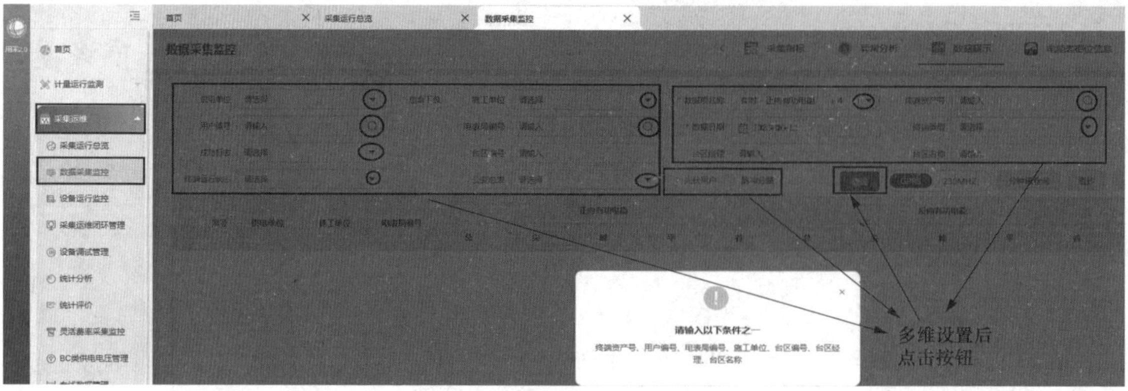

图 4-21　数据展示页面

4. 电能表相位信息

在 Tab“电能表相位信息”中上部条件选择栏中进行多维度选择后，选择点击【按供电单位/台区统计】【按终端厂商统计】【按芯片厂商统计】【按模块厂商统计】，即可获得相应数据，如图 4-22 所示。

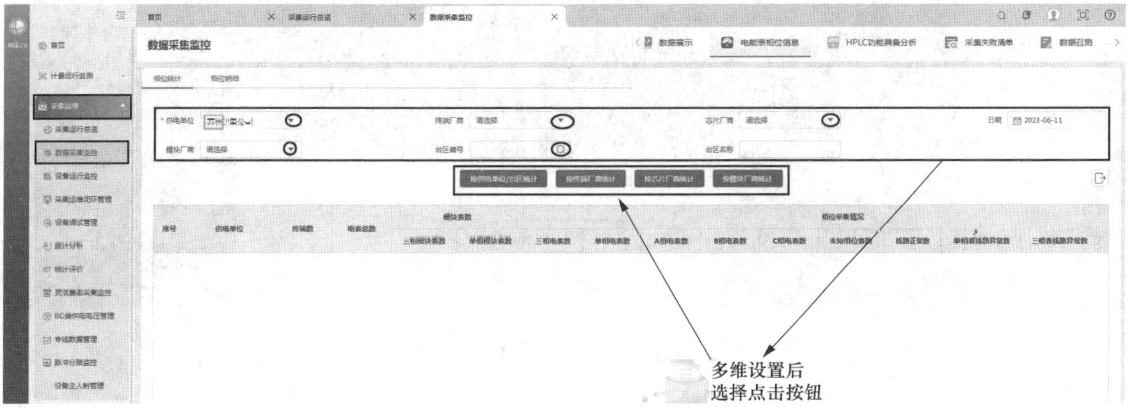

图 4-22　电能表相位信息

5. HPLC 功能具备分析

在 Tab“HPLC 具备功能分析”中，展示数据分上下两部分，分别进行条件选择后，即可获得相应数据，如图 4-23 所示。

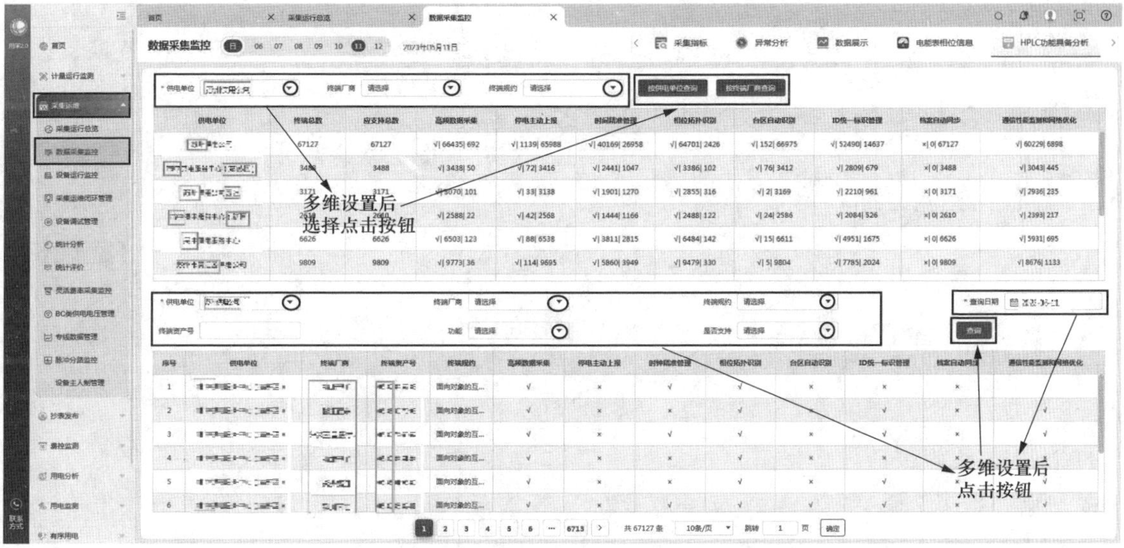

图 4-23　HPLC 功能具备分析

6. 采集失败清单

在 Tab“数据展示”中上部条件选择栏中进行多维度选择，或直接批量录入终端资产号、电能表局编号、用户编号，点击【查询】按钮，即可获得相应数据清单，并可选择“是否生成工单”发起运维任务，如图 4-24 所示。

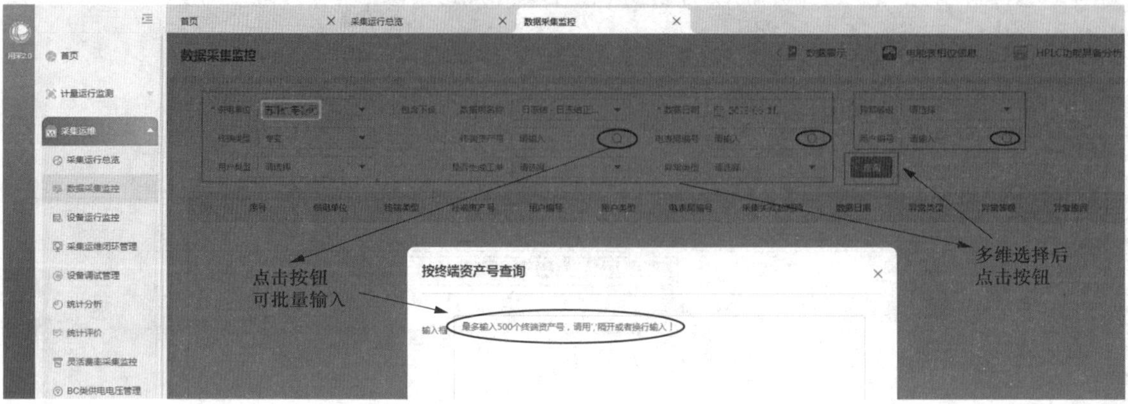

图 4-24　采集失败清单查询

7. *数据召测*

在 Tab“数据召测”中加载相应的查询条件后，选择点击【召测】【查询】，即可获得相应数据，如图 4-25 所示。

图 4-25　数据召测界面

四、设备运行监控

对运行设备进行监控，包括终端时钟管理、专变终端状态、终端异常管理、终端版本管理、事件记录等 15 项统计信息和明细信息。

点击功能菜单中的【采集运维】→【设备运行监控】菜单，跳转到设备运行监控页面。默认日期为 T-1，Tab 显示为【设备运行监控】的总览页面，如图 4-26 所示。

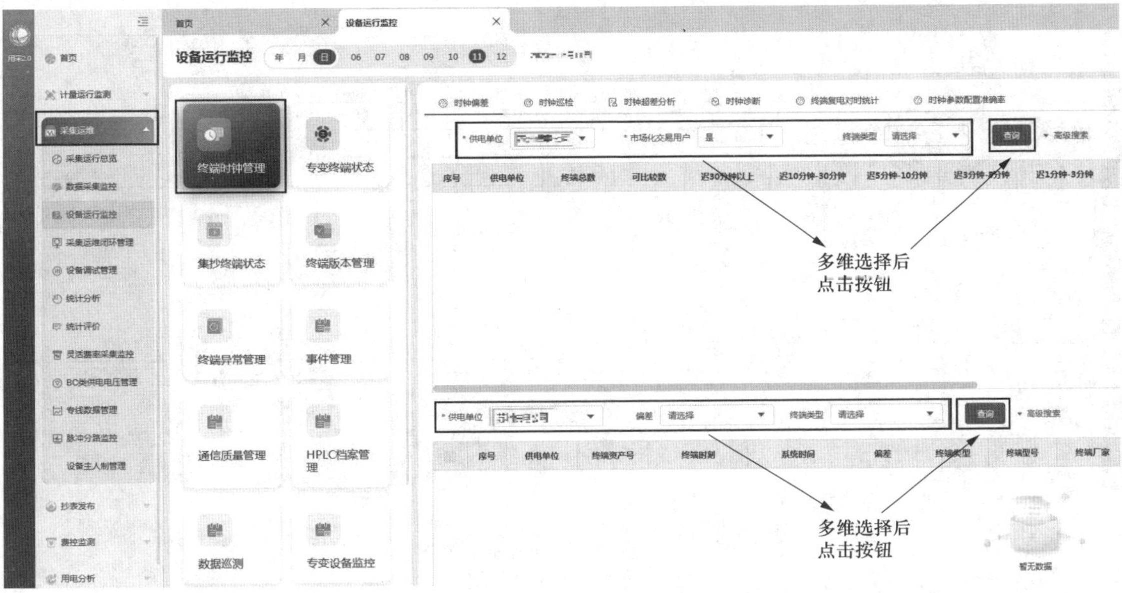

图 4-26　设备运行监控

（一）终端时钟管理

从日期、供电单位、终端型号、终端厂家多种维度查看终端的时钟偏差情况的统计数据和明细数据，并对终端进行对时、数据召测、终端授时诊断及生成运维工单操作。

1. *偏差统计数据查询*

点击功能菜单中的【采集运维】→【采集运行总览】，点击【设备运行监控】Tab 页，进入详情的页面，默认显示【终端时钟管理】和【时钟偏差】Tab 页，日期默认为 T-1，设置查询条件后点击【查询】按钮，如图 4-27 所示。

图 4-27　偏差统计数据查询

2. 偏差统计明细数据查询

点击列表中某条记录的数字链接或设置查询条件后点击【查询】按钮，列表展示此种偏差的终端明细数据，如图4-28所示。

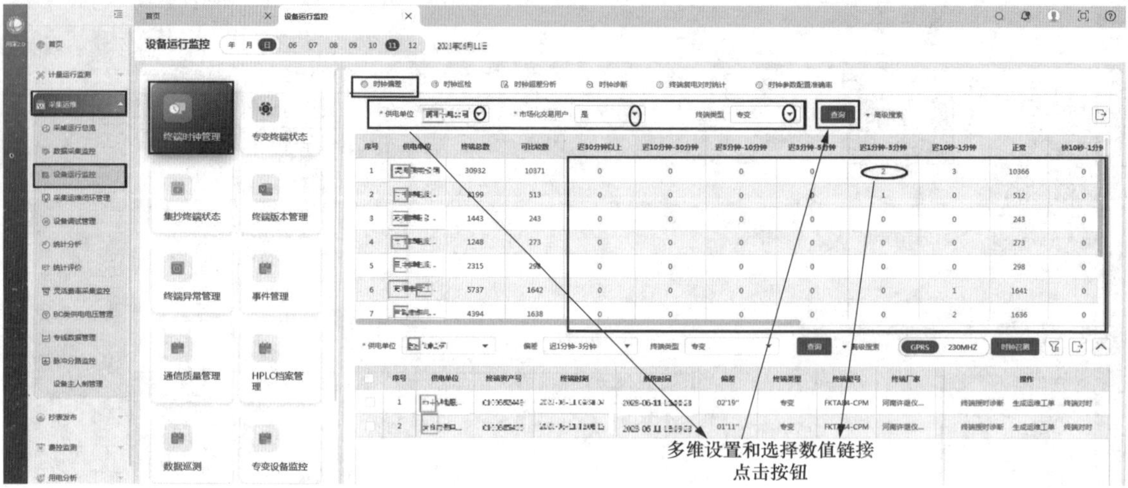

图4-28 偏差统计明细数据查询

3. 时钟召测和终端对时

在“时钟巡检”模块，对“供电单位”和“市场化交易户”进行条件选择后，点击【查询】按钮，获取需对时清单，如图4-29所示。

图4-29 时钟召测和终端对时

选择“供电单位”条目对应“需对时终端数”列数值点击获得对应清单，再选择单个或多个“时钟召测”“终端对时”操作，如图4-30所示。

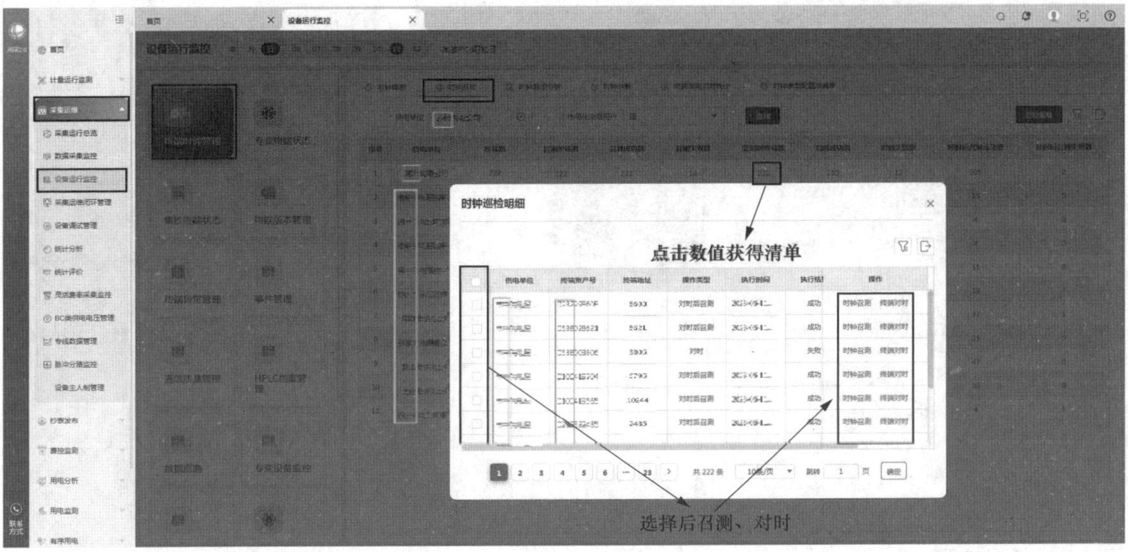

图 4-30　需对时终端数查询

4. 时钟诊断

在“时钟诊断”模块，先按“终端资产号”查询到终端基本信息。再点击【时钟召测】按钮，获取时钟信息，如图 4-31 所示。

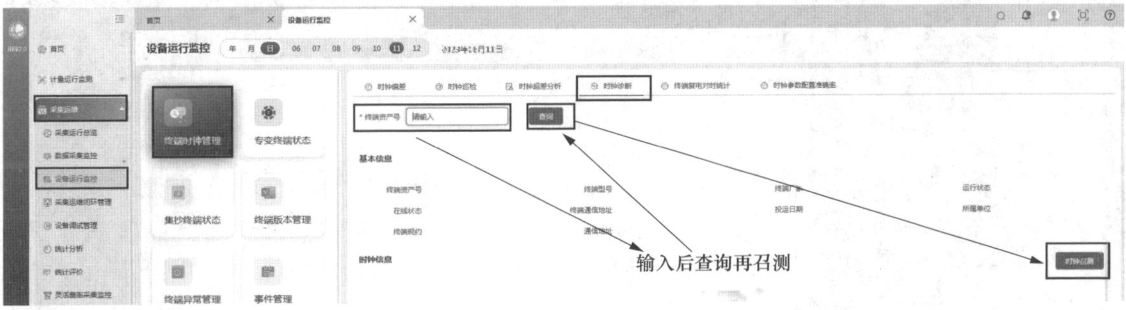

图 4-31　获取时钟信息

（二）专变终端状态

展示专变终端在线统计记录，统计信息按供电单位、终端总数、Ⅰ型负控终端（在线数、终端数、不在线数、在线率）、Ⅱ型负控终端（终端数、在线数、不在线数、在线率）、终端在线总数、终端不在数总数和终端总在线率。

1. 统计数据查询

（1）点击功能菜单中的【采集运维】→【设备运行监控】Tab。

（2）点击【专变终端状态】Tab 页，设置查询条件后点击【查询】按钮，如图 4-32 所示。

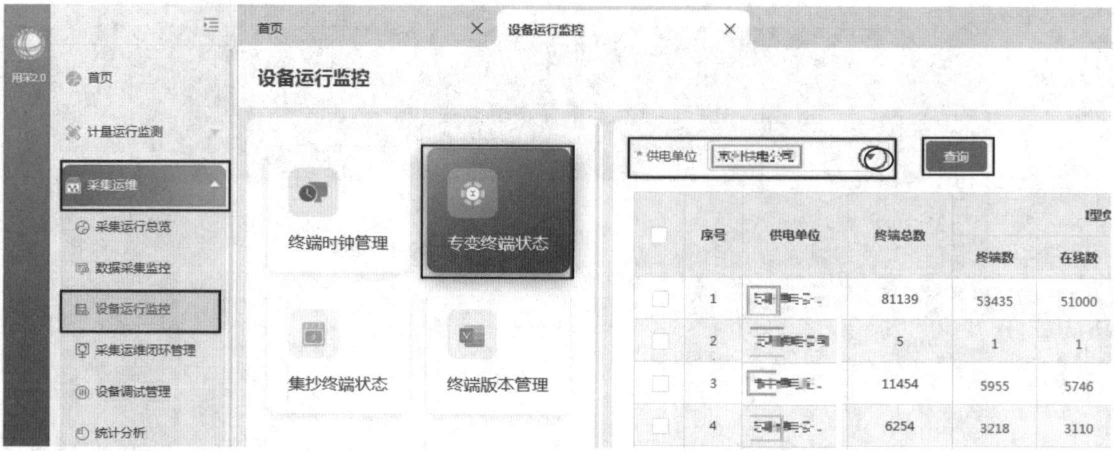

图 4-32　统计数据查询总览

2. 明细数据查询

点击列表中某条记录的数字链接，弹出【在线状态明细】弹框，弹框展示此数据的终端明细信息，继而选择进行通信验证，如图 4-33 所示。

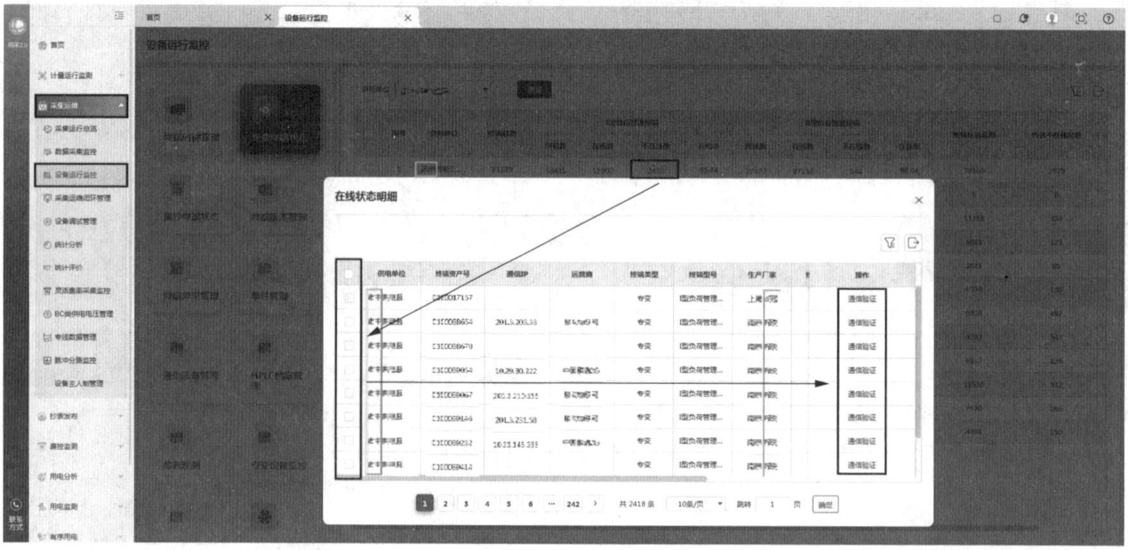

图 4-33　明细数据查询

3. 导出

点击【专变终端状态】页面下【在线状态明细】弹框的导出按钮，弹出导出弹框，下载列表中的数据，如图 4-34 所示。

4. 定制列

点击【专变终端状态】页面下【在线状态明细】弹框的定制列按钮，选择弹出设置显示列的弹框，可以设置列表中显示的字段列，如图 4-35 所示。

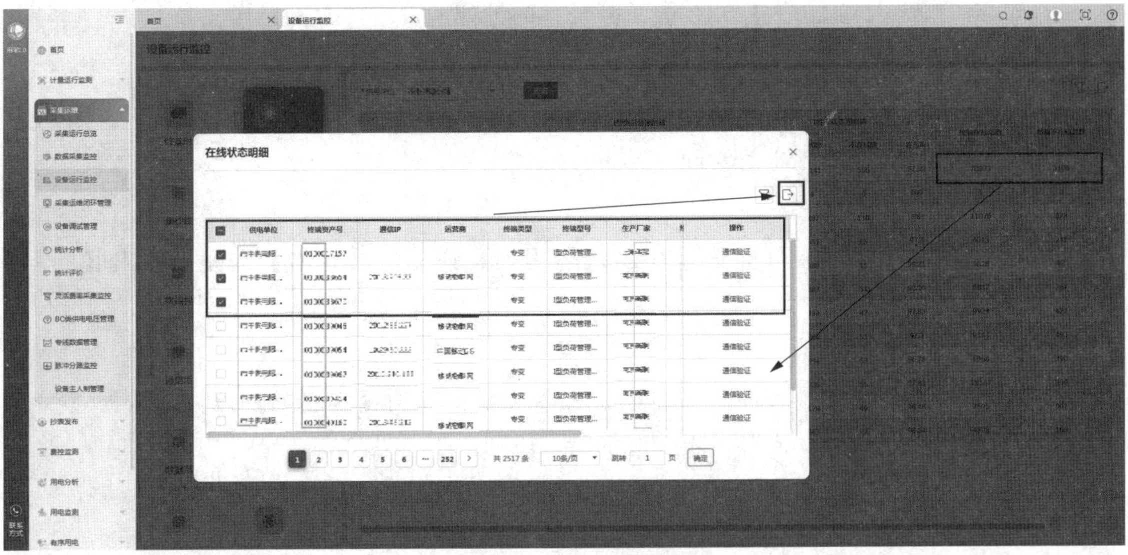

图 4-34　导出功能

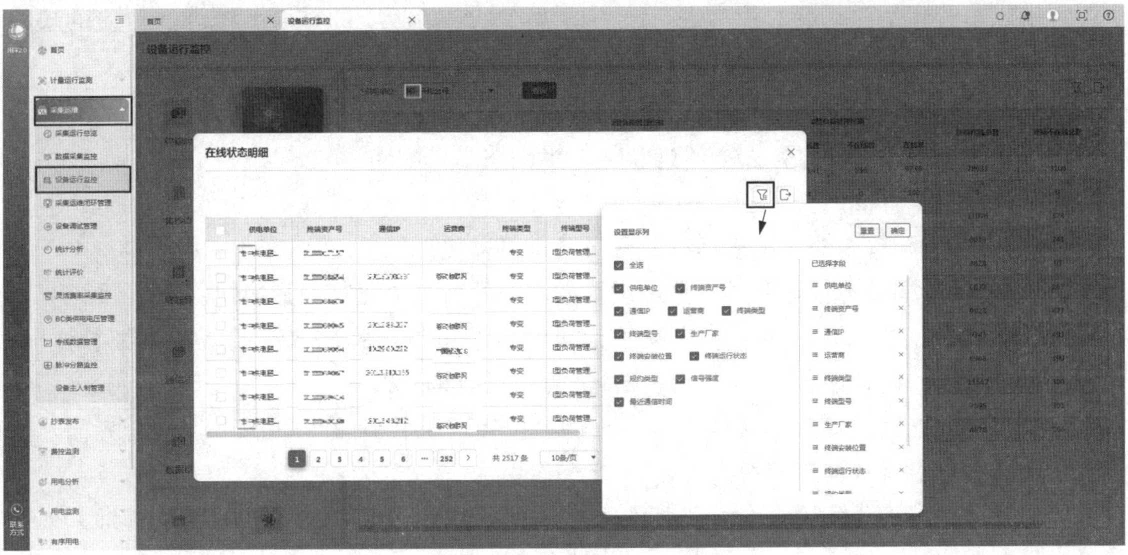

图 4-35　定制列功能

（三）集抄终端状态

展示集抄终端在线统计记录，统计信息包括供电单位、终端型号、终端总数、公专一体化终端（公网模型在线数、均不在线数、在线率）、非公专一体化终端（终端数、在线数、不在线数、在线率）、终端在线总数、终端不在数总数和终端总在线率。针对均不在线数可链接到不在线的明细记录，也可生成运维工单。

注意：以下步骤界面与“（二）专变终端状态”类同，不再配图。

1. 统计数据查询

（1）点击功能菜单中的【采集运维】→【设备运行监控】。

（2）点击【集抄终端状态】Tab 页，设置查询条件后点击【查询】按钮。

2. 明细数据查询

点击列表中某条记录的数字链接，弹出【在线状态明细】弹框，弹框展示此数据的终端明细信息，继而选择进行通信验证。

3. 导出

点击【集抄终端状态】页面下【在线状态明细】弹框的【导出】按钮，弹出【导出】弹框，下载列表中的数据。

4. 定制列

点击【集抄终端状态】页面下【在线状态明细】弹框的【定制列】按钮，选择【弹出设置显示列】的弹框，可以设置列表中显示的字段列。

（四）终端版本管理

1. 功能说明

终端版本管理是对终端的版本进行统一的管理，包括版本的查看、统计、对应的缺陷统计、版本比对以及针对终端质管员提供最新版本初始化的操作。

2. 操作步骤

以下步骤界面与“（二）专变终端状态”类同，不再配图。

（1）统计数据查询。

1）点击功能菜单中的【采集运维】→【设备运行监控】Tab。

2）点击【终端版本管理】Tab 页，设置查询条件后点击【查询】按钮。

（2）明细数据查询。点击列表中某条记录的数字链接，弹出【终端版本明细】弹框，弹框展示此数据的明细信息，设置查询条件后点击【查询】按钮。

（3）终端版本查询。点击【终端版本查询】按钮，跳转到【终端版本查询】界面，设置查询条件后点击【查询】按钮。

（4）导出。点击【终端版本管理】页、【终端版本明细】弹框、【终端版本查询】界面的【导出】按钮，弹出【导出】弹框，下载列表中的数据。

（5）定制列。点击【终端版本管理】页、【终端版本明细】弹框、【终端版本查询】界面的【定制列】按钮，选择【弹出设置显示列】的弹框，可以设置列表中显示的字段列。

（五）终端异常管理

终端异常查询统计页面主要对采集异常的终端数量及终端异常类型进行统计。

（1）点击功能菜单中的【采集运维】→【设备运行监控】。

（2）点击【终端异常管理】Tab 页，设置查询条件后点击【查询】按钮。

（六）事件管理

展示终端事件管理终端的运行状态、在线状态、软件版本信息、事件名称和事件描述。

1. 终端事件查询

（1）点击功能菜单中的【采集运维】→【设备运行监控】。

（2）点击进入详情的页面，点击【终端事件管理】页，设置查询条件后点击【查询】按钮。

2. 导出

点击【导出】按钮，弹出【导出】弹框，下载列表中的数据。

3. 定制列

点击【定制列】按钮，选择【弹出设置显示列】的弹框，可以设置列表中显示的字段。

（七）通信质量管理

按供电单位，从信道编号、名称、类型、主/备信道 IP 维度，展示信道状态信息。

1. 信道数据查询

（1）点击功能菜单中的【采集运维】→【设备运行监控】。

（2）点击进入【通信质量管理】页面，设置查询条件后点击【查询】按钮。

2. 导出

点击【导出】按钮，弹出【导出】弹框，下载列表中的数据。

3. 定制列

点击【定制列】按钮，选择【弹出设置显示列】的弹框，可以设置列表中显示的字段。

五、采集运维闭环管理

采集运维闭环管理功能是从异常发现、远程分析处理、派工、现场处理到知识反馈的闭环管理流程，包括采集异常清单、采集工单管理、白名单管理、疑难问题处理、知识应用管理和采集运行监控。

（一）采集运维闭环管理总览页面

查看采集工单相关的统计图表数据。

点击功能菜单中的【采集运维】→【采集运维闭环管理】，查看采集工单相关的统计图表数据，如图 4-36 所示。

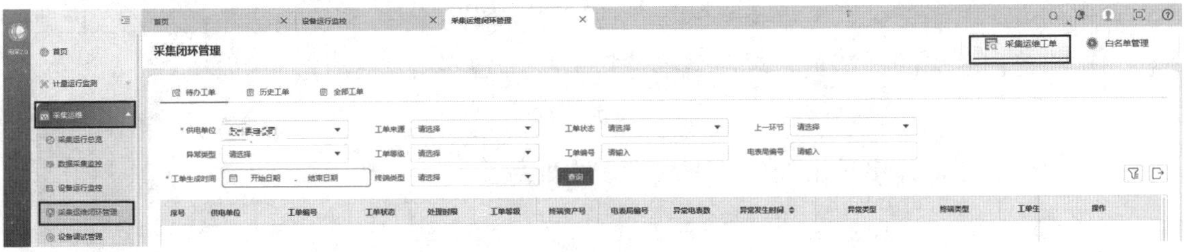

图 4-36　采集运维闭环管理总览页面

（二）采集运维工单

采集运维工单分为待办工单、历史工单、全部工单，方便运维人员对工单进行全局了解和处理。

1. 待办工单

查看当前账号下所有待办的采集工单，可以跳转到工单中心查看详情或跳转到工单处理页面，进行工单操作。

（1）待办工单查询。

1）点击功能菜单中的【采集运维】→【采集运维闭环管理】。

2）默认显示【采集运维工单】【待办工单】页，设置查询条件后点击【查询】按钮。

（2）工单处理跳转。点击列表中某条记录，工单编号链接或操作字段的【工单处理】链接，页面跳转到工单中心此工单的详情页，对工单进行处理。

（3）导出。点击导出按钮，弹出导出弹框，下载列表中的数据。

（4）定制列。点击定制列按钮，选择弹出设置显示列的弹框，可以设置列表中显示的字段列。

2. 历史工单

查看当前账号下已归档的所有采集工单，可以跳转到工单中心查看详情。同待办工单步骤。

3. 全部工单

查看当前账号下所有采集工单，可以跳转到工单中心查看详情。同待办工单步骤。

（三）白名单管理

白名单管理是指采集运维中暂时无法处理的工单，可以申请加入白名单，暂时冻结对工单的考核，同时系统会将该设备从采集清单中剔除，不再计入采集异常清单，直到该设备从白名单中删除。

1. 白名单查询

（1）点击功能菜单中的【采集运维】→【采集运维闭环管理】。

（2）点击【白名单管理】进入页面，设置查询条件后点击【查询】按钮。

2. 审核/解除白名单

点击列表中某条记录，工单编号链接，或操作字段的审核/解除白名单链接，页面跳转到工单中心此白名单的详情页，对白名单进行审核/解除白名单操作。

3. 导出

点击导出按钮，弹出导出弹框，下载列表中的数据。

4. 定制列

点击定制列按钮，选择弹出设置显示列的弹框，可以设置列表中显示的字段列。

第二节　用　电　分　析

运用采集系统数据，做好全网负荷分析是落实负荷管理措施的必备条件。

一、用电分析总览

提供各供电单位在不同时间维度的电量、负荷分析数据展示。

点击【用电分析】菜单，默认进入【用电分析总览】，该页面提供各供电单位在不同时间维度的电量、负荷分析数据展示。点击【电量/负荷】按钮进行页面切换。

（一）电量展示

页面展示【电量曲线分析】【各产业用电量分布】【各地区用电量分析】【各行业用电量分析】四模块数据。点击【月/年】时间控件切换统计时间。

点击【用电分析】菜单，默认进入【用电分析总览】，点击【电量】按钮进入页面，如图 4-37 所示。

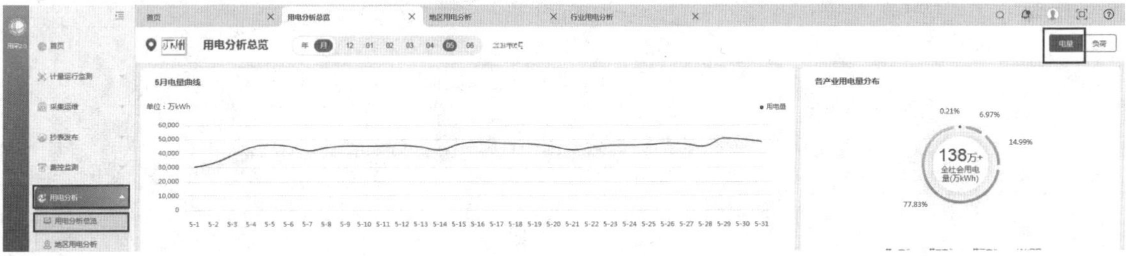

图 4-37　电量展示

（1）【电量曲线分析】展示供电单位近月/年用电量实际值曲线图，如图 4-38 所示。

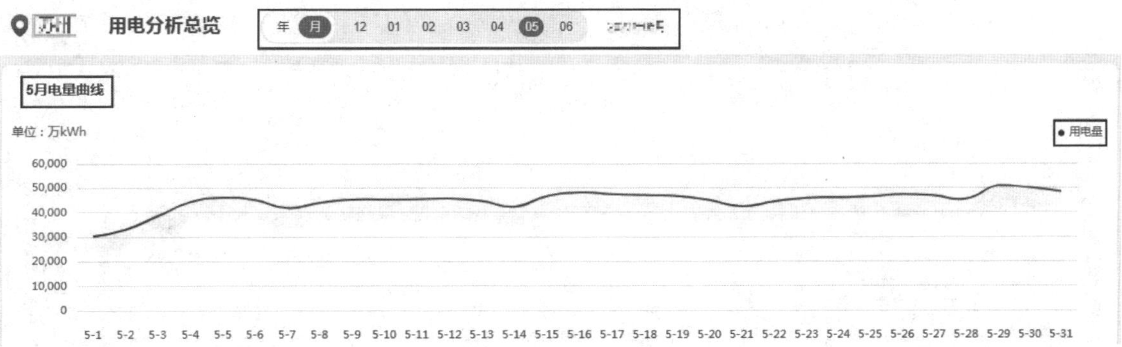

图 4-38　电量曲线展示

（2）【各产业用电量分布】展示第一、第二、第三产业及城乡居民用电量分布图，如图 4-39 所示。

（3）【各地区用电量分析】展示各区域用电量分析数据，点击柱状图可跳转至【地区用电分析】页面，如图 4-40、图 4-41 所示。

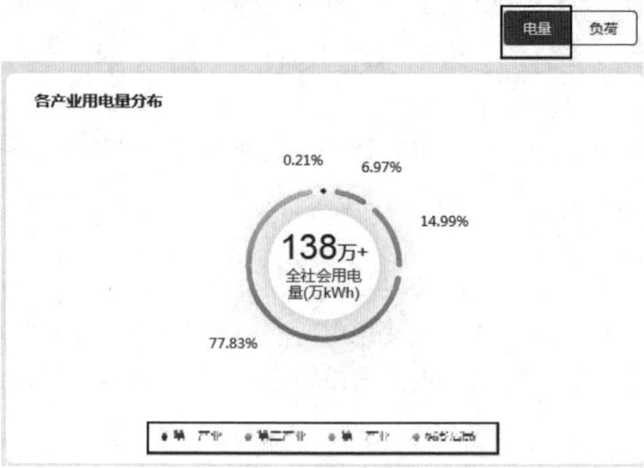

图 4-39　各产业用电量分布

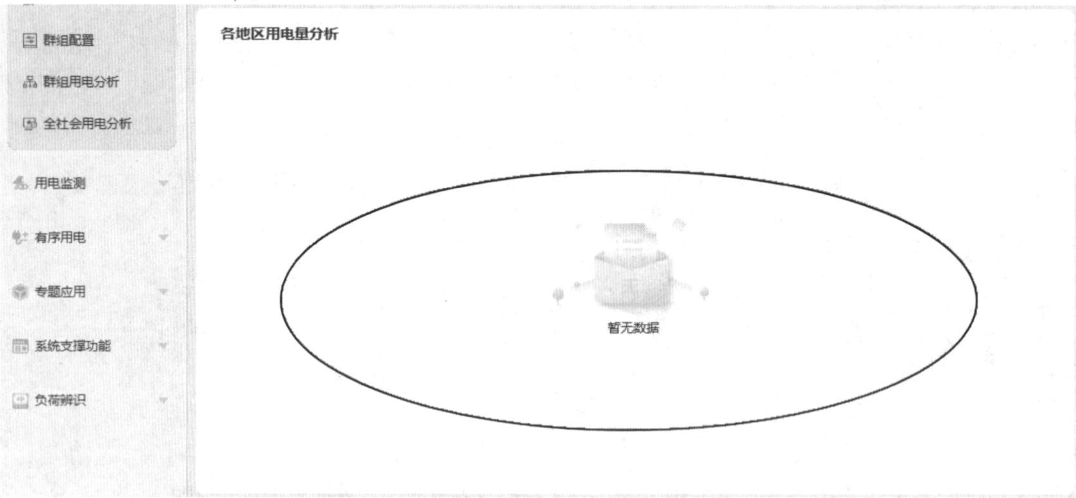

图 4-40　各地区用电量分析 1

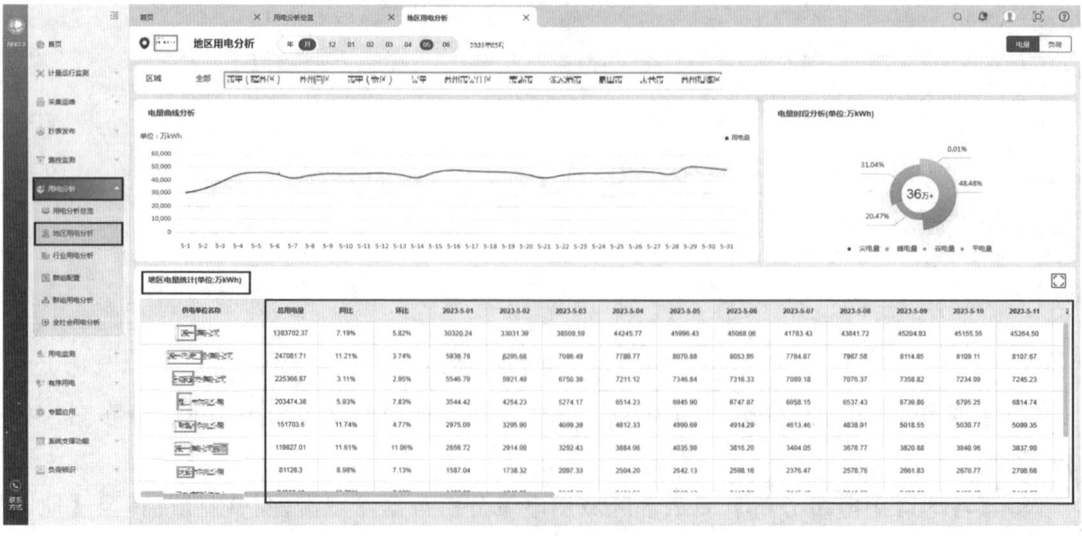

图 4-41　各地区用电量分析 2

(4)【各行业用电量分析】展示各行业用电量分析数据，点击各行业信息可跳转至【行业用电分析】页面，如图 4-42、图 4-43 所示。

图 4-42　行业用电量分析 1

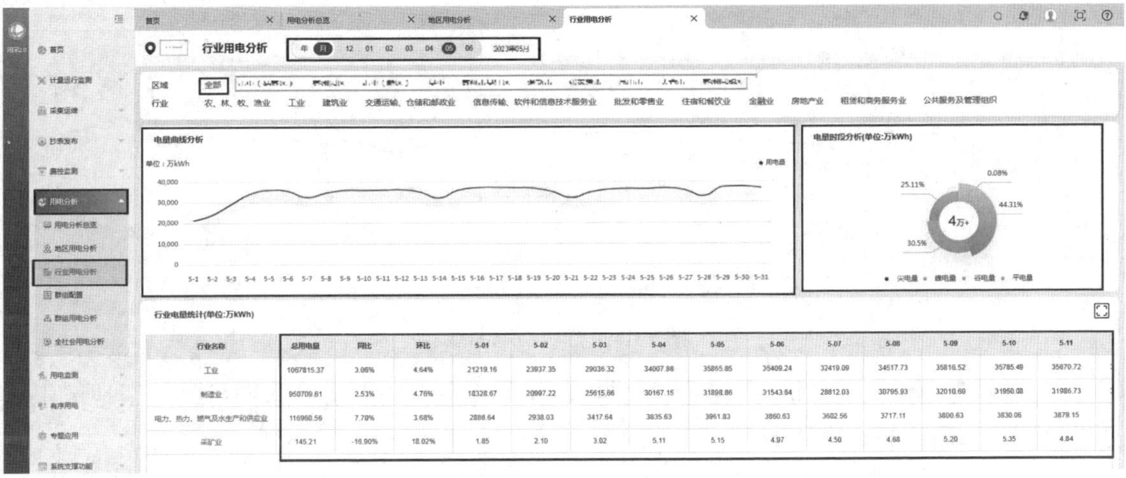

图 4-43　行业用电量分析 2

(二)负荷展示

页面展示【用电负荷特性数据】【有功功率曲线】【供电单位负荷极值分析】【行业负荷分析】四个模块内容。点击【月/年】时间控件切换统计时间。

在【用电分析总览】中点击【负荷】按钮，进入负荷分析页面，如图 4-44 所示。

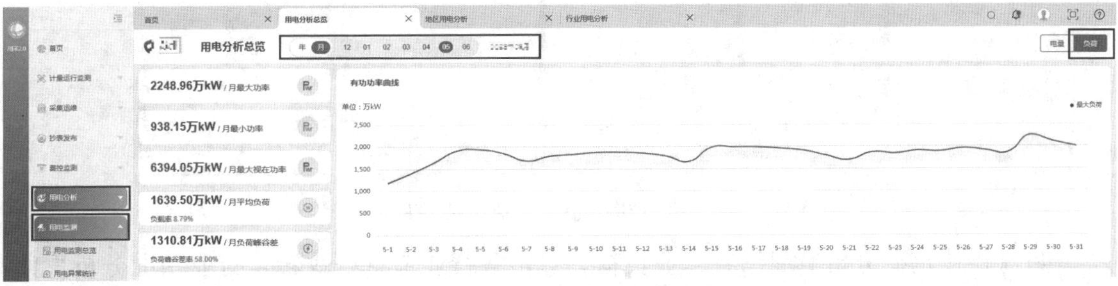

图 4-44　用电分析总览

(1)【用电负荷特性数据】展示统计时间内最大、最小功率，最大视在功率、平均负荷、负荷峰谷差等数据。如图 4-45 所示。

图 4-45　用电负荷特性数据

(2)【有功功率曲线】展示有功功率实际曲线图，如图 4-46 所示。

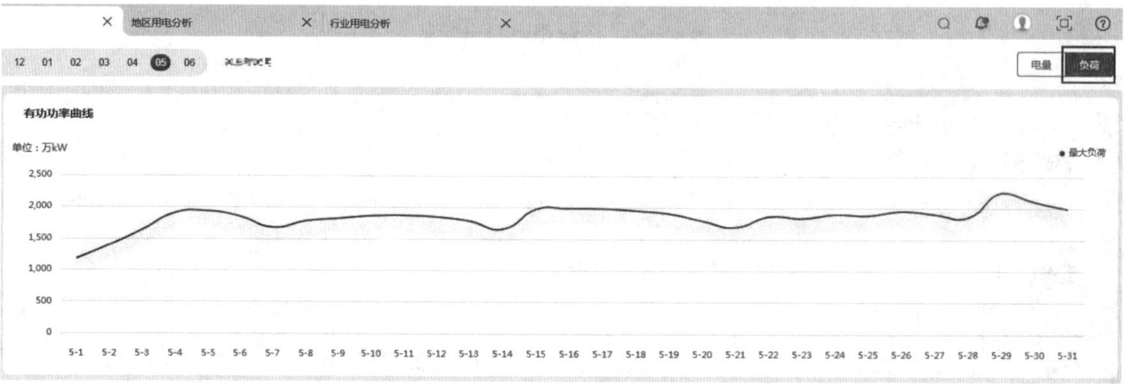

图 4-46　有功功率曲线

(3)【供电单位负荷极值分析】展示供电单位最大负荷，点击柱状图可跳转至地区用电分析页面，如图 4-47、图 4-48 所示。

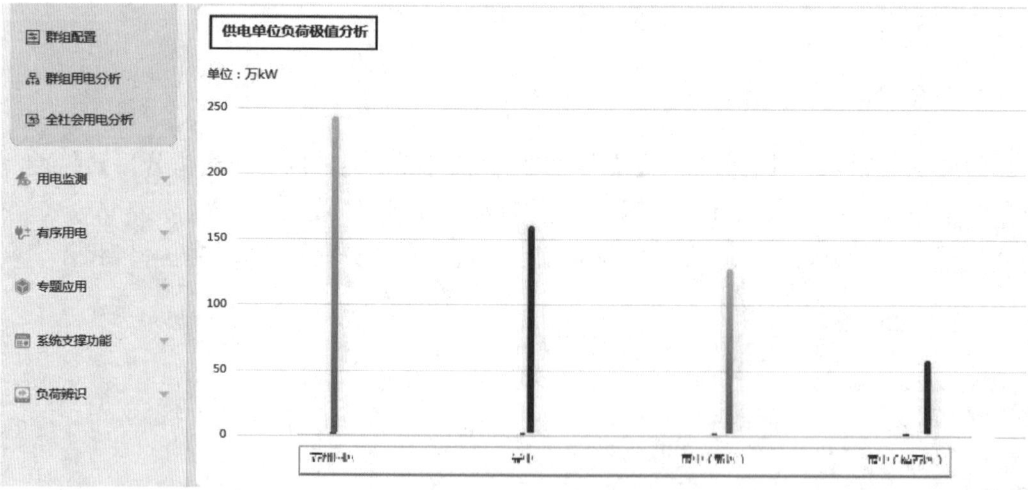

图 4-47　供电单位负荷极值分析

(4)【行业负荷分析】展示各行业负荷，点击各行业信息可跳转至行业用电分析页面，如图 4-49、图 4-50 所示。

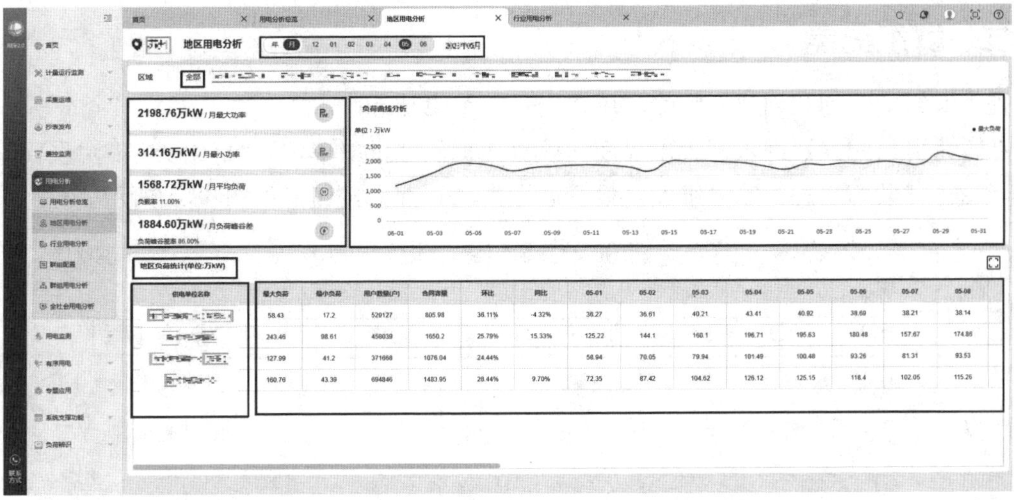

图 4-48　地区用电分析页面

图 4-49　各行业负荷分析 1

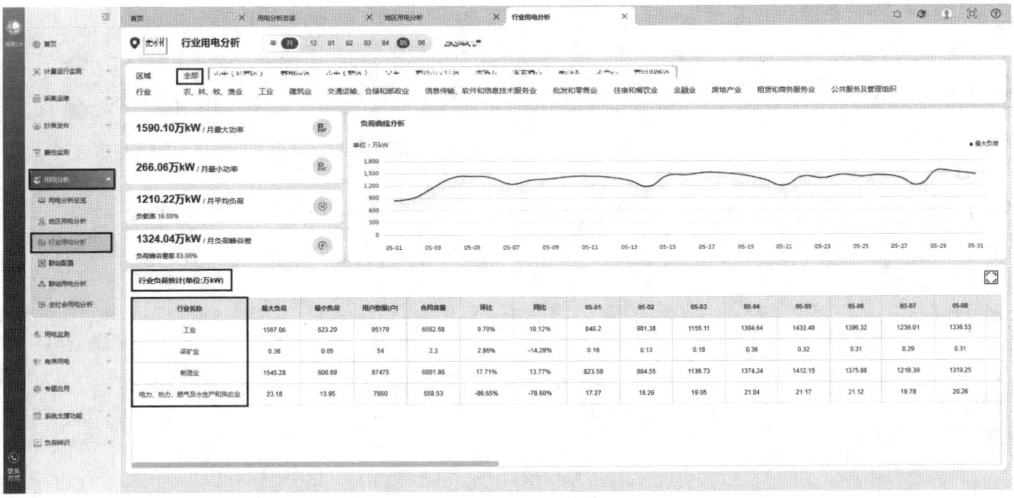

图 4-50　各行业负荷分析 2

二、群组配置

提供群组的查询和创建、删除、用户变更等编辑功能。

点击【群组配置】进入配置主界面。该页面提供“供电单位”“群组类型”“重要等级”“群组状态”“共享状态”等多维度，设置后点击【查询】按钮，如图 4-51 所示。

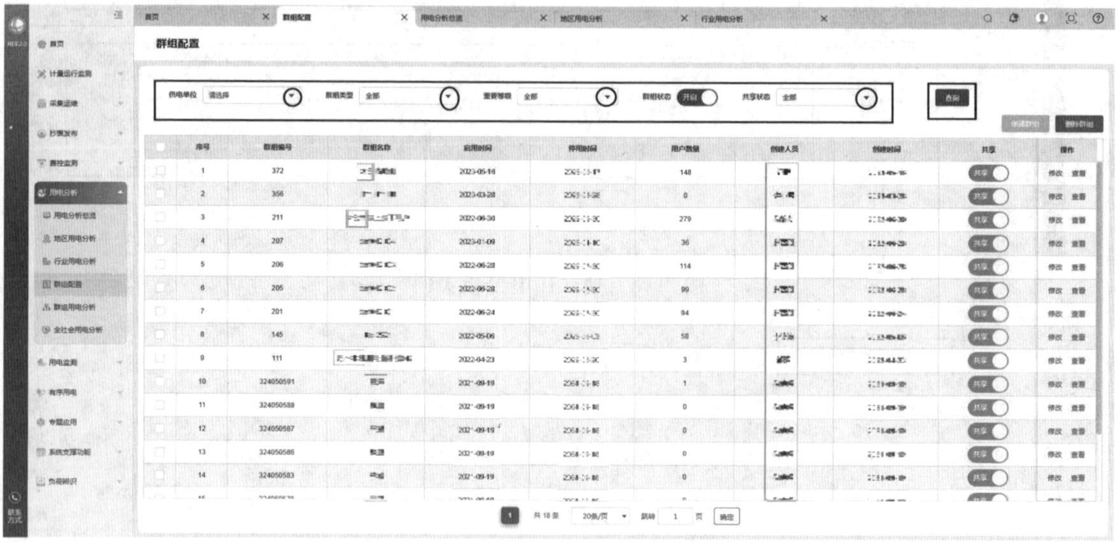

图 4-51　群组配置主界面

（一）群组查询

（1）选择“供电单位”，展示所选供电单位下群组信息，如图 4-52 所示。

图 4-52　供电单位查询

（2）选择“群组类型”，展示管理类、控制类群组信息，如图 4-53 所示。

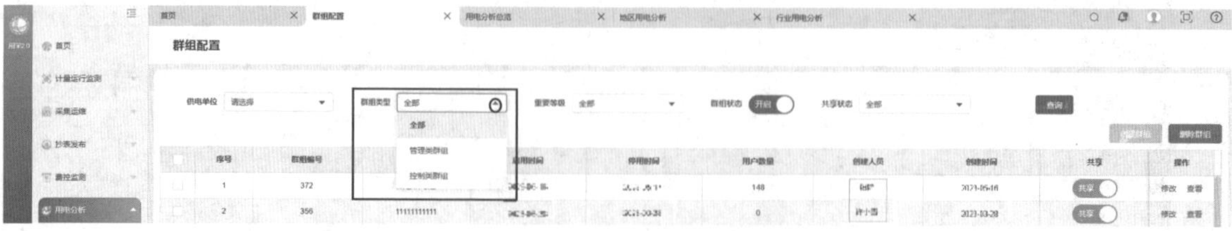

图 4-53　群组类型查询

（3）选择“重要等级”，展示不同等级群组信息，如图 4-54 所示。

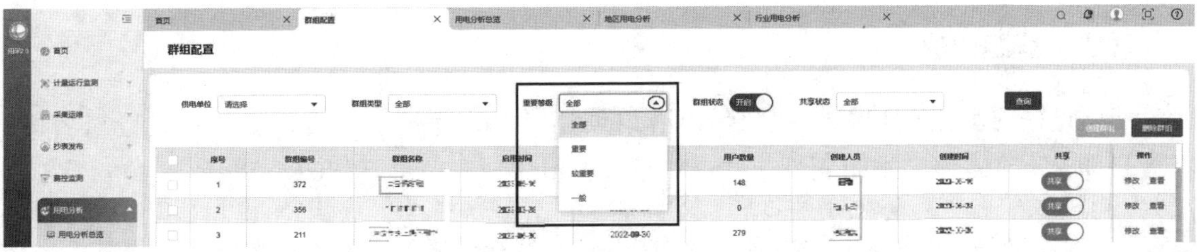

图 4-54　重要等级查询

（4）选择“共享状态”，展示私有/共享状态的群组信息，如图 4-55 所示。

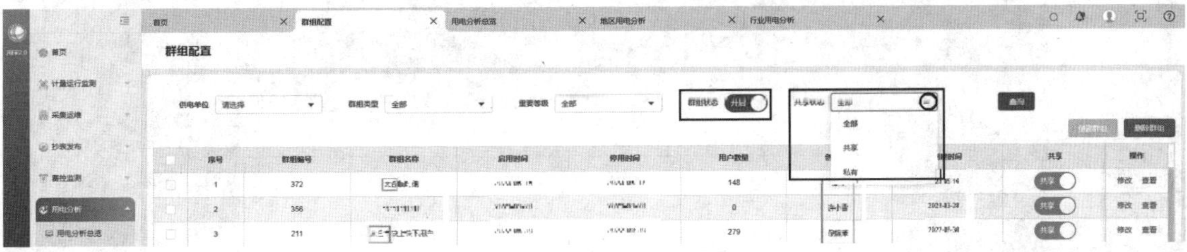

图 4-55　私有/共享状态选择

（5）选择“群组状态”，展示统计时间内启用或关闭的群组信息，如图 4-56 所示。

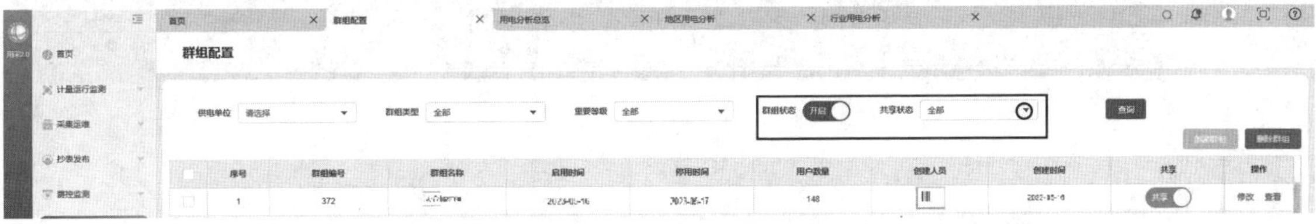

图 4-56　群组状态选择

（6）点击【查询】按钮，查询所选条件的群组信息。

（7）勾选选择群组条目，再点击【查看】按钮，跳转至群组用户查询页面，如图 4-57 所示。

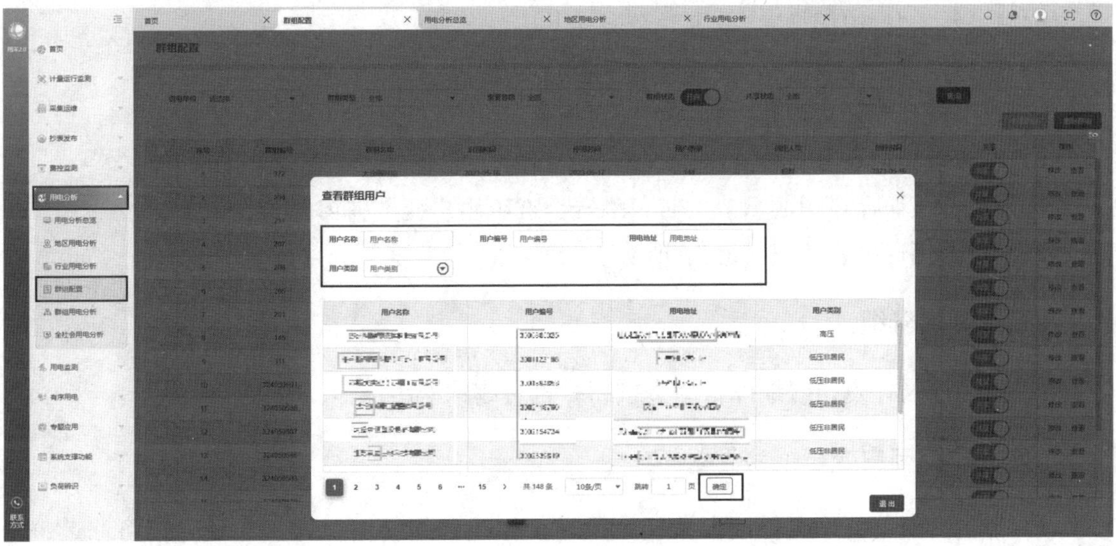

图 4-57　条件选择查询群组信息

（二）群组创建

（1）点击【群组创建】按钮，弹出群组创建弹框，弹框中包含供电单位、群组名称、有效日期、重要等级、群组属性、共享状态、群组用途等信息，如图 4-58 所示。

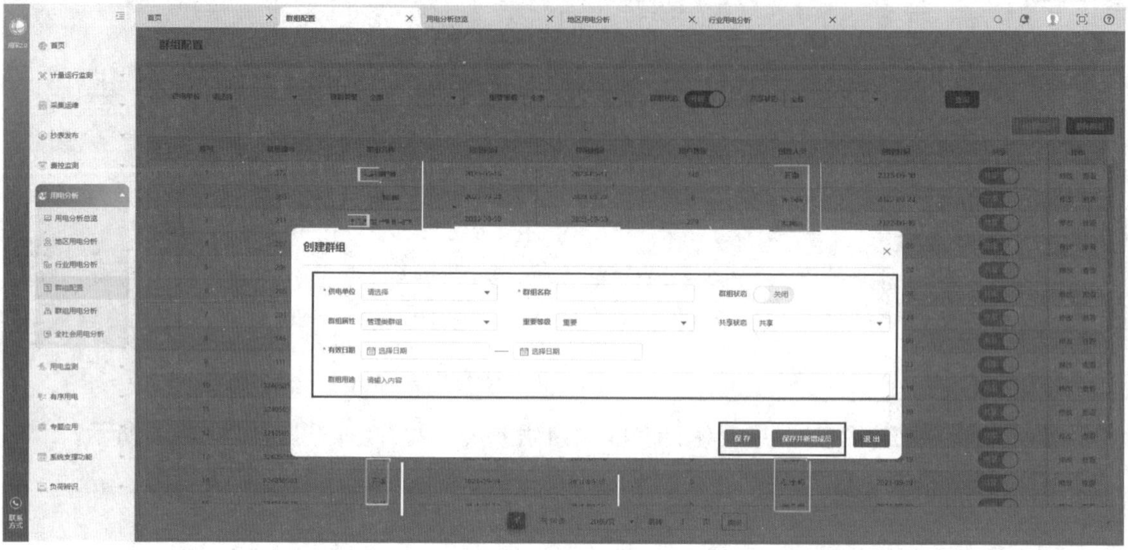

图 4-58　群组创建界面

（2）选择栏“供电单位”，选择供电单位。

（3）在“群组名称”文本框，直接输入设置群组名。

（4）在“有效日期”文本框，设置群组的有效时间。

（5）选择栏“重要等级”，设置群组等级。

（6）选择栏“群组属性”，设置群组属性。

（7）选择栏“共享状态”，设置群组是否共享。

（8）点击【保存】按钮，保存群组配置信息。

（9）在“群组用途”栏，直接输入群组用途

（10）点击【保存新增成员】按钮，跳转至群组用户变更弹窗。

（11）点击【退出】按钮，退出弹窗。

（三）删除群组

勾选群组序号，点击【删除群组】按钮，进行删除群组操作。

（四）群组用户变更

（1）点击群组信息中【修改】按钮，跳转至修改群组变更弹窗，在该弹窗可修改群组信息，如图 4-59 所示。

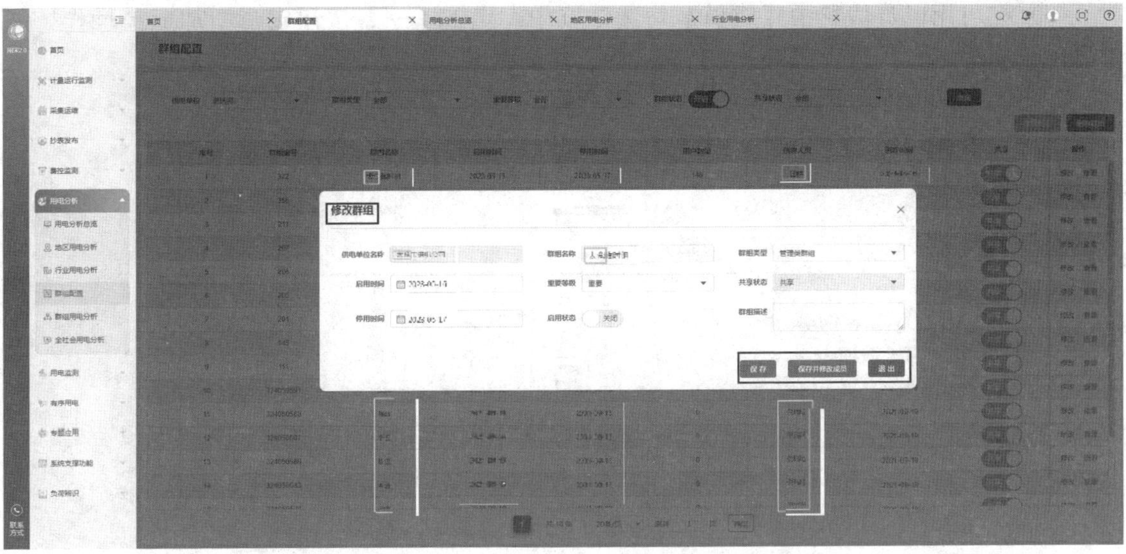

图 4-59　群组用户变更 1

（2）点击【保存】按钮，保存修改信息。

（3）点击【保存并修改成员】，跳转到“群组用户变更”页面，如图 4-60 所示。

图 4-60　群组用户变更 2

（4）选择栏“供电单位”，选择供电单位。

（5）在“用户编号”文本框，输入用户编号。

（6）在“用户名称”文本框，输入用户名称。

（7）选择“用户类型”栏，选择用户类型。

（8）点击【查询】按钮，根据所配置的信息查询用户。

（9）在可用成员信息中【成员】勾选框选中，点击【→】按钮进行增加成员操作，如图 4-61 所示。

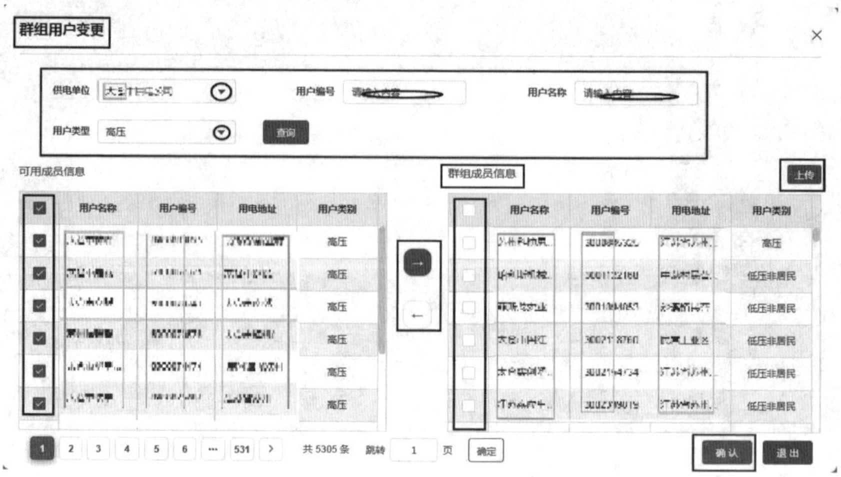

图 4-61　群组用户变更 3

（10）在群组成员信息中【成员】勾选框选中，点击【←】按钮进行删除成员操作，如图 4-62 所示。

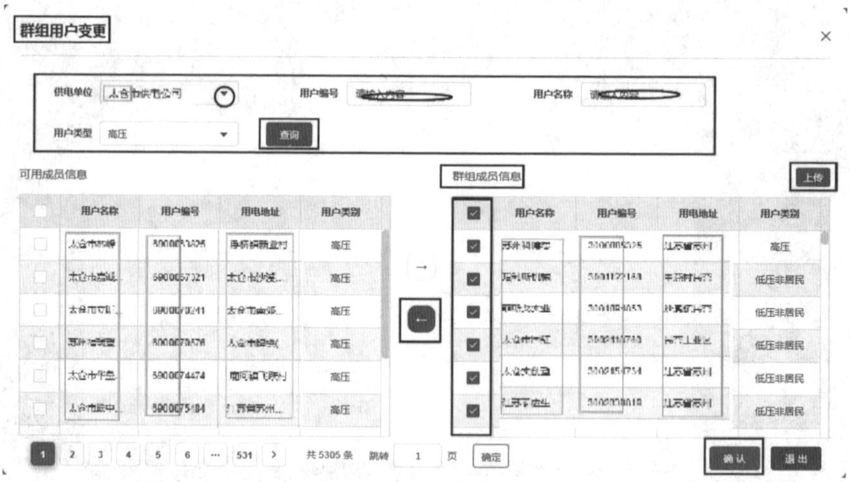

图 4-62　群组用户变更 4

（11）点击【确认】按钮，确认群组用户变更信息。

（12）点击【退出】按钮，取消群组用户变更操作。

三、群组用电分析

提供供电单位下各群组在不同时间维度的电量分析情况展示。

点击【用电分析】→【群组用电分析】菜单，进入“群组用电分析”页面，点击【电量/

负荷】按钮进行群组电量和负荷页面的切换。

（一）电量页面

页面展示【电量曲线分析】【电量时段分析】【群组用户电量明细】三个模块内容。点击【电量】按钮，进入群组用电分析-电量页面，如图 4-63 所示。

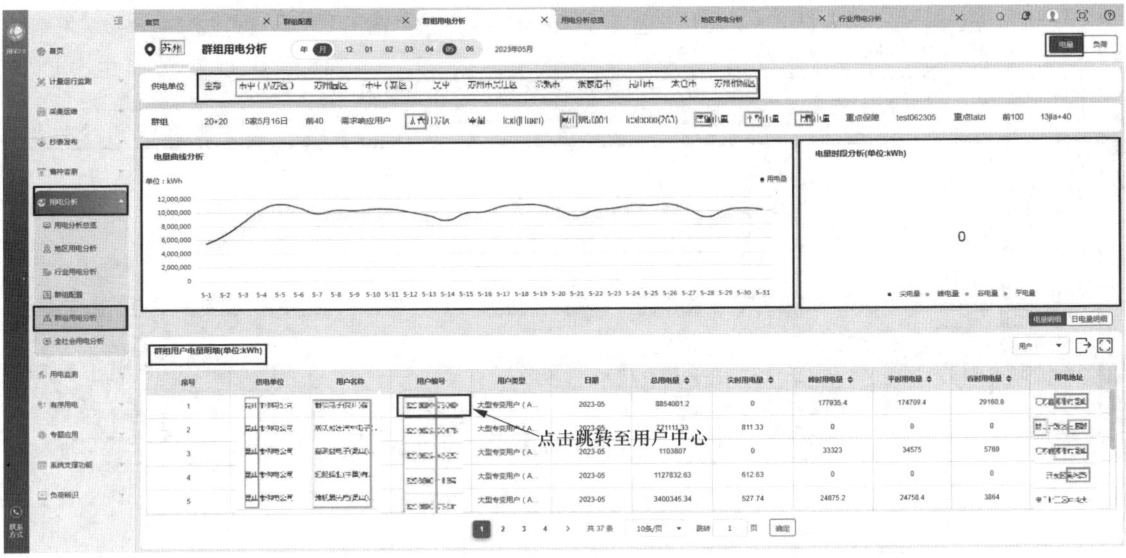

图 4-63　群组用电分析-电量页面

（1）【电量曲线分析】展示各群组月/年用电量实际值曲线图。

（2）【电量时段分析】展示各群组尖峰平谷各时间段用电量分布。

（3）【群组用户电量明细】展示群组用户日/月用电量统计情况，点击【用户编号】按钮，跳转至用户信息中心，如图 4-64 所示。

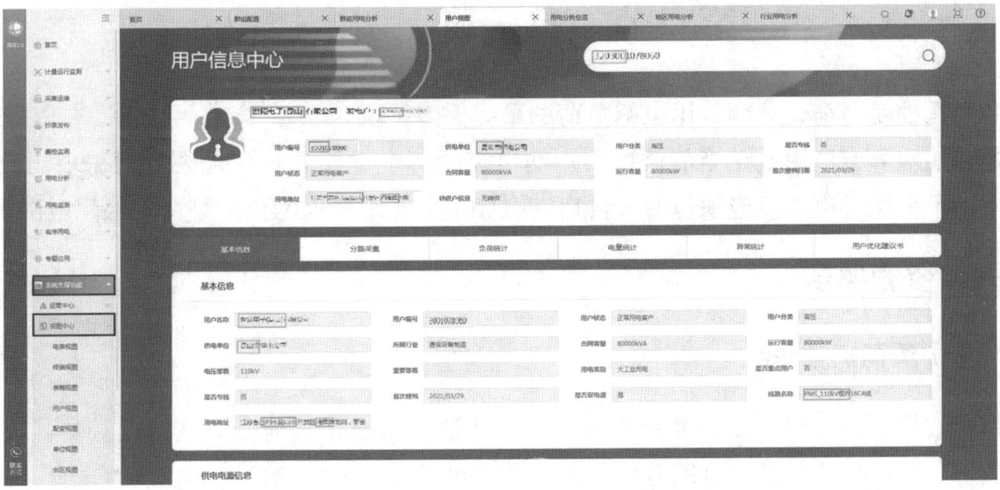

图 4-64　用户信息中心界面

（二）负荷页面

负荷页面展示【用电负荷特性数据】【负荷曲线分析】【群组用户负荷明细】三个模块内容。

点击【负荷】按钮，进入群组用电分析-负荷页面，如图 4-65 所示。

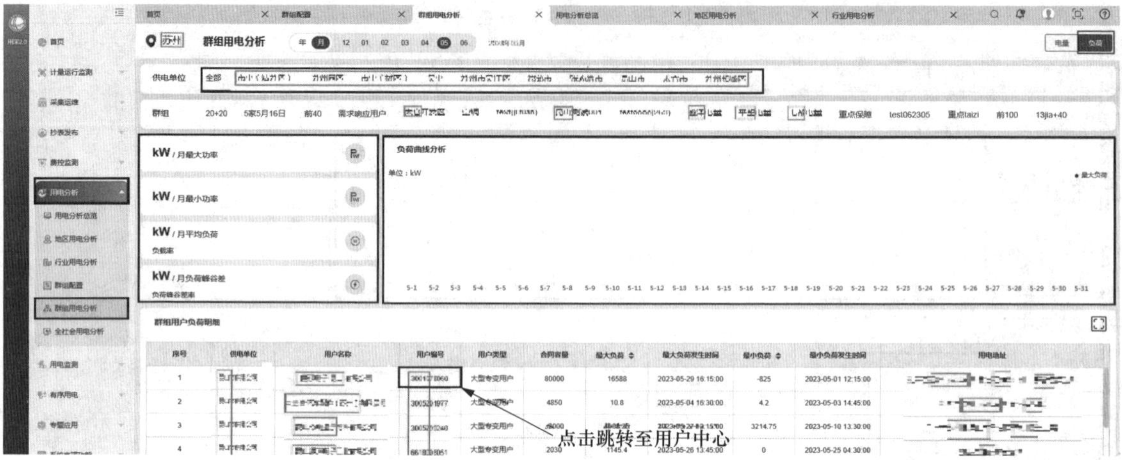

图 4-65　群组用电分析-负荷页面

(1)【用电负荷特性数据】展示统计时间内最大功率、最小功率、平均负荷、负荷峰谷差等数据。

(2)【负荷曲线分析】展示有功功率实际曲线图。

(3)【群组用户负荷明细】展示各用户日/月最大负荷，点击【用户编号】按钮，跳转至用户信息中心。

第三节　负　荷　调　控

负荷调控是负荷管理调节用电侧负荷的最终保障手段。

需求响应和有序用电是当前调控用户侧负荷的两个重要方式。优先启动需求响应；在需求响应不能填补电力供应缺口时，再启动有序用电，维持电网供需平衡，保障电网安全。

一、资源监测

（一）负荷资源池

按所选年/月/日展示整个可调节资源，包括整体概况、负荷资源实时监控、实时需求响应资源、行业负荷资源和电网分区资源分布，可以多维度监测负荷调控能力。

进入主页点击【有序用电】→【负荷资源池】页面。可选择年月日，如图 4-66 所示。

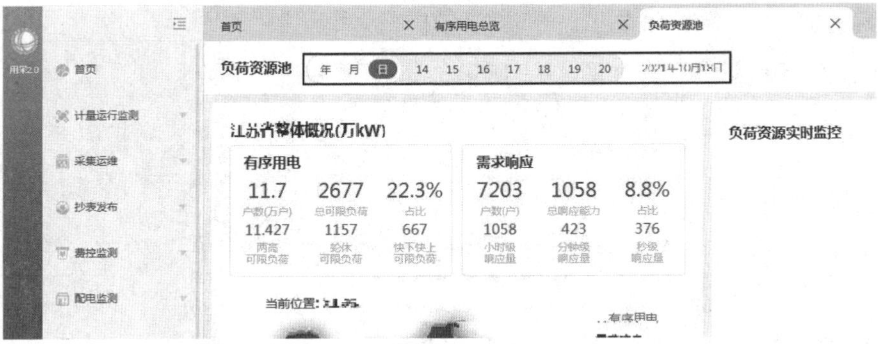

图 4-66　负荷资源池

1. 整体概况

负荷资源池整体概况如图 4-67 所示。

2. 负荷资源池实时监控

选择资源类型和比较日，展示实时比较数据，如图 4-68 所示。

图 4-67　整体概况

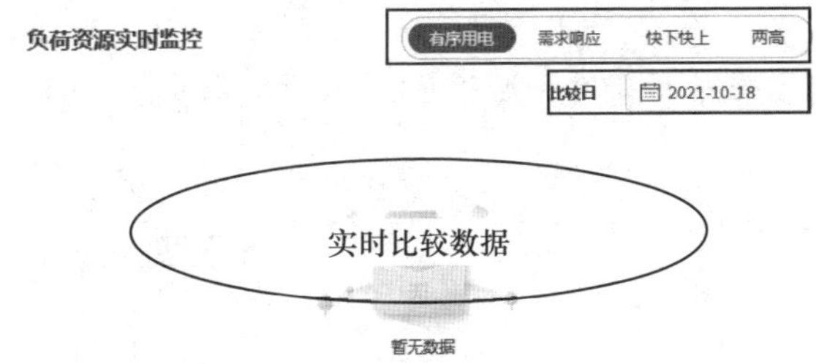

图 4-68　负荷资源池实时监控

3. 实时需求响应资源

展示主要分类资源，如图 4-69 所示。

4. 行业负荷资源分布

展示主要行业负荷资源，如图 4-70 所示。

图 4-69　实时需求响应

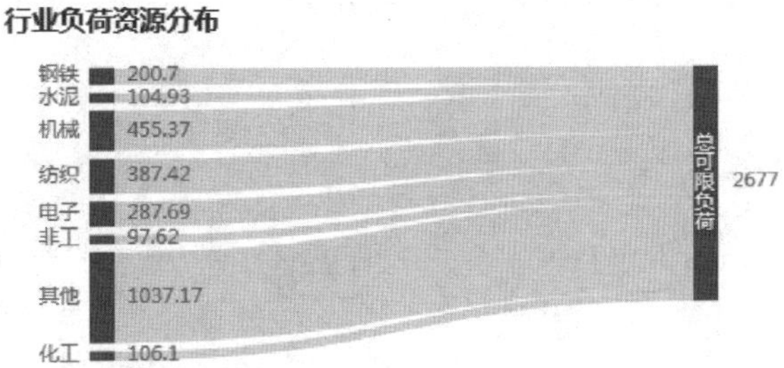

图 4-70　行业负荷资源分布

5. 电网分区负荷资源分布

展示电网分区负荷资源，如图 4-71 所示。

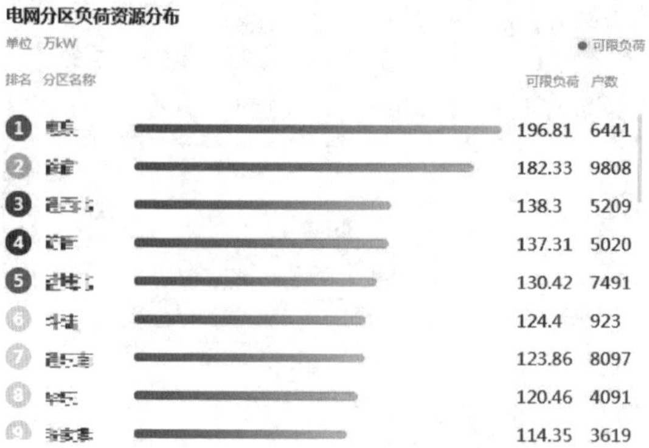

图 4-71　电网分区负荷资源分布

6. 区域位置选择

选择不同类资源切换展示对应数据，如图 4-72、图 4-73 所示。

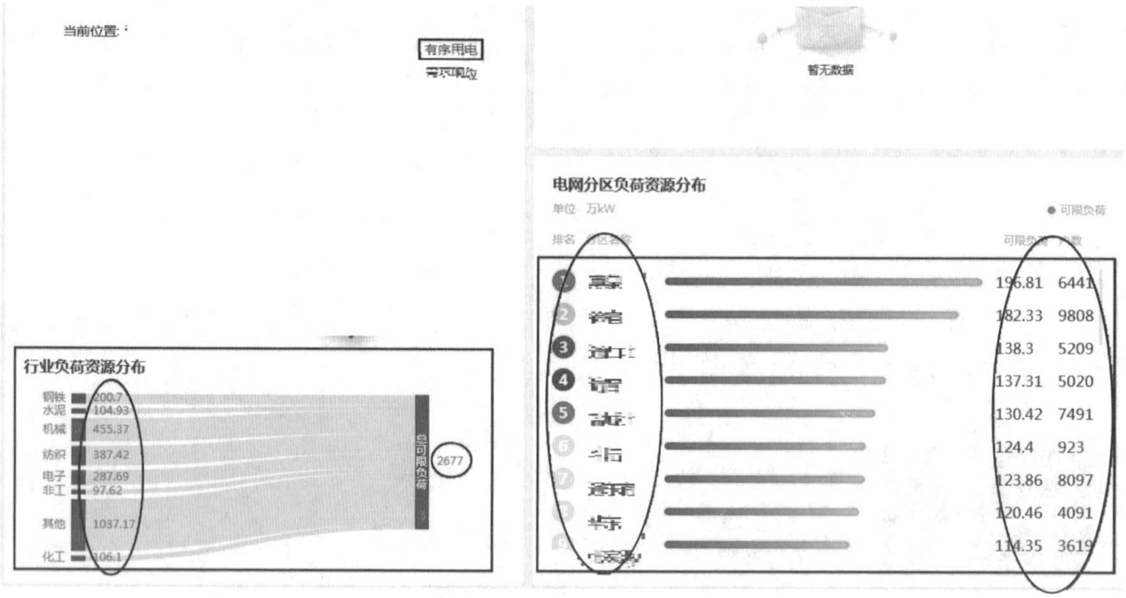

图 4-72　负荷资源分布

图 4-73　不同类资源切换展示

（二）需求侧管理总览

页面展示资源情况，主要在执行阶段使用，加入了负荷预测和效果评估监测。主要包括电力平衡概况、计划方案、调度用电负荷曲线、方案用户负荷曲线、效果评价和区域位置选择六个模块内容。

进入主页点击【有序用电】→【需求侧管理总览】页面，如图 4-74 所示。

图 4-74　需求侧管理总览

1. 电力平衡概况

展示区域单日各时段电力平衡情况，如图 4-75 所示。

时段	预计最大负荷（万kW）	最大电力资源（万kW）	限额（万kW）
00:00~06:00	-	7100	6050
07:00~09:00	8150	7100	6350
09:00~11:00	8150	7100	6750
13:00~17:00	8300	6900	6550
18:00~22:00	7900	6700	6350

图 4-75　电力平衡概况

2. 计划方案

展示区域年度方案及日执行计划数据，如图 4-76、图 4-77 所示。

图 4-76　年度方案及日执行计划数据 1

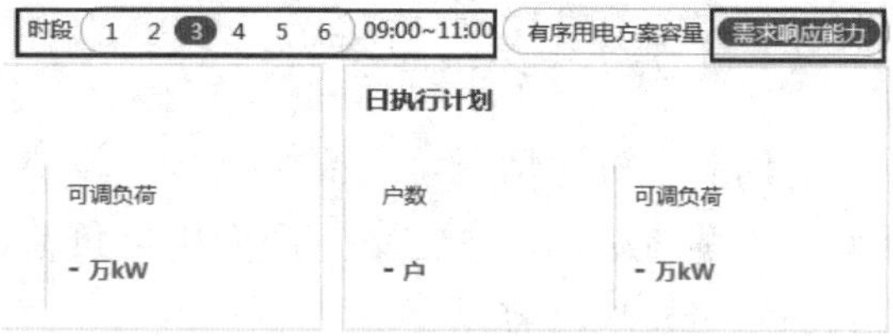

图 4-77　年度方案及日执行计划数据 2

3. 调度用电负荷曲线

展示当日、预测、比较日曲线和限额线，如图 4-78 所示。

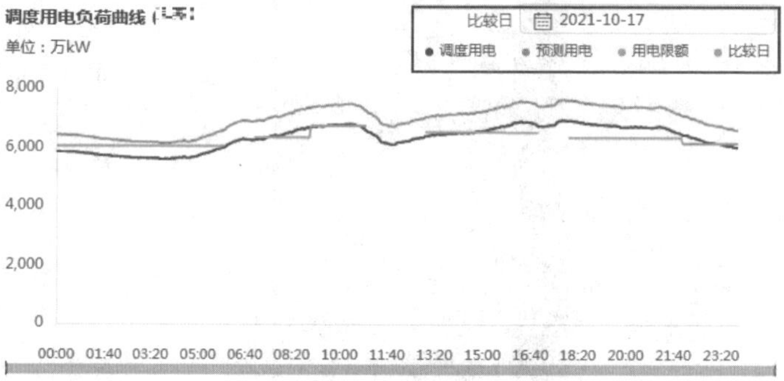

图 4-78　调度用电负荷曲线

4. 方案用户负荷曲线

展示方案用户的负荷情况，基准负荷方案可选，如图 4-79 所示。

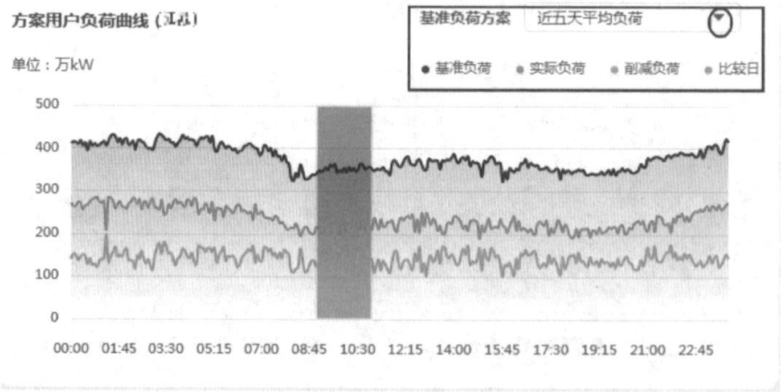

图 4-79　方案用户负荷曲线

5. 效果评价

效果评价如图 4-80 所示。

6. 区域位置选择

选择不同行业，并在地图上点击不同地市，可切换展示相应行业及地市数据，如图 4-81～图 4-84 所示。

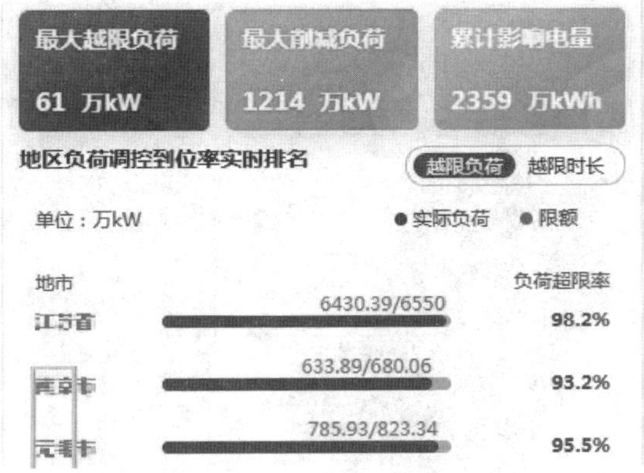

图 4 80　效果评价

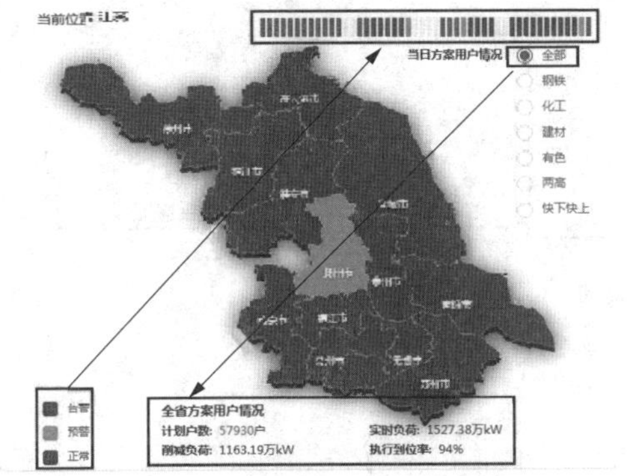

图 4-81　地市及行业数据展示 1

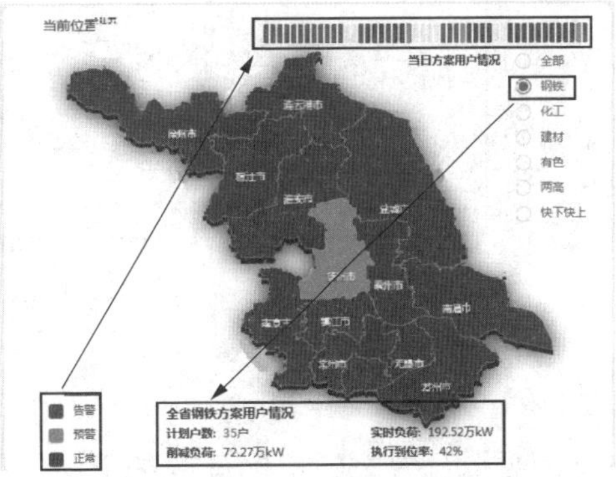

图 4-82　地市及行业数据展示 2

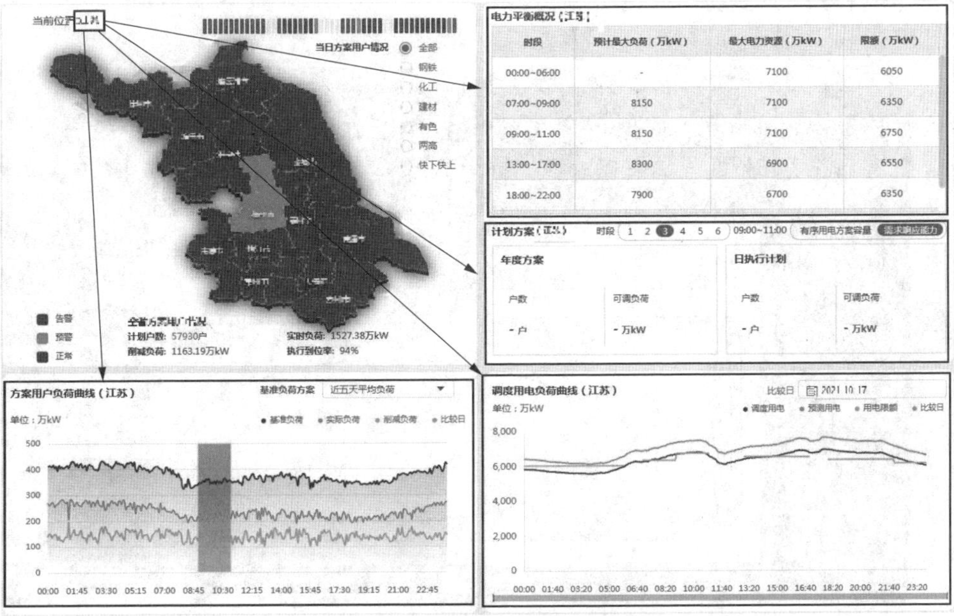

图 4-83　地市及行业数据展示 3

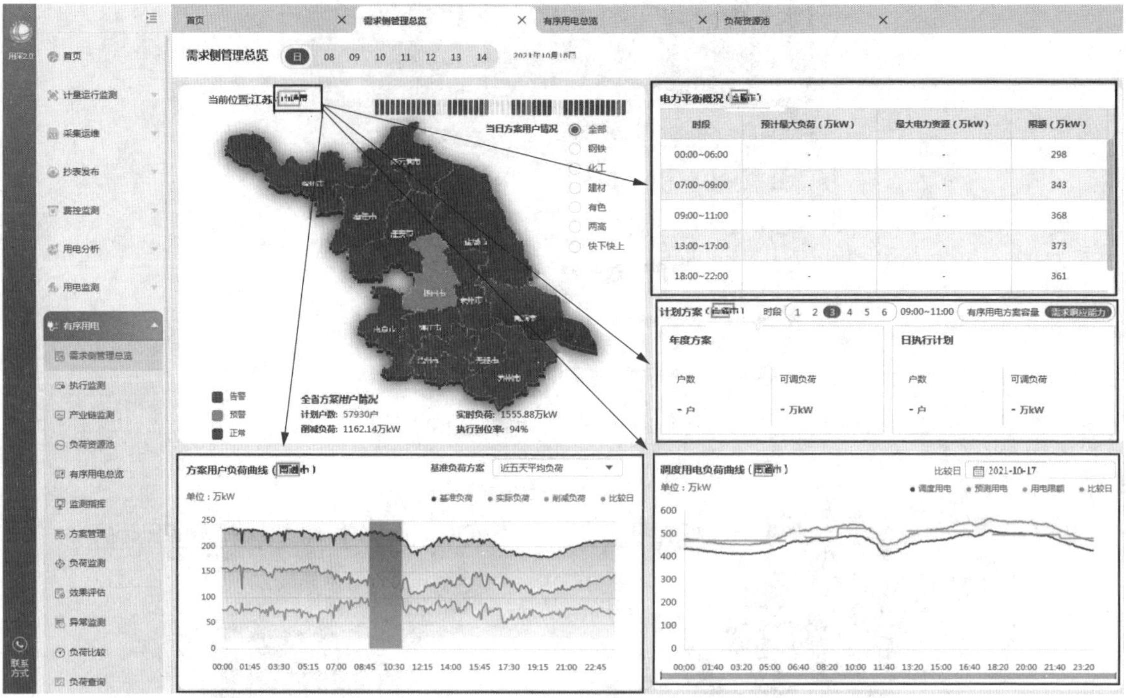

图 4-84　地市及行业数据展示 4

7. 数据维护

主要是对执行方案的指标分解和下达，以及时段划定并查看对应日每个平衡情况。选择【需求侧管理总览】页面→【数据维护】。

（1）指标管理：多维选择编辑后保存，如图 4-85 所示。

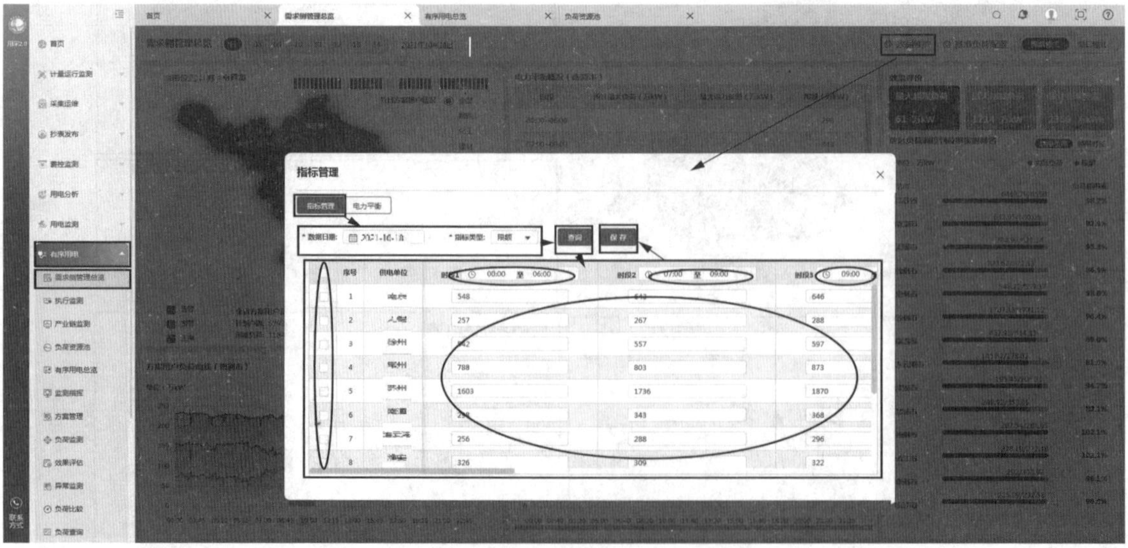

图 4-85　指标管理

(2) 电力平衡：多维选择编辑后保存，如图 4-86 所示。

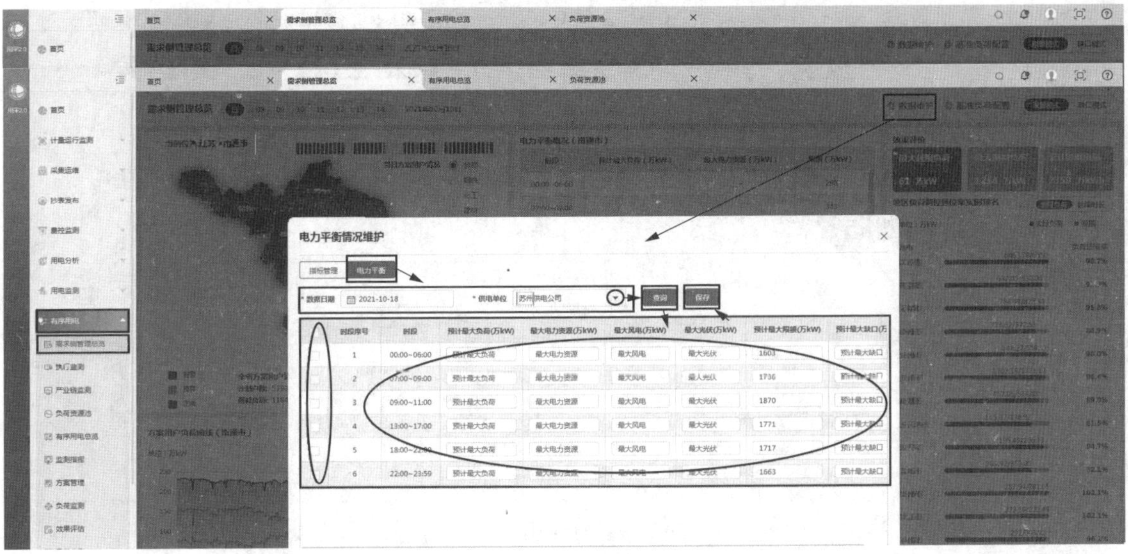

图 4-86　电力平衡

8. 基准负荷配置

设定负荷基准值用以比较效果。选择【需求侧管理总览】页面→【基准负荷配置】，进入弹出页面，如图 4-87 所示。

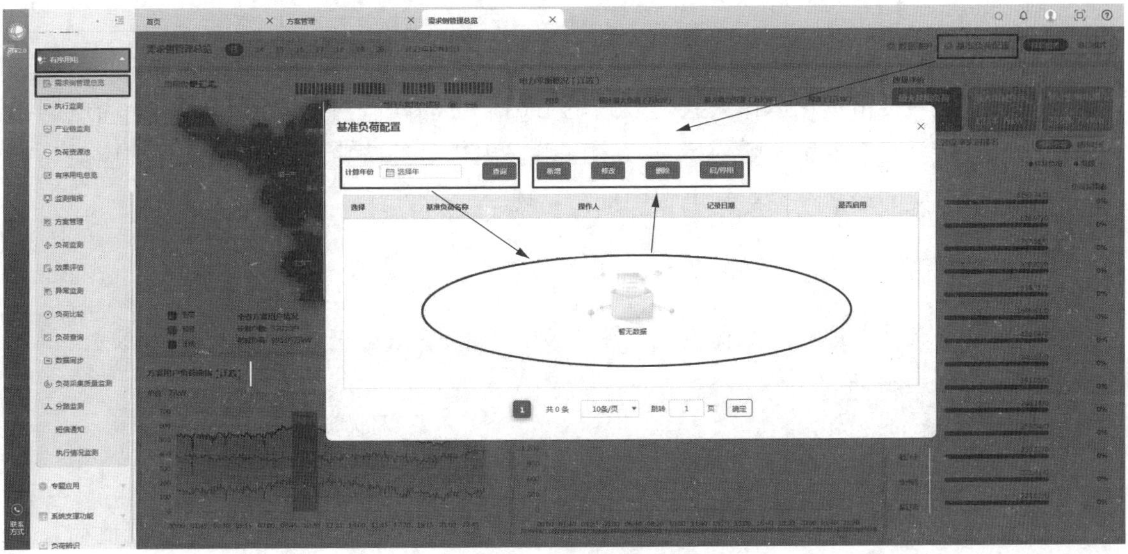

图 4-87　基准负荷配置

（三）有序用电总览

页面展示有序用电方案执行的相关统计信息。选择【有序用电】→【有序用电总览】页面，如图 4-88 所示。

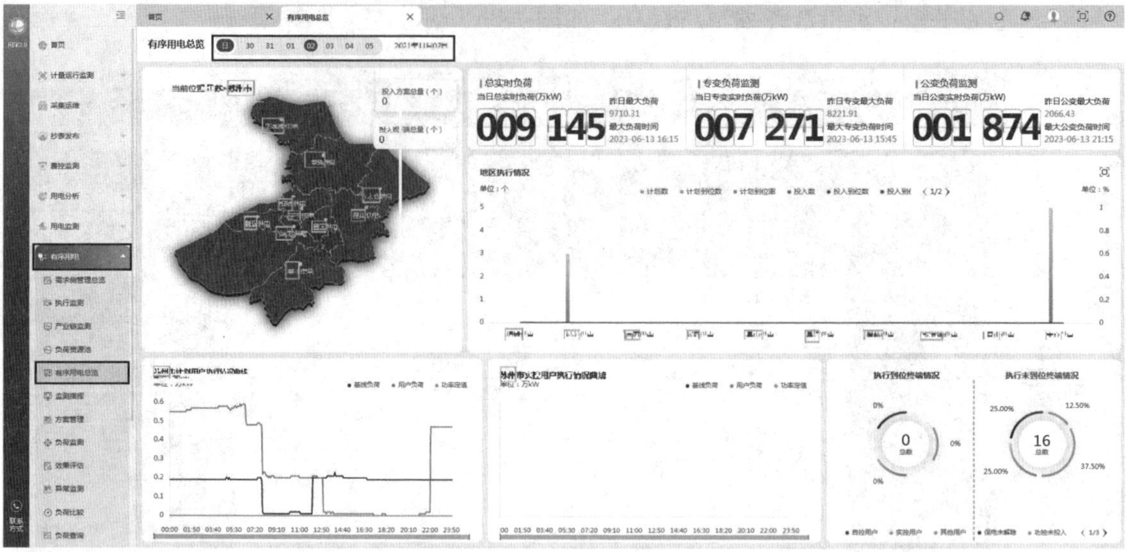

图 4-88　有序用电总览

二、调控方式

负荷管理主要通过需求响应、有序用电保底的策略，运用两种方式调控电网末端用户侧用电负荷。

（一）需求响应

需求响应是一种市场化运作方式。鼓励电力用户主动在政府需求平台申报；当电网出现供应缺口时，会在平台发布响应邀约；由已申报用户应约响应。参与响应并响应量达标的用户会获得对应的经济补偿，在电费中抵扣兑现。

（二）有序用电

有序用电是有计划地通过负荷管理终端，对用户侧断路器进行远程控制，以减少负荷的一种负荷控制手段。

1. 负荷监测

功能说明：监测方案在系统中的预置情况及各子方案或预案的负荷情况。

操作步骤：【有序用电】→【方案管理】，默认展示执行预案和已有预案监测负荷，如图 4-89 所示。

2. 方案生成

将有序用电方案和执行计划预置在系统中，当电网供需失衡，且需求响应调节能力不足时，按计划执行负荷控制。点击【有序用电】→【方案管理】→【方案生成】，如图 4-90 所示。

（1）创建预案：点击【新增】按钮，在弹出窗口创建预案，如图 4-91 所示。

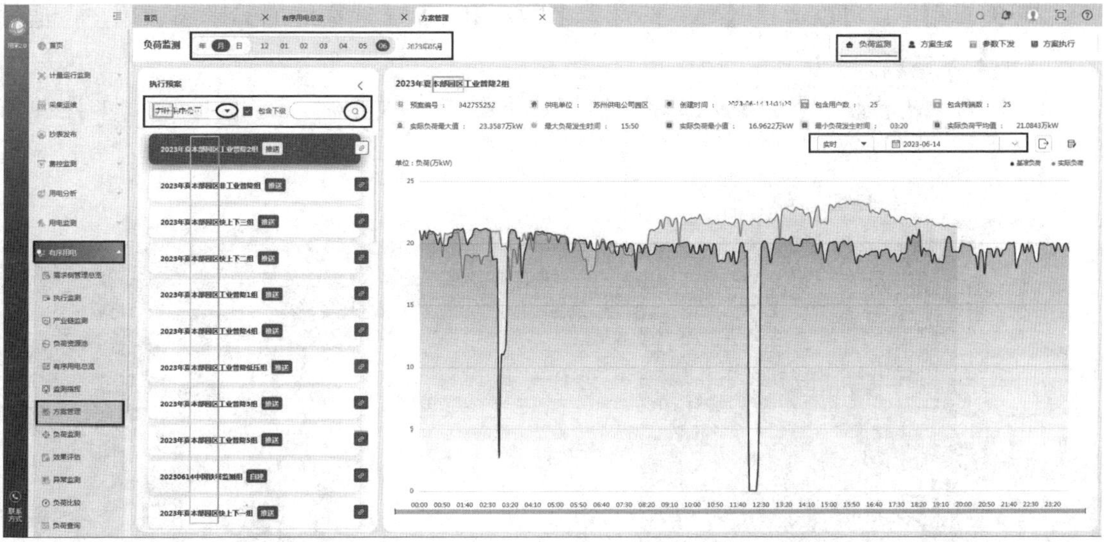

图 4-89　执行预案和已有预案监测负荷展示

图 4-90　方案生成

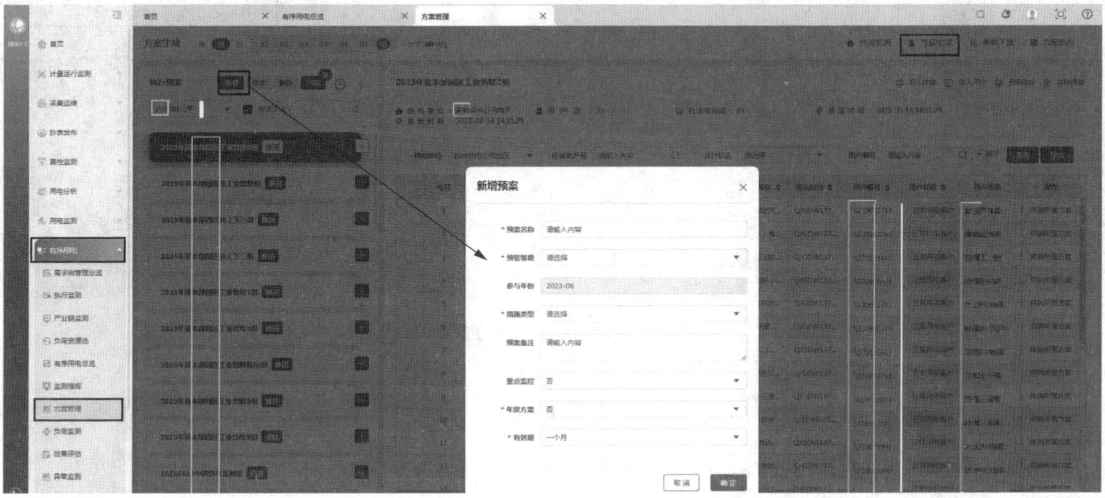

图 4-91　新增预案

（2）编辑用户：可以通过【导入终端】【导入用户】【选择终端】来添加用户，通过【去除终端】来修订已选用户。

1）【导入终端】：点击后弹出导入窗口，下载导入模板后，上传 Excel，如图 4-92 所示。

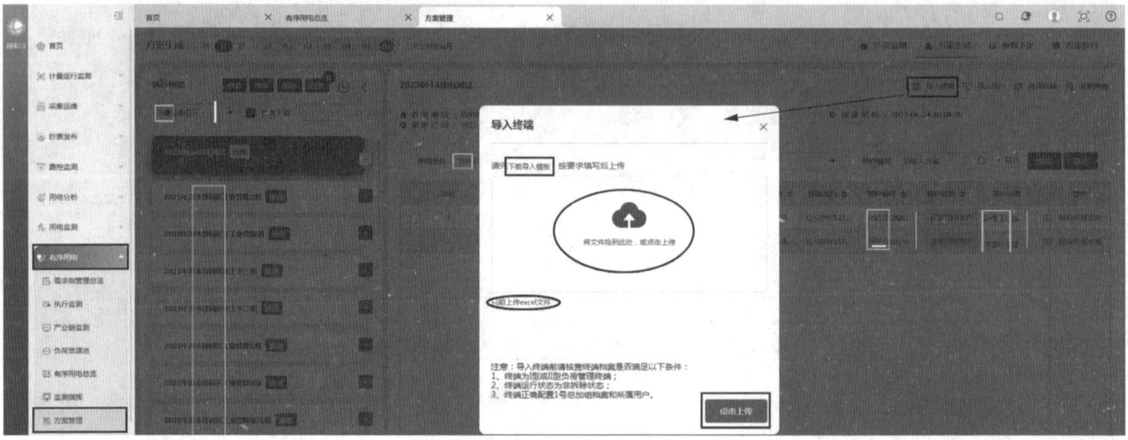

图 4-92　编辑导入

2）【导入用户】点击后弹出导入窗口，下载导入模板后，上传 Excel。

3）【选择终端】点击后弹出选择窗口，设定选择条件后点击【查询】按钮，然后勾选查询到的用户清单，再点击【添加】按钮或逐条添加，如图 4-93 所示。

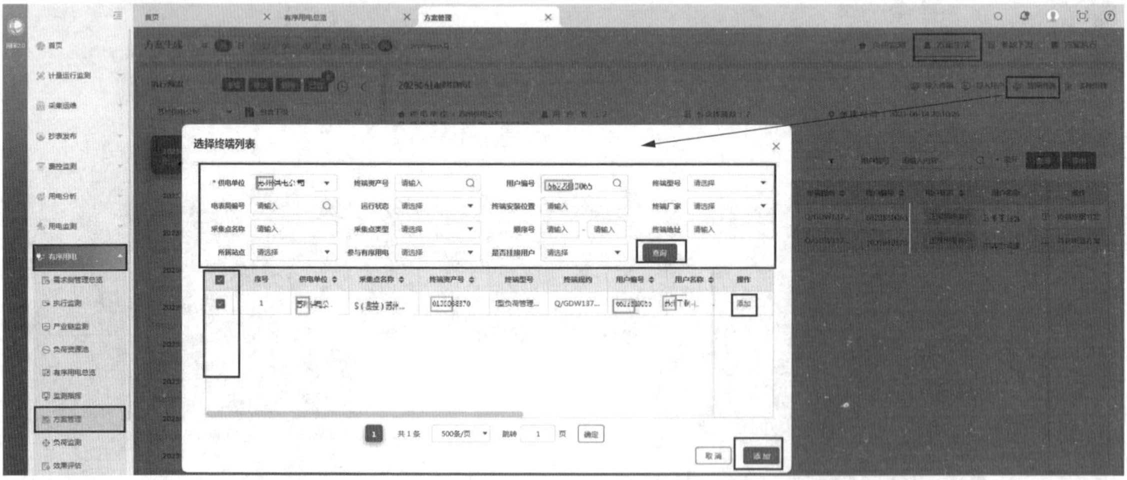

图 4-93　终端选择

注意：上述选择条件带“放大镜”标识的，可以点击后在弹出窗口多条一次输入后点击【确认】按钮，然后点击【查询】按钮选择后，点击【添加】按钮，如图 4-94 所示。

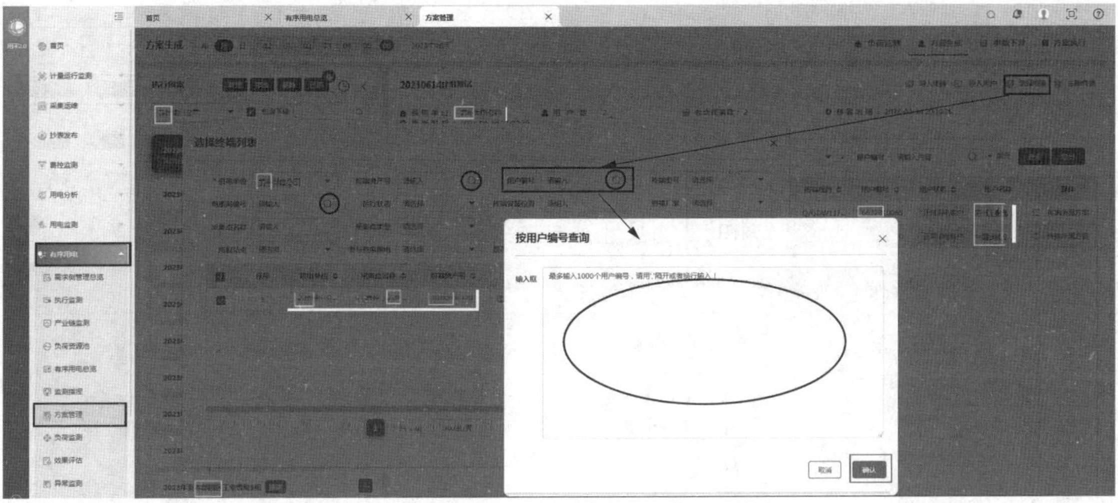

图 4-94 按用电编号选择

4）【去除终端】：在用户列表中选中，然后点击【去除终端】按钮，并按【确认】键，如图 4-95 所示。

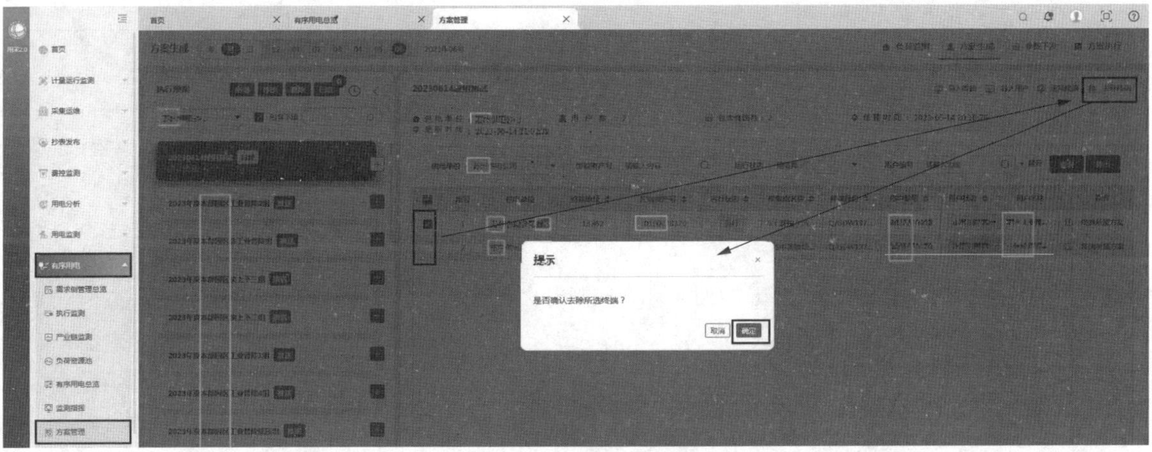

图 4-95 剔除终端页面

3. 参数设置

对系统预案中用户按预案分组批量设置下发参数，亦可选择单户或多户【选中下发】部分。点击【有序用电】→【方案管理】→【参数下发】，如图 4-96 所示。

（1）参数项主要包括如下三栏：

1）厂休日参数：执行厂休控操作时设定参与日和对应时段，如图 4-97 所示。

2）控制轮次及时间：对执行控制时参与控制轮次的选择设定及动作延时告警时间设置，如图 4-98 所示。

图 4-96　参数设置

图 4-97　厂休日参数

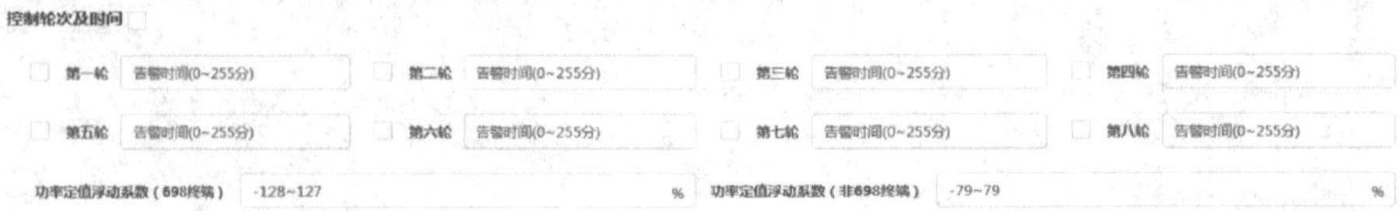

图 4-98　控制轮次及时间

3）选择参数：如图 4-99 所示。

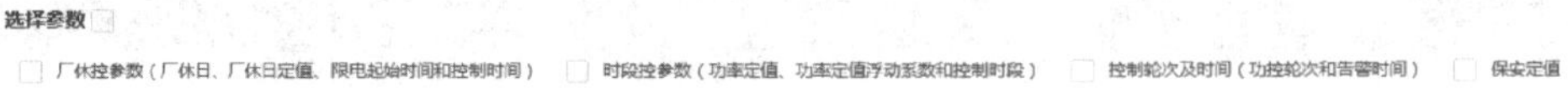

图 4-99　选择参数

（2）设置方式。

1）批量设置时段：点击【批量设置时段】按钮，在弹出窗口只对时段批量设置，如图 4-100 所示。

2）导入定值参数：点击【导入定值参数】按钮，在弹出窗口下载模板后上传，全选后点击【全部下发】按钮批量设置所有参数，如图 4-101 所示。

3）也可在【方案管理】→【参数下发】页面中，先选中用户，再逐项设置好参数后，点击【选中下发】按钮进行批量设置。

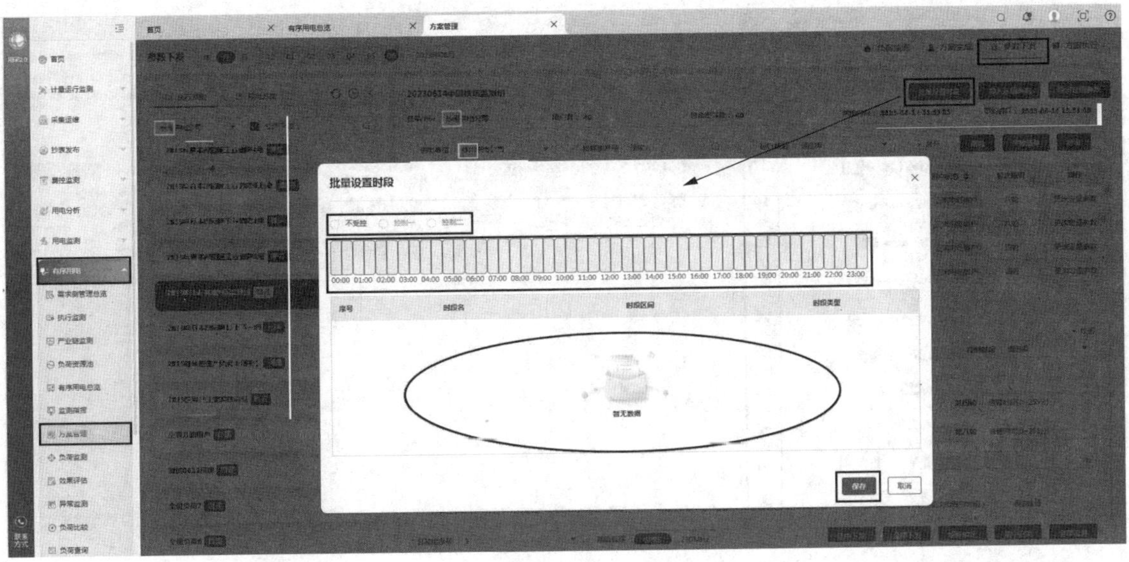

图 4-100　批量设置时段

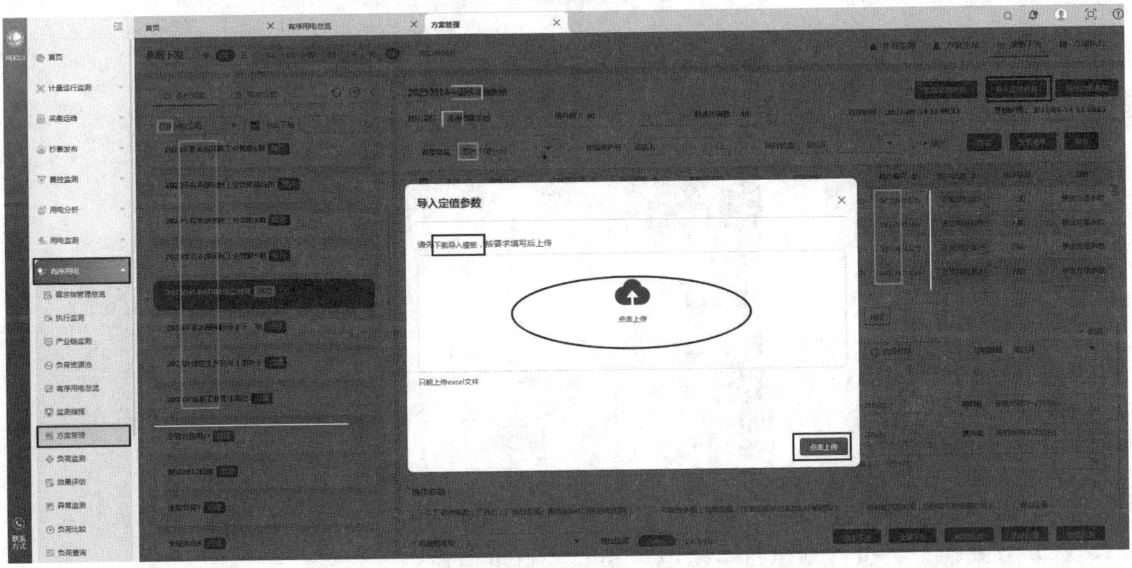

图 4-101　导入定值参数

4）导出定值参数：通过导出清单，对参数线下核验。

4. 方案执行

(1) 生成限电方案。当电网供需失衡，且需求响应调节能力不足时，先要制定限电方案。

1）点击进入【有序用电】→【方案管理】页面，点击预案后【+】按钮添加，【已选】按钮上会显示已选预案数量，如图 4-102 所示。

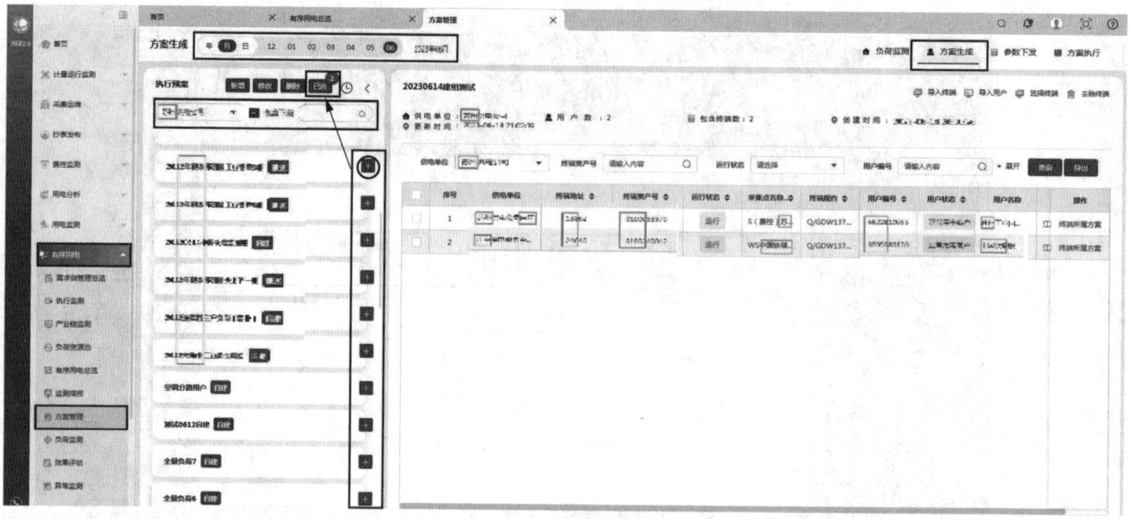

图 4-102　生成限电方案 1

2）再点击【已选】按钮，显示已选预案清单，可点击【一】按钮删除，确认后选择“计划执行日期”和“限电类型”，点击【生成限电方案】按钮，如图 4-103 所示。

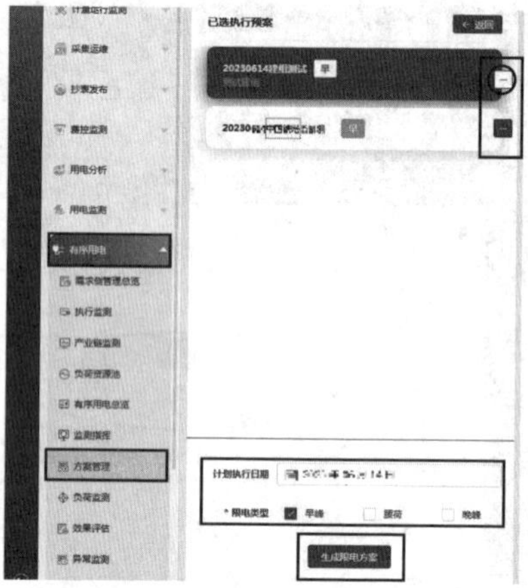

图 4-103　生成限电方案 2

(2) 方案执行。按计划执行“限电方案”进行负荷控制。

1）进入【方案执行】页面，限电方案栏选择已有方案。

2）在页面用户清单中全部选定用户或部分勾选用户，如图 4-104 所示。

3）用户告知：通过点击【短信通知】和【中文信息】按钮通知用户参与执行限电方案。

(a)【中文信息】：通过系统无线专网发送“中文信息”到用户端“负荷管理终端”，用户通过终端显示屏接收告知内容。直接在页面“中文信息”栏输入告知内容，如图 4-105 所示。

(b)【短信通知】：系统通过移动运营商将告知内容发送到用户联系人手机上，如图 4-106 所示。

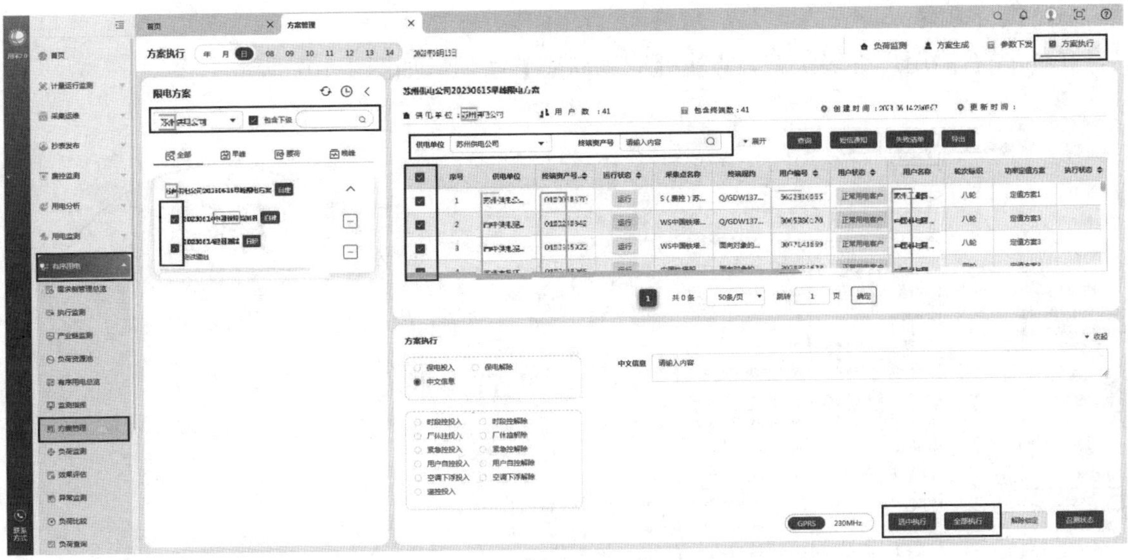

图 4-104　限电方案执行页面

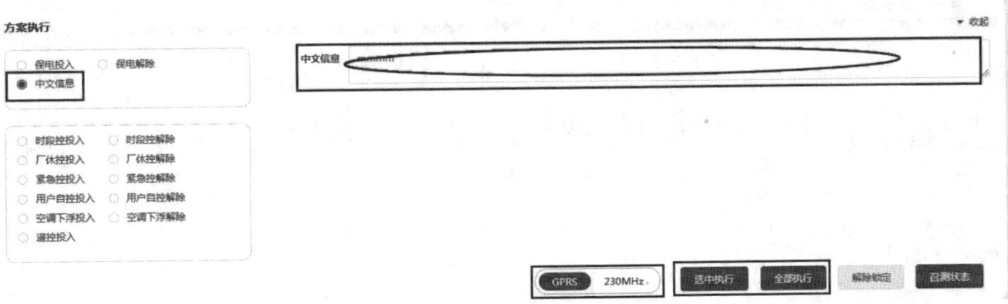

图 4-105　中文信息发送界面

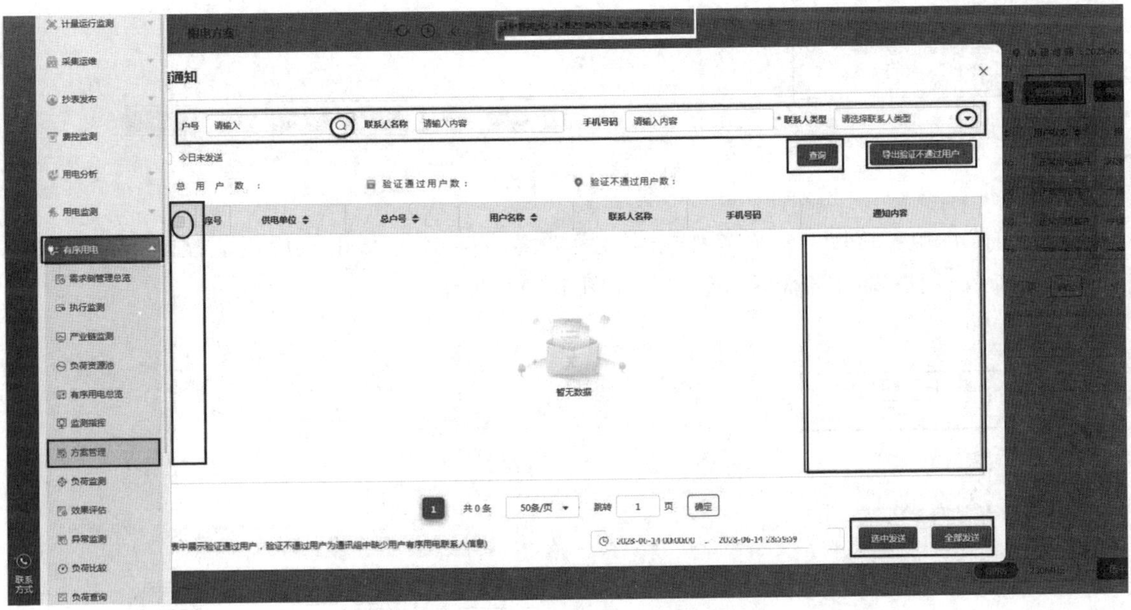

图 4-106　短信息发送页面

4）执行方案：

(a) 先召测用户终端状态，点击【召测状态】按钮，如图 4-107 所示。

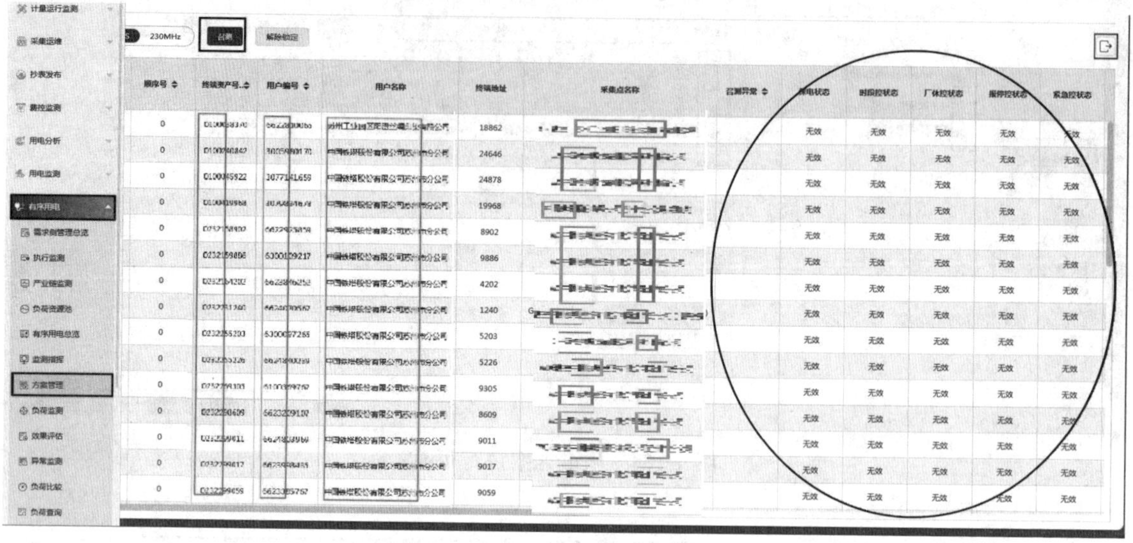

图 4-107　终端状态召测

(b) 选择执行策略后，对限电方案内选中用户点击【选中执行】或【全部执行】按钮，如图 4-108 所示。

图 4-108　厂休控投入

(c) 解除保电：终端只有在“解除保电”状态下，才能真正执行负荷控制指令，否则只会“告警”，用户端断路器不会动作，如图 4-109 所示。

图 4-109　保电状态解除

（d）再次点击【召测状态】按钮：对执行操作失败的重新下发，如有故障的及时排故消缺。

5. 效果评估

可对已执行方案的全过程进行跟踪监督，进行效果评估。点击进入【有序用电】→【效果评估】页面，选定已执行方案，查看执行效果，如图 4-110 所示。

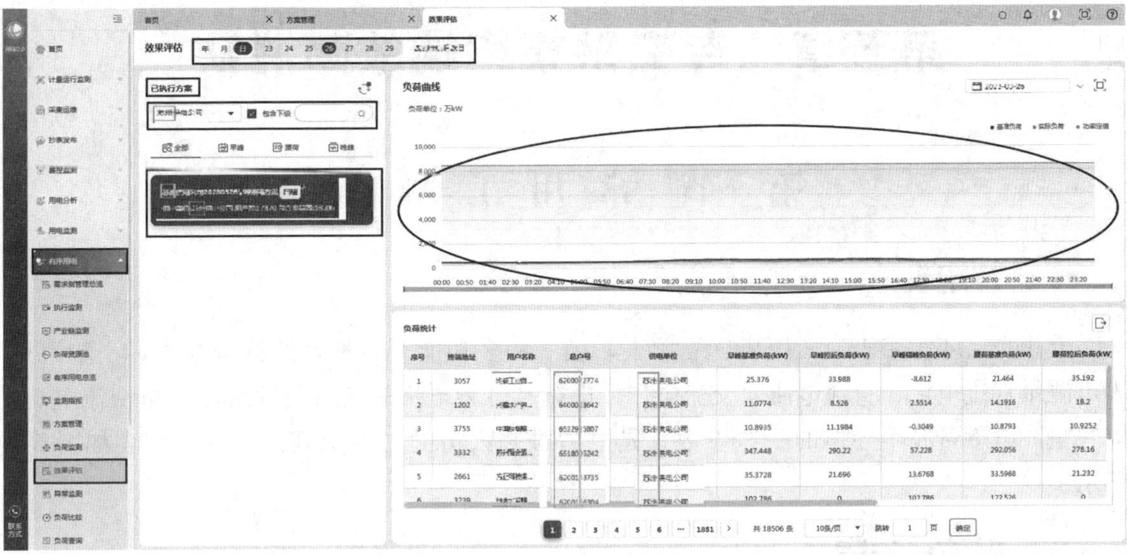

图 4-110　效果评估

第五章 专变采集终端故障消缺

第一节 常 用 工 器 具

一、万用表

万用表又叫多用表、三用表、复用表，是一种多功能、多量程的测量仪表，一般万用表可测量直流电流、直流电压、交流电压、电阻和音频电平等，有的还可以测量交流电流、电容量、电感量及半导体的一些参数，是电力维修人员的必备工具之一。万用表如图 5-1 所示。

二、相位伏安表

相位伏安表是一种具有多种电量测量功能的便携式仪表，该表可以测量两路电压之间、两路电流之间及电压与电流之间的相位和工频频率。从而判别感性、容性电路及三相电压的相序，检测变压器的接线组别，测试二次回路和母差保护系统，读出差动保护各组 TA 之间的相位关系，检查电能表的接线正确与否等。相位伏安表如图 5-2 所示。

图 5-1 万用表

图 5-2 相位伏安表

三、功率计

功率计是用于在线测量无线电发射设备输出功率的通过式射频功率计，可测量射频发射设备或传输通道上的前向功率、反向（反射）功率及阻抗匹配状况。功率计如图 5-3 所示。

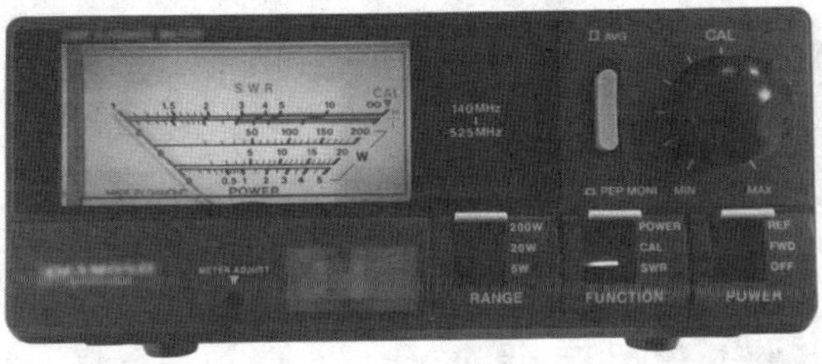

图 5-3　功率计

功率是指物体在单位时间内所做功的多少，是描述做功快慢的物理量。电台的发射功率是指电台功放单元通过天线将信号发射出去的物理量。

电台的发射功率与通信距离有关，理论上电台发射功率越大则传输距离越远。但是增加发射功率会导致功耗增加，增加系统复杂性和成本，可能导致发射器饱和失真，产生谐波，降低信噪比。

电台功放单元通过天线将信号发射出去，如果天线出现开路或短路，那么功率将反射回来，此反射回的功率称为反射功率。

驻波比是反映天馈线是否正常的重要指标，用来衡量天馈系统的匹配和性能，驻波指标直接影响系统成功率，其值大于 1。

驻波比

$$SWR=(\sqrt{P_{\mathrm{F}}}+\sqrt{P_{\mathrm{R}}})/(\sqrt{P_{\mathrm{F}}}-\sqrt{P_{\mathrm{R}}})$$

从公式可以看出，驻波系数反映了馈线上驻波的分布情况，也反映了电磁能量反射回来的大小。入射波能量是有用信号，而反射回来的能量则是无用信号。

当馈线的特性阻抗和天线（或终端机）的输入阻抗不匹配时会产生驻波。驻波大了会使天线的增益降低，电台的发射部分会把接收部分烧掉。

正常情况下，天馈系统的驻波比应在 1.3 及以下，否则需检查天馈线接头接触是否良好、天线有源阵子是否损坏及电缆是否折断、接头是否制作正确。

四、场强仪

射频场强分析仪（场强仪）可以测量空中无线电信号的电场强度、频率，可以为系统组网提供电磁环境检测、覆盖范围和边际场强测试，它可以方便地查找到终端“常发”故障，确定终端天线架设的最佳方位和所需的高度，是寻找干扰源的工具。场强仪如图 5-4 所示。

五、电烙铁

电烙铁通过将电能转换为热能，对烙铁头的尖端进行加热，一般温度可以达到 200～500℃，是电子硬件工程师的必备工具，主要用来焊接一些电子元器件。专变采集终端维护也需要用到电烙铁。电烙铁如图 5-5 所示。

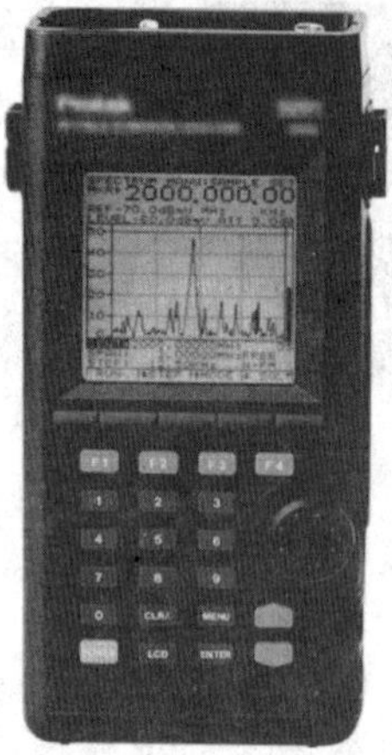

图 5-4　场强仪

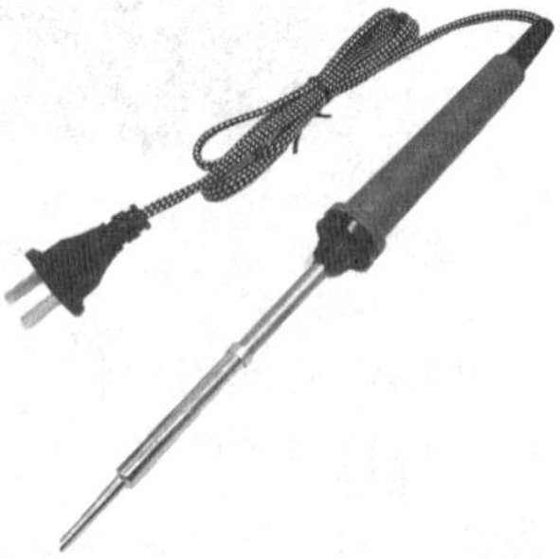

图 5-5　电烙铁

六、网线钳

网线钳（又称网络端子钳、网络钳，如图 5-6 所示）是用来压接网线或电话线和水晶头的工具。按功能可分为单用、两用、三用，能制作 RJ-45 网络线接头、RJ11 电话线触头、4P 电话线触头，一般具有剥线、剪线功能。网线钳如图 5-6 所示。

七、网线测试仪

网线测试仪通常也称专业网络测试仪或网络检测仪，是一种可以检测 OSI 模型定义的物理层、数据链路层、网络层运行状况的便携、可视的智能检测设备，主要适用于局域网故障检测、维护和综合布线施工。网线测试仪如图 5-7 所示。

图 5-6　网线钳

图 5-7　网线测试仪

第二节　专变采集终端采集故障消缺

一、终端参数丢失

新安装的专变采集终端必须进行调试后才能正常工作，主站对终端发送各种基础参数，包括功率电量类（TA、TV、K、总加组、脉冲路数等脉冲设置）、远程抄表类（RS-485 通信地址、端口号、通信速率、规约等抄表设置）。

终端根据下发的参数进行功率电量类和远程抄表类处理。主板根据运行参数和单位时间所计脉冲数计算出功率、电量等数据，对数据进行冻结存储。主板通过终端接口板 RS-485 接口发送和接收抄表命令，对返回数据进行处理存储。

只有抄表、脉冲、测量点基本参数和冻结参数都下发成功，终端才能产生测量点的数据，主站才能采集到电能表和脉冲分路的数据。测量点限值参数和功率因数限值是终端产生事件的门限值。

总加组配置涉及冻结密度、脉冲路数、总加标志等参数，只有参数下发成功，终端才能产生总加组的数据。

采集终端异常掉电或终端存储器出现故障，有可能会使终端参数部分或全部丢失，从而导致采集失败。

（一）参数丢失的故障现象

专变采集终端参数丢失，导致采集失败的故障现象如下：

1. 主站侧现象

（1）召测终端数据，返回数据均为零或否认。

（2）召测电能表数据，返回数据否认或数据无效。

（3）召测终端各类参数，返回数据否认或缺项。

2. 终端侧现象

（1）终端侧接口板脉冲灯闪亮，但显示功率电量为零。

（2）终端侧不抄表或显示抄表数据不刷新。

（3）查看终端参数设置，参数为空或与现场不符。

（二）参数丢失的分析与处理

如主站侧召测终端数据为零、抄表数据返回否认或无效，召测终端参数和抄表参数时返回否认或空白，则可以初步判断为终端参数丢失。主站侧可重新下发终端各类参数，参数下发后召测相应参数进行核对，如重新下发参数后所监测的功率和抄表数据均正常，则该终端可继续投入运行，但需在日常运行中重点关注是否重新出现参数丢失现象，如参数丢失多次重复出现，则可认为该终端主板存在故障，需更换终端主板。

在终端侧先查看终端参数是否正常，如终端参数完整，可关闭终端电源约 5min 后再打开电源，观察终端参数是否丢失，如果参数丢失，表示主板存在故障。

二、终端参数设置错误

（一）参数错误的故障现象

专变采集终端参数错误，导致采集失败的故障现象如下：

1. 主站侧现象

(1) 召测终端数据，返回数据与实际不符或否认。

(2) 召测电能表数据，返回数据否认、数据无效或抄表数据不刷新。

(3) 召测终端各类参数，返回终端参数与实际不符。

2. 终端侧现象

(1) 终端侧接口板脉冲灯闪亮，但显示功率电量与实际不符。

(2) 终端侧不抄表或显示抄表数据不刷新。

(3) 查看终端参数设置，终端参数为空或与现场不符。

（二）参数错误的分析与处理

如主站侧召测终端数据为零、抄表数据返回否认或无效，召测终端参数和抄表参数与实际不符，则可以判断为终端参数错误。主站侧可重新下发纠正后的参数，参数下发后召测相应参数进行核对，如重新下发参数后所监测的功率和抄表数据均正常，则终端可投入运行。

三、终端接口板故障

接口板是专变采集终端重要的组成部分，从终端监控对象所引入的遥控线、遥信线、遥测线、脉冲线、RS-485 线等，经光电隔离或电平转换与终端主控板连接，完成各自功能。通过 I/O（输入输出）电路的光电隔离，可减少外部干扰对终端单片机系统的影响。

（一）接口板的故障现象

专变采集终端接口板故障，导致采集失败的故障现象如下：

1. 主站侧现象

(1) 召测终端数据，返回数据均为零。

(2) 召测电能表数据，返回数据否认或数据无效。

2. 终端侧现象

(1) 接口板电源指示灯不显示或显示异常。

(2) 接口板 RS-485 接口指示灯不显示或显示异常。

(3) 脉冲指示灯不显示或显示异常。

（二）接口板故障分析与处理

专变采集终端成功抄表必备条件如下：

（1）终端、电能表通信接口功能正常，端口间连接线正确。

（2）通信规约、通信速率、通信地址设置正确。

（3）终端软件支持该种电能表通信规约。

如专变采集终端采集失败，可先参照终端成功抄表必备条件进行排查，如故障仍然存在，在排除通信、电能表原因后，可对接口板进行分析判断。

1. 接口板 RS-485 口判断

（1）用万用表直流低压档测量 RS-485 接口 A、B 端，一般 $U_{AB}\geqslant 0.2V$（静态下 A、B 两端应该有 200mV～6V 的电压），在终端启动抄表时，用指针式万用表检查 A、B 两端电压指针应有明显摆动。

（2）启动终端强制抄表，观察终端接口板上的抄表指示灯，发送和接收灯交替闪亮，代表终端能正常抄表。

2. 接口板脉冲接口判断

2004 版规范专变采集终端Ⅰ型接口板脉冲口，直接加 12V 电压到脉冲输入端口（12V ＋端接脉冲输入＋端、－端接脉冲输入－端），接口板脉冲输入端口对应的脉冲发光二极管闪烁。2013 版规范以及新版的专变采集终端Ⅰ型接口板脉冲口，直接短接脉冲输入端口＋端和－端，接口板脉冲输入端口对应的脉冲发光二极管闪烁。

专变采集终端Ⅱ型接口板没有脉冲指示灯，对于 2013 版规范以及新版的终端，可以测量脉冲输入端口是否有 12V 电压来判断接口板脉冲口是否正常。

专变采集终端脉冲、RS-485 接口发生故障，可将接线调整至其他正常的接口，主站重新下发调整后的参数即可。如接口板已无法满足工作要求，则需对接口板进行更换后安排返厂维修。

四、线缆损坏

专变采集终端线缆包括终端电源线、控制电缆、信号电缆及高频同轴电缆。

电源线：专变采集终端的工作电源通过电源线接入，电源点应稳定可靠，在被控开关跳闸后终端能正常运行。

信号电缆：终端信号线（脉冲、抄表）宜采用双绞屏蔽电缆。不能将 220V 交流电压、遥控线接至弱信号输入端，否则将会损坏终端设备。

（一）线缆故障的现象

专变采集终端线缆损坏，导致采集失败的故障现象如下：

1. 主站侧现象

（1）召测终端数据，返回功率电量为零或与实际不符。

（2）召测电能表数据，返回数据否认、数据无效或抄表数据不刷新。

（3）召测终端各类参数，返回终端参数与实际相符。

2．终端侧现象

（1）终端侧接口板脉冲灯闪亮或不亮，但显示功率电量与实际不符。

（2）终端侧不抄表或抄表数据不刷新。

（3）查看终端参数设置，终端参数正确。

（二）线缆故障的分析与处理

1．脉冲采集故障

主要表现为终端采集功率和现场使用功率不符。首先应核对终端脉冲参数 TA，TV，K，不正确的需主站重新下发。其次检查终端安装接线和电能表脉冲输出。

（1）观察接口板上的脉冲指示灯，正常情况下应该随着电能表的脉冲输出指示灯一起闪烁。

（2）检查终端脉冲接口是否工作正常。对于无源接口，将终端的 12V 地和脉冲地短接，将终端的 12V 电源加到脉冲输入口上，终端的脉冲指示灯随之闪烁；对于有源接口，直接短接脉冲接口，看对应指示灯闪烁。否则是终端故障。

（3）用万用表测量电能表的脉冲输出口，看电能表是否损坏。对于有源电能表，电能表应该输出脉冲信号；对于以无源方式输出脉冲的电能表用以下方法检测：将指针式万用表打到 10K 电阻挡上，黑表笔接在电能表的脉冲输出“+”上，红接“－”，当电能表输出脉冲的时候万用表指针会抖动一下。否则电能表脉冲输出口损坏。

（4）检查终端和电能表之间的接线是否正确。用万用表判断连线是否连通、终端 12V 是否正常输出。

2．抄表故障

抄表故障可能的原因如下：

（1）RS-485 通信地址或者表规约设置错误。检查被测电能表所设置的 RS-485 地址、表类型和主台抄表程序中地址、类型是否相符合。如果地址、类型不符，重发参数。

（2）检查电能表和终端的 RS-485 线是否断开或反接，通过目测线的颜色和万用表对线的方法判断，确保接线正确。

（3）表计装置问题。如与该终端相连的其他表可以抄通，那说明终端抄表功能正常。检查该表 RS-485 接口工作是否正常，可用 RS-485 测试仪等工具判断。若读取数据失败，可判断该表硬件接口损坏，更换新表。

（4）终端硬件故障。终端抄表参数设置正常的情况下，终端将在固定时间启动抄表（或通过快捷方式启动），在此时间用万用表 10V 电压挡测量 RS-485 接口电压，正常时会看到表针抖动，表明终端有数据发出；如测试不到，可认为终端硬件存在故障。

五、接线错误

电能表脉冲输出方式主要包括集电极输出，发射极输出，OC 门输出和空接点输出等几种。

就其输出电路特征而言，仅可分成正脉冲输出和负脉冲输出两种。发射极输出方式和空接点输出方式的输出脉冲为正脉冲，集电极输出方式和 OC 门输出方式的输出脉冲为负脉冲。

在用电信息采集系统中，脉冲输出方式不同，电能表脉冲与终端脉冲输入端子的连接方式也不同。

（一）终端接线故障现象

专变采集终端接线错误，导致采集失败的故障现象如下：

1. 主站侧现象

（1）召测终端数据，返回功率电量为零或与实际不符。

（2）召测电能表数据，返回数据否认、数据无效或抄表数据不刷新。

（3）召测终端各类参数，返回终端参数与实际相符。

2. 终端侧现象

（1）终端侧接口板脉冲灯闪亮或不亮，显示功率电量与实际不符。

（2）终端侧不抄表或抄表数据不刷新。

（3）查看终端参数设置，终端参数正确。

（二）接线故障的分析与处理

脉冲故障主要为终端采集功率和现场实际功率不符。首先应核对终端脉冲输入口、TA、TV、K、总加组等参数，如不正确由主站重新下发。其次检查终端安装接线和电能表脉冲输出。

第一步，观察接口板上的脉冲指示灯，正常情况下应该随着电能表的脉冲输出指示灯同步闪烁。

第二步，检查终端和电能表之间的接线是否正确。用万用表判断连线是否连通、终端接口板 12V 电源是否正常输出。

第三步，检查终端脉冲接口是否工作正常。对于无源接口，将终端的 12V 地和脉冲地短接，将终端的 12V 电源加到脉冲输入口上，终端的脉冲指示灯应该亮；对于有源接口，直接短接脉冲接口，看对应指示灯应有变化。

第四步，用万用表测量电能表的脉冲输出口，看电能表是否损坏。对于有源电能表，电能表应该输出脉冲信号；对于以无源方式输出脉冲的电能表用以下方法检测：将指针式万用表调至高阻挡上（一般采用 10K 电阻挡），黑表笔接在电能表的脉冲输出“+”上，红笔接“－”，电能表输出脉冲时万用表指针会向右偏转。

（三）瓦秒法判断电能计量装置误差

瓦秒法，是将电能表反映的功率（有功或无功）与线路中的实际功率比较，以定性判断电能计量装置接线是否正确。它是电能计量装置接线检查中常用的一种检查手段，并适用于任何计量方式，也是初步判断计量是否准确的常用手段。

1. 确定用户的实际用电功率

（1）小容量用户实际用电功率的确定。请用户保留明确知其功率的用电设备，其余用电设备停用。

（2）大容量用户实际用电功率的确定。由于大容量用户具有配电盘，可以通过功率表读数或电压表、电流表、功率因数表的读数之积确定。

2. 使用秒表计时器测量转速或脉冲数

（1）测量感应式电能表转速。当电能表转盘上的标志转到电能表铭牌转盘窗口的中心线时开始计时，当第 N 圈电能表转盘上的标志再次转到电能表铭牌转盘窗口的中心线时停表，记录耗时时间 t。

（2）测量电子表脉冲速度。脉冲发出后开始计时，当发出第 N 个脉冲后停表，记录耗时时间 t。

3. 功率、转数、时间计算

（1）计量功率计算。根据测量的转数和消耗的时间，采用公式可以计算出计量功率。

$$P=\frac{3600\times 1000N}{Ct}(\mathrm{W}) \tag{5-1}$$

式中：C 为电能表常数，r/kWh；N 为转数，r；t 为 N 圈所消耗的时间，s。

（2）根据实际用电功率计算 t_0 时间内电能表的转数或脉冲数。

$$N_0=\frac{P_0Ct_0}{3600\times 1000} \tag{5-2}$$

式中：P_0 为实际用电功率；N_0 为 t_0（s）时间内电能表的转数或脉冲数，r。

（3）根据实际用电功率计算电能表转或脉冲 N_0 数时，应耗时时间

$$t_0=\frac{3600\times 1000N_0}{CP_0} \tag{5-3}$$

4. 电能计量装置相对误差的计算

（1）通过功率计算相对误差

$$\gamma=\frac{P-P_0}{P_0}\times 100\% \tag{5-4}$$

（2）通过转数计算相对误差

$$\gamma=\frac{N-N_0}{N_0}\times 100\% \tag{5-5}$$

（3）通过时间计算相对误差

$$\gamma=\frac{t_0-t}{t}\times 100\% \tag{5-6}$$

相对误差若超过了电能表的准确度等级允许的范围，则说明该套计量装置失准，此时

应考虑校表或进行计量装置接线检查。

5. 注意事项

（1）相对误差的概念是测量值减去真值后与真值的百分比，若通过时间来计算电能计量装置的相对误差，根据公式推导则是真值减去测量值后与测量值的百分比，否则误差将会计算错误。

（2）从式（5-5）中可以看出，可以通过计算转数（脉冲数）的方法计算相对误差，但考虑到测量 t（s）内的转数（脉冲数）误差较大，故不推荐使用。

（3）对于有互感器接入的电能计量装置，应将功率折算到一次侧或二次侧，否则误差将会计算错误。

（4）测量转速时，测量的圈数或脉冲数越多，计量装置的误差判断误差就越小。测量的次数越多，取其平均值的误差就越小。

（5）注意时间、功率的单位应保持一致。

六、终端主控板故障

主控板是专变采集终端的核心，是终端与主控站通信、实现各种功能的指挥中心。它一般采用单片机系统，CPU 采用单片机芯片，系统包括必要的总线驱动电路、译码电路、接口电路和 I/O 电路，以及 ROM 和 RAM 等。

终端接通电源后，自动进入复位自检和程序初始化，若首次运行则需由主站控制中心发送一系列的运行参数给终端，之后，终端会严格按设置的参数进行工作。如主控板出现故障，会导致运行参数错误、数据采集失败、控制执行失败等故障。

（一）主控板故障现象

专变采集终端主控板故障，导致采集失败的故障现象如下：

1. 主站侧现象

（1）召测终端数据无返回码，或者返回功率电量与实际不符。

（2）召测电能表数据无返回码，或返回数据否认、数据无效、抄表数据不刷新。

（3）召测终端各类参数无返回码，或返回数据否认、返回终端参数与实际相符。

2. 终端侧现象

（1）终端侧主控板状态灯异常，或者显示正常。

（2）终端屏幕显示参数、抄表数据等异常，或者显示正常。

（3）终端侧参数、抄表数据等都正常，但主站召测数据失败。

（二）主控板故障分析与处理

主控板故障导致的数据采集失败，主要是终端接口板能够正常采集到脉冲和抄到电能表数据，但是主控板不能正确计算和显示出用户的负荷、电量，造成上述现象的原因如下：

（1）主控板与外部组件的硬件接口故障。

（2）主控板数据存储单元故障，导致数据无法存储。

（3）主控板接口电路故障，导致无法与外部正常通信。

（4）主控板程序、参数紊乱，导致无法正常运行。

此类故障如现场无法排除，可更换主控板并重新下发参数，抄表、电量等数据与现场核对一致后，终端可投入运行。

七、交流采样常见故障与处理方法

引起专变采集终端交流采样故障的原因较多，其常见故障有交流采样与脉冲功率趋势相同，但数值有差和采集与电能表脉冲功率数值有差，且趋势不同。判断原因需结合有功功率值、无功功率值、功率因素和电量曲线，根据不同的原因采取相应的处理方法，具体见表 5-1。

表 5-1　　不同故障原因的处理方法

原因	处理方法
正确，无误差	无需处理
TA、TV 等参数设置错误	确定参数，重新下发
交流采样接线不正确	调整交流采样接线
交流采样数据为零。交流采样参数及通信地址未下发；交流采样与主板连接线脱落或故障	重发参数；固定或更换交流采样与主板间连接线
电量或电压、电流与实际值相差大，有倍数关系	TA 或 TV 参数有误，确定参数，重新下发
交流采样电流开路、短路、分流	现场处理
交流采样电压断相、失压	现场处理
计量表数据异常	反馈相关专业处理
交流采样模块故障	更换交流采样模块

（一）相位角

目前大部分终端交流采样具备相位角计算功能，其接法与表计接法一致，可通过相位角排查和表计查错接线方法进行交流采样查错接线。

对终端交流采样相位角的表示方式可设定如下：

（1）对三相四线交流采样，电压和电流都是以 U_U 为参考相量，在纯阻性负载时，U_U、U_V、U_W、I_U、I_V、I_W 的相位角分别为 0°、120°、240°、0°、120°、240°。

（2）对三相三线交流采样，电压和电流都是以 U_{UV} 为参考相量，在纯阻性负载时，U_{UV}、U_{WV}、I_U、I_W 的相位角分别为 0°、300°、30°、270°。

（二）相位角调整方法

交流采样正确的标准是交流采样有无功功率乘变比后，与电能表脉冲功率相近。因此可先根据电能表脉冲有功功率、无功功率算出功率因数来判断相位角的大致范围。

对于三相四线接线方式，三相电压和电流的相位角基本一致，相同相位电流和电压的相位角一般相差约 30°，极端情况也有相差 60°～70°的。

三相四线接线方式相位角调整一般较为简单，首先通过终端显示确定三相电压值及相位角是否正确，若电压断相或失压，则先排除电压接线故障，若正常，查电压相序是否正确，若错则调整三相电压接线顺序，以保证正相序接入交流采样，再查电压、电流是否接同相。一般可根据终端电流相位角显示调整电流接线。

（三）采集失败原因

终端通过内置通信端口对交流采样模块进行抄表，该故障需重点检查终端对交流采样模块的参数设置情况。

主要故障原因如下：

（1）交流采样模块通信端口设置错误（设置为端口 1）。

（2）交流采样模块通信地址、规约类型设置错误。

（3）主站未对终端下发交流采样参数。

（4）终端内置通信端口对交流采样模块接线松动、脱断等。

通过对主站档案及下发情况、终端内部接线检查，可以逐条排除交流采样模块抄表故障。

第三节　专变采集终端控制故障消缺

一、远程控制

专变采集终端与被控开关之间用控制电缆进行连接，一端接被控开关跳闸控制回路，另一端接终端接口板相应的“遥控”接口。终端遥控输出端和被控对象跳闸机构两端的接线，根据被控跳闸机构不同而不同，可分为被控开关为加压跳闸和被控开关为失压跳闸两种。

（一）被控开关为加压跳闸

遥控线一端的两根线接至终端相应跳闸轮次继电器的动合触点，遥控线的另一端并接至遥控跳闸回路中。执行遥控操作时，终端遥控输出端由动合转为闭合，接通被控对象遥控跳闸机构的激励线圈回路。

（二）被控开关为失压跳闸

遥控线一端的两根线接至终端相应跳闸轮次继电器的动断触点，遥控线的另一端串接至遥控开关失压脱扣跳闸回路中。执行遥控操作时，终端遥控输出端由动断转为打开，断开被控对象跳闸开关脱扣跳闸回路。

为保证终端执行的各种控制输出正确有效，必须保证终端根据被控对象跳闸机构的要求而采用相应的正确的接线方式。

二、控制失败的分析与处理

故障排查步骤如下：

（1）检查终端是否处于保电状态。保电状态下终端不响应任何跳闸命令。

（2）终端上电10min内自动处于保电状态。此种状态下终端不响应任何跳闸命令，应在开机保护时间过后再进行遥控操作。

（3）检查跳闸接线是否正确。若执行跳闸命令时终端面板跳闸指示灯变化，听到终端接口板有继电器吸合的声音，通过万用表检查端口有变位信号输出，可判断终端工作正常，此时应检查对接到机构的控制线（包括机构的接入点），若有误需重新正确接线。

（4）跳闸机构故障。对于采用动合触点控制方式的，直接短接动合接口，对于采用动断接口控制方式的，直接将接线开路，若机构不能跳闸，可判断机构故障，应检修跳闸机构。

（5）终端硬件故障。终端面板跳闸指示灯变化，但继电器不动作，或者面板跳闸指示灯不变化，且继电器不动作，可判断为终端硬件故障，需更换对应设备。

三、开关状态监测异常

（一）主站侧现象

召测开关遥信状态，返回的开关状态错误或开关不变位。

（二）终端侧现象

遥信接口指示灯不显示或显示异常。

四、异常的分析与处理

终端遥信接点可用控制电缆进行连接，一端接到被控跳闸断路器的辅助触点上，另一端的两根线接至终端接口板的“遥信”标记的两个端子上。

分析排查步骤如下：

（1）检查遥信参数设置，若动合、动断参数下发错误，则主站重新下发。

（2）检查监测对象辅助触点接触情况，可以用万用表的电阻挡来测量。

（3）检查终端遥信接口。在终端侧短接和断开遥信输入端，遥信状态指示灯应该改变，如果不能改变可以判断是终端故障。

遥信输入端口的这一特性，可用于在无万用表或其他对线装置情况下进行对线。

第四节　专变采集终端通信故障消缺

一、通信失败

（一）主站通过 230MHz 通道召测终端失败

可能原因有下列几种：

（1）所有终端均召测失败，则应为主站系统有故障，包括主站天馈线系统、发射电台、控制分机及工作电源等。

（2）较多部分终端召测失败，一般为主站系统中的天馈线有问题，或者是在通信工作频率上有较强的干扰信号。对于有中继站的系统，还应分析故障终端是否经中继站转发，若是，则中继站故障可能性较大。

（3）个别终端召测失败，一般为终端装置故障或用户原因，本书仅讨论终端装置故障引起的通信故障处理。

（二）主站运行人员的检查步骤

（1）是否终端所在线路停电。

（2）用户是否正常用电（停产、检修等）。

（3）同一信道其他终端是否正常。

（4）主站通信设置是否正确（终端通信方式、频道、速率、区域、地址、RTS 时间）。

（5）排除其他因素后开故障检修联系单。

（三）检修人员的检查处理方法

终端出现故障时，不宜贸然进行复位或更换，首先通过历史数据及事件进行分析，然后进行现场观察、测量等方法综合分析，找到问题的关键原因，最后通过再复位、更换部件或测量等方法验证问题原因。

1. 判断终端指示和显示、测电压判断电源工作是否正常（电源、面板、主板、电台）

（1）电源、主板、面板指示和显示均不正常，则故障应在电源或主板。

（2）指示和显示正常，则终端主板单片机系统运行正常，故障应在通信部分。

2. 观察终端是否能接收主站信号，是否有响应回码（面板和电台的收发指示，主板或调制解调板的编解码指示）

（1）终端未接收到主站信号。

可能原因一：天线或馈线故障、天线方向没有对准主站、天线前方有障碍物遮挡、到主站距离偏远。

可能原因二：终端电台调制错误；终端电台及调制解调板故障；主板、调制解调板、电台间连接线松动、脱落。

（2）终端能接收到主站信号，但无响应回码。

可能原因：地址码、行政区域码、通信速率设置错误；主板故障。

（3）终端能接收到主站信号，有响应回码。与主站通话，观察双方的话音是否清晰。

1）双方话音不清晰。

可能原因一：信号场强不够，检查天线或馈线有无短、开路及受潮进水；天线方向没有对准主站、天线前方有障碍物遮挡、到主站距离偏远。

可能原因二：电台发射部分性能下降。检查电台的发射功率（根据所用电台的性能指标参数判断，正常情况下为10～15W）、更换电台。

2）双方话音清晰。则信号场强足够，更换调制解调板。如换后仍不正常，更换主板。

（四）终端“通信失败”故障可能原因

（1）电源（外部工作电源、终端电源组件）。

（2）电台（工作频点）。

（3）天线（方向、高度、遮挡）、高频馈线。

（4）调制解调板（通信速率）。

（5）主板（终端地址、行政区域码）。

（6）终端电源、电台、调制解调板、主板等组件间的连线。

（7）主站设置通信参数（RTS时间、站点等）。

（五）现场排查常用的方法

（1）观察法：各种指示灯、参数的状态进行观察，判断故障原因。

（2）测量法：对产品的一些关键点（电源节点，输入输出节点）进行测量判断故障点。

（3）排除法：对故障现象分析，逐步排除非关联部件。

（4）替换法：可能出现故障的部件进行替换测试。

（5）复位法：对终端故障部件分别进行复位或断电，确定故障部件。

（六）常用故障检测工具

万用表、功率计、RS-485接口测试仪、场强仪、对讲机等相应的备件。

（七）维修规则

（1）疑似故障件替换后若终端正常，此时，需要将此件再换到终端上一次，如果故障仍然出现，才可确定故障是由此件引起。

（2）检查可疑部件时，先确定给其供电的电源正常。

（3）如果怀疑是复杂的故障，则应该用排除法，缩小可疑的范围。

（4）维修结束时，除对故障功能检测外，最后还应对终端的通信和其他功能进行粗略检测，以免在维修后引起其他故障。

（5）进行检修和维护时，如果用户系统正常运行，需保证用户设备不受影响。

（6）当电台未接入负载（天馈系统或标准负载）时，严禁使电台处于发射状态，以免损坏电台。

（7）进行故障维修更换部件时，严禁带电插拔，应该将电源关闭后再进行更换。

二、高速终端通用故障判别和处理方法

（一）终端上线困难

第一步，天线安装是否规范。检查天馈线、终端接头有无松动；天线的正前方应无遮挡，以免影响无线电信号传播；天线的振子平面垂直于大地平面。

第二步，场强信号强度是否达标。高速终端要求场强信号强度达到 20dB 及以上，如未达到要求，检查天馈线系统驻波比是否正常，如不正常，需检查、更换天馈线；通过增加天线高度或者调整天线方位来增强信号强度。

第三步，检查终端有无故障。检查终端电台指示灯、终端面板指示灯是否收发正常，以此可以判断终端或电台有无通信故障。

第四步，主站手动增加路由可以使部分终端正常通信。由于自动路由设置完成需要一定的时间，部分偏远地区信号较弱的终端可以通过手动增加路由的方式立即和主站通信。

（二）终端电台通信模块异常

第一步，检查电台是否有电。

（1）观察电台电源指示灯是否常亮。

（2）万用表测量电台电源线是否有电，电源接线有无松动。

（3）检测终端电源模块 12V 输出是否正常。

第二步，检查电台与终端之间的连接排线有无松动。

（1）检查终端主板排线接口处无无松动。

（2）检查电台 RS-232 接口接线有无松动。

（3）万用表测量排线有无断线故障。

第三步，检查电台收发灯和数据灯是否正常。

电台收发灯为同一发光二极管，电台接收信号亮绿色，发送信号时亮红色。电台数据灯为红色，观察闪烁是否正常。

第四步，更换电台。

以上原因都排除后，可以更换电台，观察故障是否解决，从而判断是否电台故障引起通信模块异常。

第五步，更换终端主控板。

部分终端存在主控板硬件故障或者软件程序故障，导致终端登录提示通信模块异常，通过更换终端主控板来判断故障原因。

（三）路由终端过多

（1）分析基站下路由终端安装距离是否较远，信号强度较低。

（2）通过后台单个召测或者使用高速系统测试软件来统计终端的信号强度、信号质量和路由信息，分析每台终端的路由路径和路由级数。

（3）测试主站天馈线系统，是否存在指标下降的情况。

（四）站点信道堵塞

1. 终端集体上线问题

引起原因：基站电台断电、故障；前置机断电、死机；通信链路中断等导致基站停止运行一段时间，致使终端集体掉线，如果站点下终端数量众多，同时申请上线将造成信道堵塞。

可以通过以下方法解决：

（1）主备电台系统自动切换。当主用基站电台故障时，调整基站控制软件，使其在1min内自动切换到备用电台。

（2）1000台以下终端的站点，可关闭前置机4h左右，终端会自动上线。

（3）1000台以上终端的站点，可通过不断巡测终端通知终端尽快上线。

（4）可修订高速系统通信规范，将终端电台在一定时间收不到主站信标时不再登录主站，修改为24h随机上线。

高速终端不同于传统终端，高速终端通电后需向主站发起登录，以便主站获取终端通信的原始路径。登录步骤如下：

（1）打开串口。终端打开与通信模块的通信端口，对串口参数初始化。

（2）设置行政区划码、终端地址。将终端地址和行政区码设置到电台内，电台能自动识别本终端相关的下行命令并自动处理。

（3）扫描信道。电台对本信道使用情况进行扫描，明确信道环境。

（4）附着申请。终端向外发出请求登录的信号，所有能收到该信号的基站和终端都将向该终端发出确认信号。

（5）连接申请。终端从接收到的所有确认信息中选择信号较强的前三位终端或基站，依次发出请求上线的信号。对应的终端收到后依靠自身路由将该信息转发给基站。如果直接终端收到基站附着确认信号将直接登录。

（6）连接成功。基站收到目标终端请求后，记录该终端地址，并将确认信息按原路由下发给目标终端，目标终端接收后确认上线成功。

（7）如果链接不成功，则从附着申请重新开始新的上线过程三次。

2. 终端面板上线过程显示说明

（1）从主菜单“终端信息”中，可以看到终端每一步登录状态，显示“连接成功”，即代表终端登录成功。

（2）终端显示界面上方通信状态栏，显示“R”标示，“R”标识闪烁表示未登录基站；

“R”标识停止闪烁，表示终端登录成功。

（3）当主站和终端通信时，终端通信单元自动记录主站的信号场强和信号质量，并在终端界面上显示，便于现场调试人员参考。

（五）高速终端上线困难故障案例

1. 故障现象

在新装高速终端调试时，安装的高速终端不上线，终端显示已连接成功，但主站与终端无法进行通信。

2. 排查过程

高速终端上线困难，一般都是信号差所导致。提高天线安装高度，如无法升高或周围有建筑物遮挡时，通过现场调整天线方向，来保证高速终端上线。

用场强仪测量不同方向的主站接收场强，取强场较大的方向暂时固定，重启终端，待终端显示已连接后，查看终端有无中继，与主站进行对时操作，查看终端电台接收和发送情况，来进一步判断天线方向，最后把天线固定牢固。

如终端显示已连接，但主站与终端仍然无法进行通信时，主站对终端进行对时操作，查看终端电台接收和发送情况，若电台收发正常，只是主站显示无返回码，主要是终端的中继路由与系统数据库中不匹配，待数据库刷新成一致时通信会成功。也可以根据终端显示路由，手动下发中继路由，达到与现场终端一致，来确保通信成功。

三、第二信道通信失败的分析及处理

双通道终端通信故障判别和处理方法：双通道终端由230MHz终端加装公网信道改造而来，其终端功能和接口不变，此部分终端故障处理与传统终端相同，这里重点介绍公网通道的典型故障处理。

通过公网信道传输企业数据，必须从数据安全角度考虑，在公共网络中建立一条虚拟专用网。虚拟专用网（VPN）是布置于公共网络（通常是因特网）基础设施的一种网络。它是一条穿过公用网络建立一个临时的、安全的、稳定的隧道，使用和专用网络相同的安全性、管理以及服务质量策略。虚拟专用网可以帮助远程用户、公司分支机构、商业伙伴及供应商同公司的内部网建立可信的安全连接，并保证数据的安全传输。虚拟专用网常用于移动用户的全球因特网接入，以实现安全连接；可用于实现企业网站之间安全通信的虚拟专用线路，用于经济有效地连接到商业伙伴和用户的安全外联网虚拟专用网。

虚拟专用网通常提供如下功能：

（1）加密数据，以保证通过公网传输的信息即使被他人截获也不会泄露。

（2）信息认证和身份认证，保证信息的完整性、合法性，并能鉴别用户的身份。

（3）提供访问控制，不同的用户有不同的访问权限。

利用公网通道进行数据传输，首先要从网络通信安全角度考虑，因此移动通信服务商为供电公司组建电力数据传输专用的VPN专网，专网配置独立的网关、独立的服务器，为电力专网接入终端（设备）提供分层 IP 地址、SIM 卡认证等安全技术措施。

利用公网通道通信的终端，遇到通信故障时，要将 VPN 网络的因素一起分析。

1. 通信模块不上线

终端公网不上线的故障为公网信道的主要故障，关系到终端及通信模块硬件、通信模块安装工艺、通信参数设置、信号场强等。终端显示上线登录过程在终端信息的公网通信栏，通过终端面板上线状态指示判断故障情况。

（1）通信模块无电。通信模块正常工作时工作灯应点亮，否则需检查模块到终端的电源线是否脱开、虚焊、接触不良；电源端子插入终端是否牢靠；终端 12V 接口是否正常。排除以上问题，则可能是模块硬件故障，需更换。

（2）检测不到 SIM 卡。终端注册网络时，面板显示读取不到 SIM 卡。此时需检查 SIM 卡插入卡槽接触良好、卡缺口方向是否正确、金属面是否对应卡槽接触点插入；否则需更换 SIM 卡或通信模块测试。

（3）不能注册网络。表示模块不能正确找到移动网络，一般因 SIM 卡未开通、SIM 卡安装或接触问题引起。同上步检查 SIM 卡安装情况，否则需更换 SIM 卡或通信模块测试。

（4）通信模块异常。终端提示通信模块异常时，表示终端和模块没有成功建立通信。首先，应检查终端串口到模块连接线是否正确连接、连接线是否虚焊或折断。其次，应检查终端串口是否工作正常，现场可用万用表 20V 以内的直流挡位测量终端收发脚电压，当终端发送数据时，应有一个引脚有表针抖动，否则为终端主控板接口损坏。同样，以上检查正常，可考虑更换模块测试。

（5）LCP/IP 链路协商不通过。操作终端面板按键，进入终端扩展菜单，选择通信参数设置第二信道，查看终端 APN 参数是否与运营商提供相一致，如不符合需进行修改保存。

如果 SIM 卡未开通专网数据业务也会发生此类现象，可能为办理业务时工作人员误操作或漏设置导致，需更换 SIM 卡。如出现批量 SIM 卡问题，需联系公网运营商协调解决。

（6）登录不了服务器。当终端停留在“登录服务器”时，说明终端已拨号进入虚拟专网，正在连接系统前置机服务器。此时如果登录不上，需首先检查前置机 IP、登录端口号是否设置正确。方法同上，进入终端第二信道通信参数区查询和修改。

通信运行商提供的 SIM 卡已和 SIM 卡的 IP 地址绑定，该 IP 地址为允许的固定号段才能进入系统的路由器连接前置机。如果该 IP 在固定号段以外，说明该 SIM 卡未办理绑定 IP 业务，同样不能连接服务器，此时需更换 SIM 卡。

（7）登录不成功。终端登录服务器后，向前置机发送登录帧，主站前置机应回复确认，终端才可以正常上线。如果终端发出登录帧后，主站未予回复，说明主站系统未检测到该终端地址的存在，系统档案未设置或未设置正确。此时应检查主站是否建立档案，终端的频点编码和公网地址是否与主站档案一致。

如果批量出现终端登录不成功，应考虑主站前置机问题，可能为前置机故障或设备资源问题导致，需主站协助检查。

2. 双通道终端公网通信掉线频繁

终端能正常上线，说明终端各项参数配置正确。出现频繁掉线的原因如下：

（1）场强信号弱。终端上线后场强指示进度条应为 2 格以上，测试现场场强值应大于 −90dBm。如果现场信号较弱，可能导致终端经常掉线，通信成功率下降或基本不通。

在一些地下室、偏僻拐角处，终端显示的场强进度条可能较强。但是，如果此类地点手机通话、上网效果极差，可以说明该地点信号为反射过来的非直接基站信号，信号质量很差，误码率高。

解决办法：引出模块天线到信号较强处或采用高增益天线；请运营商解决当地网络信号问题。

（2）运营商网络问题。在繁忙或拥堵时段或地点，因大量用户使用手机上网、通话，可能导致运营商基站网络容量不足。在此情况下，公网基站会将不常用的用户强制下线，导致终端用户掉线。

专变采集终端默认的心跳周期是 30min，10 倍心跳周期收不到主站心跳帧时（服务端模式），终端将认为自己掉线并重启上线。对于因上述原因掉线的终端，可适当减少心跳周期时间，加快终端检测到自己掉线的速度，从而及时登录上线。注意本方法可能导致终端频繁登录、流量加大，需统筹考虑使用。

3. 终端在线但不通信

现场终端显示在线，但主站召测不到或获取不到终端 IP。发生此类故障的原因如下：

（1）终端地址或频点编码错误。终端现场公网地址和主站档案不一致，终端不能响应主站另一个地址的下行命令。现场需首先核对该地址并修改。

（2）终端未检测到掉线。终端实际已经掉线，但终端未自行检测到，即所谓的假在线。一般来说，终端通过心跳帧来确认自己是否在线。本问题由运营商的在线机制导致，对于频繁出现假在线现象的终端，可采用前述的减少心跳周期的时间、加快终端自检速度的方式来解决。

四、终端通信参数错误

通信参数是专变采集终端通信的基本条件，230MHz 信道和第二信道通信参数需分别设置，如某一信道参数设置错误，将直接导致该信道通信故障。

（一）专变采集终端 Ⅰ 型通信参数

（1）230MHz 电台频道。频道根据当地主站信号覆盖情况决定。

（2）第一信道行政区码、地址码。行政区码按地区确定，同一站点下终端地址码不能重复。

（3）第二信道行政区码、地址码、主站 IP 地址及端口号、APN、备用 IP 地址及端口号。第二信道为公网，故行政区码按第一信道站点统一指定，一般终端地址码与第一信道相同；主站 IP 地址及端口号、APN、备用 IP 地址及端口号等参数由通信服务商与网省公司统一确定，不会随意更改。698 协议终端公网信道无行政区码概念，统一使用 SA 码作为通信地址。

（二）专变采集终端Ⅱ型

涉及行政区码、地址码、主站 IP 地址及端口号、APN、备用 IP 地址及端口号等参数。行政区码与地址码根据终端资产号进行统一设置；主站 IP 地址及端口号、APN、备用 IP 地址及端口号等参数与专变采集终端Ⅰ型第二信道参数一致。

（三）终端通信故障排查过程

（1）检查电台频道、静噪、发射功率等设置。

（2）与主站核对行政区码、地址码。

（3）核对公网信道行政区码、地址码，698 协议终端核对 SA 码。

（4）核对公网信道主站 IP 地址及端口号、APN、备用 IP 地址及端口号等参数。

第五节　异　常　消　缺

一、终端故障因素

（1）在电子设备中，通常工作在高电压、大电流、大功率的电子元器件容易损坏，在终端中电源组件故障率较高。

（2）电台发射单元工作在高频大功率状态时容易损坏，在天馈线不良时射频信号产生较大反射易损坏。

（3）安装在室外天馈线系统，因橡塑密封件老化发生受潮进水，导致通信成功率下降或失败。

（4）终端安装在用户变/配电站，环境温度高、电磁干扰强，连续不间断工作，半导体器件对温度特性敏感，使主板单片机系统工作不稳定，导致频繁复位或死机。

二、故障检修常用方法

（一）逐次加载法

（1）适应于检修过流性故障，如输出板＋12V 输出不正常，电源熔丝熔断等。

（2）输入电源熔丝熔断；断开电源组件电源输入端、拔掉终端电源所有输出，利用逐次加载的方法可确定故障点。

（3）接口板＋12V 输出不正常，断开＋12V 负载、测量接口板＋12V 输入、输出电压，可判断故障点。

（4）多块计量表抄表不正常时也可采用逐个接入法判断。

（二）模拟信号法

（1）适应于检修脉冲、遥信采集故障，如功率电量为“0”、遥信不变位等。

(2) 脉冲采集故障：用外加12V电源模拟脉冲信号输入，由此可判断接口板输入回路故障、计量表脉冲输出口故障等。

(3) 遥信不变位：短接接口板遥信输入口，模拟动断触点输入可判断接口板遥信输入口是否正常。

（三）替换法

(1) 适应于检修终端组件故障，如电台、主板、显示板等。

(2) 通信故障1：如电台有载波检测信号（BUSY灯闪）、解调板有解码信号（RD灯闪），主板未响应，则可试更换主板。

(3) 通信故障2：如电台在主站召测时未显示载波检测信号（BUSY灯闪），判断天馈线正常时，可试更换电台。

(4) 显示故障：若终端通信功能正常、显示异常可试更换显示板。

（四）最小系统法

(1) 适应于检修终端疑难故障，如由于终端内某组件出现过流故障，通过电源组件影响其他电路的正常工作；外部通过接口板等引入干扰影响终端正常工作等。

(2) 通信功能：可断开接口板、显示板等电路检查（注：部分终端主板与显示板合一）。

(3) 显示故障：可在仅主板、显示板通电情况下判断故障。

(4) 电源故障：可在仅接主板、显示板情况下判断电源是否工作。

三、现场工作安全措施

(1) 两人及以上在一起工作。

(2) 履行必要的工作票和工作许可手续。

(3) 在终端装置处放置“在此工作”标志牌。

(4) 相邻设备装设安全遮栏。

(5) 采取必要的措施，防止误跳用户开关（断路器）。

(6) 在雷电天气下，禁止在天馈线系统上进行任何操作。

四、终端维护注意事项

检修人员要做到快速准确判断、处理故障点，在检修过程中避免或减少人为因素加重故障的情况，必须注意以下问题：

(1) 了解故障现象和故障现场情况。了解终端故障是否由外部原因引起，要查明情况，避免贸然加电试验加重故障。

(2) 处理好控制出口，使终端与用户开关控制回路断开，避免故障终端误跳开关。

(3) 核对接入终端电源无误后，加电观察电源、主板、电台等，若有异常声音、气味或火花时，应立即切断电源。可拔掉终端电源所有输出，利用逐次加载的方法确定故障点。

（4）应绝对禁止带电插拔电缆、主板或电台连线。

（5）在维护观察中，不要用力搬拧终端内机械部分，防止设备变形、印刷板断裂或电缆插头脱焊等，切忌螺栓或焊锡掉入主板。

（6）安全正确地使用万用表等测量仪器仪表。

五、Ⅱ型终端常见故障

终端在安装或运行中，可能会发现通信不通、抄表不通、功率为零等现象，可能的原因及相应处理办法见表5-2。

表5-2　　Ⅱ型终端一般故障处理汇总

问题	现象	原因	解决方法
上电后终端不能运行	电源指示灯不亮	电源无电压或电压不合格	测量电源电压是否合格
	LCD无启动画面	电源线接触不良或终端死机	重接电源线或更换终端
不能与表计通信	不能通过终端菜单、主站查询测量点当前或实时数据（终端返回数据全为零）	表计或终端RS-485接口的A、B端接反、断路或短路	检查接线，用万用表测量RS-485接口的A、B端，电压正常范围为0～1.0V，或在终端抄表状态下，检测RS-485输出电平是否有变化，否则更换RS-485芯片
		测量点参数档案中通信协议或测量点地址与实际表计不符	现场核对表计通信协议或测量点地址后，重新设测量点参数档案中的通信协议或测量点地址，使其一致
		表计传输波特率与终端测量点波特率不一致，表计内对应通信规约错误	通过后台进行对应规约及波特率参数下发，公司终端支持更改。若不行，与表计厂商协商更改表计波特率，否则换表（对应波特率应为1200bit/s）
	在一段时间内，有抄表回数，之后一直不通（回零）	表计或终端RS-485接口在该段时间损坏或RS-485线接触不良	用万用表测量RS-485接口的A、B端，看电压是否合格，若否，换RS-485芯片。看485接线是否松动，重接RS-485线
不能与主站通信	在GPRS通信方式下不能在主站看到终端的登录、心跳等信息	GPRS通信模块或存在问题	检查GPRS通信模块，确保其正常运行，否则更换模块
		终端安装位置的GPRS信号是否太弱，周围是否被屏蔽。SIM卡的放置是否正确，接触是否良好	设法改善信号质量，如使用外置延长天线等。正确放置SIM卡，确保其接触良好
		SIM卡是否已开通GPRS服务	与通信运营商联系解决
		SIM卡所对应IP（终端IP）是否正确（即是否属于对应APN的IP段）	与通信运营商联系解决
		终端逻辑地址是否与实际一致	现场核对后，重新设置
		终端对应主站通信IP、行政区划码、APN是否被更改	现场核对后，在终端上输入设置密码，相应的手动修改
		SIM卡是否磨损失效或已欠费	将卡插入手机中，进行确认后缴费或从新办理新的SIM卡

续表

问题	现象	原因	解决方法
功率或电量为0	脉冲灯不闪	电能表脉冲输出损坏 脉冲接线错误	用万用表电阻挡检测电能表脉冲口是否损坏，否则更换电能表。 重新接线
	脉冲灯闪烁	测量点和总加组参数没有下发	参数重新下发
跳闸回路不跳	终端跳闸继电器有输出	被控开关跳闸机构损坏	检修开关跳闸机构
	终端跳闸继电器无输出	终端处于保电状态	解除保电
遥信不对	遥信无变化	辅助触点损坏	检修辅助触点
	遥信状态反	动合、动断极性反	主站重新下发遥信定义

第六章　用电信息深度分析

第一节　计量异常分析

一、电能计量基础

电能计量装置是用于测量和记录电量的电能计量器具及其辅助设备的总称，是由各种类型的电能表或计量用电压、电流互感器（或专用二次绕组）及其二次回路相连接组成的用于计量电能的装置，包括电能计量柜（箱、屏）等。

单相电能表常用接线方式是直接接入式。三相四线电能表接线方式包括直接接入、经电流互感器接入以及经电压、电流互感器接入式。三相三线电能表采用电压互感器和两个电流互感器的接线方式。

试验接线盒是指用以进行电能表现场试验或换表时，不致影响计量单元各电气设备正常工作的专用部件，可以实现带负荷现场校表及带负荷现场换表。

二、电能计量装置的错误接线

电能计量装置正确接线是保证其准确计量的必要条件之一，但电能计量装置出现错误接线的情况时有发生，其主要原因如下：

（1）不当的机械外力、自然力使导线老化而断裂。

（2）装表人员的疏忽和技术不熟练。

（3）运行方式的改变。

（4）不法用户通过错误接线方式窃电。

（一）电能计量装置错误接线种类

电能计量装置错误接线种类按错误部位的不同，一般可分为以下三大类：

（1）电压回路或电流回路发生短路或开路。

（2）电压互感器或电流互感器极性接反。

（3）进电能表的电压、电流线错误。

电能计量装置发生错误接线会使电能表的圆盘转动或脉冲信号出现异常，如正向慢转或快转、反转、不转、转向不定、无脉冲或脉冲减少。

（二）常见错误接线方式

（1）电压线圈失压。

（2）电流线圈极性接反。

（3）断中线。

（4）相线、中性线对换位置。

（5）反相序接线。

三、电能计量装置故障

（一）单相电能计量装置常见故障

（1）相线与中性线对调。

（2）电源线的进出线接反。

（3）电压连接片没接上。

（4）电能表发生“串户”。

（5）机械电能表可能发生擦盘、卡字、死机、潜动等。

（二）三相四线电能计量装置常见故障

（1）计量装置的电流、电压回路发生断路和短路。

（2）计量装置的电流、电压回路发生极性接反。

（3）计量装置的电流、电压回路发生错接线。

（4）电流、电压互感器发生故障。

（5）计量装置本身发生的故障。

（三）三相三线电能计量装置常见故障

三相三线电能计量装置常见故障及异常情况类型与三相四线计量装置类似，主要包括电能表本身的各类故障，电流、电压互感器的故障，二次连接导线的超差，以及各类错接线引起的故障和异常。

四、计量在线监测

计量在线监测是用电信息采集系统通过分析采集到的电能示值、电压、电流、功率等电能表数据之间的物理关系，初步判断出计量装置运行状态，对不正常现象生成事件记录，实现对现场运行的电能表及计量回路状态进行在线监测，能及时发现计量装置故障，减少计量差错。

计量装置的异常监测从以下三个层面实现：

（1）电能表自身判别，终端以及主站直接获取电能表内部的运行状态以及事件记录。

（2）采集终端根据读取的现场数据，判别计量异常，形成告警事件。

（3）主站根据采集的各项数据，计算分析后判别电能表运行状态。

从业务上可分为计量设备异常、用户用电异常、终端运行异常、电网运行异常、终端上报异常、电能表状态位异常。

（一）电流异常

1. 电流异常判断规则

在三相供电系统中，三相有电压大于电能表的临界电压，三相电流中任一相或两相小于启动电流，且其他相负荷电流大于额定电流一定百分比，此现象判断为失流，计量设备会生成计量装置异常事件记录。

（1）针对高压侧三相四线：某相电流曲线的所有点电流值小于0.1A，但另外至少有一相电流大于20%额定电流的时长超20%，则判断为失流。

（2）针对高压侧三相三线：A、C相中某相电流曲线的所有点电流值小于0.1A，另一相电流大于20%额定电流的时长超20%，则判断为失流。

（3）针对费控（远程）智能三相表（直接式）、低压侧三相四线：某相电压电流曲线值全部为零（电流小于0.1A或无电流曲线，电压小于50%额定电压），则判为断相。

（4）针对高压侧三相三线、高压侧三相四线、低压侧三相四线：电流不平衡度超限（某相电流大于20%额定电流，不平衡度大于20%）日时长占比超20%，则判为电流不平衡。

2. 电流超限判断规则

针对费控（远程）智能单相表、费控（远程）智能三相表（直接式）、低压侧三相四线、高压侧三相四线、高压侧三相三线：某相电流超100%额定电流的点数超过曲线点数的10%，则判为电流超限。

3. 零线电流超限判断规则

三相四线电能表，超过电能表额定电流50%，连续点数超过4个，则判为零线电流超限。

（二）电压异常

1. 失压判断规则

（1）针对费控（远程）智能三相表（直接式）：有两/三个电流曲线时，电流大于0.2A时对应相电压低于78%额定电压的电压点数大于8，仅有电压曲线时，且三相不同时为零（电压大于50%额定电压）时，某相电压低于78%额定电压的时长占比超过非零值总数的25%且至少有一个点电压值超过50%额定电压，则判为失压。

（2）针对低压侧三相四线：有两/三个电流曲线时，电流大于0.1A时对应相电压低于78%额定电压的电压点数大于8，则判为失压。

（3）针对高压侧三相四线、高压侧三相三线：三相电压不同时为零（电压大于50%额定电压）时，某相电压低于78%额定电压的累计时长占比超过5%，则判为失压。

2. 电压不平衡判断规则

正常情况下三相供电，电压、电流需相对平衡，计量装置内部故障、供电质量不高会引起三相电压、电流不平衡。计量装置三相电压（电流）幅值不一致，且幅值超过规定范围，此现象判断为电压、电流不平衡，计量设备会生成计量装置异常事件记录。

（1）针对费控（远程）智能三相表（直接式）、低压侧三相四线：三相电压不平衡度超限（大于7%）日时长占比超20%，则判为电压不平衡。

（2）针对高压侧三相四线：三相电压不平衡度超限（大于5%）日时长占比超20%，则判为电压不平衡。

（3）针对高压侧三相三线：A/C相电压不平衡度超限（大于5%）日时长占比超20%，则判为电压不平衡。

3. 电压超限判断规则

针对费控（远程）智能单相表、费控（远程）智能三相表（直接式）、低压侧三相四线、高压侧三相四线、高压侧三相三线：某相电压超122%额定电压的点数超过5%，则判为电压超限。

正常情况下，计量装置电压应小于122%额定电压，电流应小于100%额定电流，计量装置内部故障、用电行为异常会造成电压、电流超限，影响电网和用电设备的安全运行。计量装置电压或者电流超过规定阈值，且运行持续一段时间，生成计量装置异常事件记录。

4. 失压事件

三相供电系统中，某相负荷电流大于启动电流，但电压线路的电压低于电能表正常工作电压的78%，且持续一段时间后，生成的计量装置异常事件记录。

正常情况下，电压不会低于78%额定电压，电流不会低于0.1A。计量装置内部故障、电压回路故障或接触不良会引起电压、电流测量不正确。失压、失流、断相持续时间过长会影响计量装置正常运行，需及时处理此类计量装置异常。

第二节　用电异常分析

用电异常根据用户计量数据异常情况、台区线损情况、用户电量波动情况、异常事件等权重条件进行加权评分，系统对评分结果按一级、二级、三级、四级进行展示，可以帮助分析疑似窃电、违约用电、安全用电、高危停电等异常用电情况。

一、中性线与相线电流超差

低压单相用户：当$|I_0|-|I_a|>0.5$A时

低压三相用户：当$I_0>1$A，$I_A+I_B+I_C=0$A时；当$I_A+I_B+I_C\neq 0$A，$|I_0|/(I_A+$

I_B+I_C)>1.5 时，存在连续 3 个点满足条件记录异常。

评分结果：

Ⅰ级：最大 I_A 为 0A 且平均 I_0 大于 0.5A；

Ⅱ级：最大 I_A 为 0A 且有连续 4 点；

Ⅲ级：存在连续 3 个点。

二、电压断相

高供高计三相三线：额定电压 U 为 100V，只判断 A、C 相，A、C 相电流不同时为 0V。

高供高计三相四线：额定电压 U 为 57.7V，A、B、C 相电流不同时为 0A。

评分结果：

Ⅰ级：一相或两相大于 0.6V 且小于 1.3V，其他一相或两相小于 0.6V、电流小于 0.05A（额定电流 5A），连续发生 4 个点。

三、电流失流

高供高计三相三线：当 I_A、I_C 其中一相小于 0.05A，另一相大于 0.5A，且连续发生 4 个点。

高供高计三相四线、高供低计、低压三相四线：当 I_A、I_B、I_C 其中一相小于 0.05A，另两相大于 0.5A 或两相小于 0.05A 一相大于 1A，且连续发生 4 点电压缺相。

排除公共照明，排除最大负载率小于 0.3 的用户。

四、单相用户连续无负荷

单相用户同时无电压、电流数据，且连续 6 个点以上，或电压、电流数据同时为 0，且连续 6 个点以上。若台区总表也有此异常，则排除此台区所有用户，若同一台区存在 3 户以上，则排除此台区所有用户。

五、变压器过负荷

专变用户：视在功能×综合倍率/变压器合同容量。

低压三相用户：电流与额定电流的比值，三相任一相满足算一点。

低压单相用户：电流与额定电流的比值。

评分结果：

Ⅰ级：比值大于 1.5，且连续发生 4 个点。

Ⅱ级：比值 1.3～1.5，且连续发生 4 个点。

Ⅲ级：比值 1.2～1.3，且连续发生 4 个点。

Ⅳ级：比值 1.0～1.2，且连续发生 8 个点。

六、功率因数异常

视在功率大于 0，且负载率大于等于 0.3。

评分结果：

Ⅰ级：平均功率因数 0～0.3。

Ⅱ级：平均功率因数 0.3～0.5。

Ⅲ级：平均功率因数 0.5～0.6。

Ⅳ级：平均功率因数 0.6～0.8。

七、电压越上限

高供高计三相三线：额定电压 100V，判断 A、C 相。

高供高计三相四线：额定电压 57.7V，判断 A、B、C 相。

低供低计：额定电压 220V，判断 A、B、C 相。

评分结果：

Ⅰ级：任一相电压/额定电压比值大于 1.50，且发生 4 个点。

Ⅱ级：任一相电压/额定电压比值 1.20～1.50，且发生 4 个点。

Ⅲ级：任一相电压/额定电压比值 1.07～1.20，且发生 8 个点。

第三节　其他异常分析

计量装置运行监测按配电变压器关口、低压分布式光伏、市场化用户分类监控不同用户的计量装置运行情况。系统采集到的电能量、模拟量等数据，通过一定的判断规则，分析得到异常信息，以此可对用电情况进行深度分析。

1. 用户用电量突增

若低压用户本月电量大于上三月平均电量的 2 倍则生成异常。

2. 停电事件异常

若停/上电事件满足以下条件则生成异常：

(1) 有上电事件无停电事件，排除换表、暂停恢复情况。

(2) 有停电事件无上电事件，排除营销流程中暂停用户。

(3) 停电持续时间过短（<1min）。

(4) 停电持续时间过长（>2min），排除营销流程中暂停用户。

(5) 一个月内停电事件大于 3 次。

排除无效异常事件。停电持续时间默认 5min～1 天为正常停电。

3. 电流过流（分相）

若负荷电流持续超过额定电流，生成对应相的电流过流异常。如果同时监测到电能表或采集终端有对应相的电流越限事件，立刻生成异常，否则连续监测到 N 个点后生成异常。排除负荷超变压器容量的情况。

4. 负荷持续超下限

若运行容量大于等于 315kVA 的专变用户连续多日用电负荷过小，在总有功功率 1 日内监测到大于0的记录数超过设定阈值时则生成异常。

频度为1日时，单日符合条件则生成异常。频度为1月时，连续M天监测到后生成异常。

5. 一次短路

若专变用户或经电流互感器接入的用户（安装巡检仪）电流互感器回路一次侧发生短路事件或一次绕接互感器，则生成异常。

巡检仪上报TA一次短路事件；电能表电能量在事件前一天与后一天（排除事件当天）电量下降超过K；电能表电能量在事件前两天的日电量波动不超过$K/4$；电能表电能量在事件后两天日电量波动不超过$K/4$。

6. 回路串接半导体

电流互感器二次侧使用半导体元件或专变用户一次侧全部整流使用。专变用户或经电流互感器接入的用户（安装巡检仪）：①巡检仪上报串接半导体事件。②电能表电能量在事件前一天与后一天（排除事件当天）电量下降超过K；电能表电能量在事件前两天的日电量波动不超过$K/4$；电能表电能量在事件后两天日电量波动不超过$K/4$；阈值建议设置为10%。

7. 高供高计B相异常

若计量方式为高供高计且接线方式为三相三线的专变用户，存在B相电压或B相电流不等于0的情况生成异常。

8. 电能表Ⅱ、Ⅲ象限示值超限

剔除光伏用户后，电能表Ⅱ、Ⅲ象限无功示数大于10则生成异常。

9. 电能表Ⅱ、Ⅲ象限示值增长

剔除光伏用户后，若专变用户电能表Ⅱ、Ⅲ象限无功电量大于0，其他用户Ⅱ、Ⅲ限无功电量大于1则生成异常。

10. 电能表零线电流超限

若专变用户零线电流超100%I_{max}的点数超过曲线点数的10%，则生成异常。

11. 功率曲线全部为零

若日功率曲线出现各个时刻的值均为0，且对应时刻的各相电流中绝对的最大值至少存在2个点大于0.5A，则生成异常。

12. 电量为零功率不为零

若连续N点或日冻结的总有功功率大于0，且正向有功示值没有变化，则生成异常。

13. 电能表示值不平

若电能表总电能示值与各费率电能示值之和不等，则生成异常。

14. 电能表“飞走”

若电能表日电量显著超过正常值，当某分钟/日/月总电量或各费率的电量与电能表在该分钟/日/月内理论最大电量的比值大于阈值K，则生成异常。K建议值为120%。

15. 电能表倒走

若同一块电能表任意点正/反向有功总或各费率电能示值、无功总电能示值比最后一次采集示值小，则生成异常。

16. 电能表停走

在用电的情况下电能表示数停止走字，称为电能表停走。满足以下条件则为异常：①电能表连续 2 天正/反向有功总电能示值的差值等于 0，且该时段内监测到总有功功率有连续 3 天值大于 K；②实时连续 3 个点正/反向有功总电能示值的差值等于 0，且正或者反向有功功率大于 K。

17. 电能表费率设置异常

按主站设置的参数对比电能表各费率的走字，若电能表未设置的费率对应的示数不为 0，则生成异常。

18. 电量波动异常

换表或发生电能表开盖事件（状态字）、计量柜开门后日电量显著超过或小于之前用电量。满足以下条件则为异常：①当发生换表、电能表开盖事件、端钮盖、计量柜开门或恒定磁场干扰后，分别取发生前后 7 天的日电量，去除最高和最低两天，计算 5 天的平均值，如差值的绝对值大于阈值 K，且前后日电量平均值的比值在 0.5～1.5 以外（发生触发事件后 0 电量比值作为 0）；②当发生换表、电能表开盖事件、端钮盖或计量柜开门后，线损率前后一小时、前后一天、前后三天大于 K_2，且台区供电量大于 K_3。K 建议值为 50，K_2 建议值为 1%，K_3 建议值为 200。

19. 自动核抄异常

通过透抄发现电能表冻结电能数据与主站保存数据不一致。满足以下条件则为异常：①透抄电能表当前正/反向有功总电能示值，如果不在当天零点上报数据与次日零点上报数据区间内，则生成异常；②透抄的电能表冻结电能数据与主站保存数据不一致。

20. 电能表开表盖异常

读取电能表事件，当开表盖起止时间差值大于 2min 且小于 50min，则生成异常。

21. 恒定磁场干扰

电能表产生恒定磁场干扰事件记录，满足以下条件则为异常：

（1）事件起止时间齐全且时间逻辑正确。

（2）事件时长大于 K。

建议 K 为 1h，可选 8h。

22. 电量差动异常

安装比对装置的用户，分析计量回路和比对回路（如交采回路）同时段的电量差值，若电量差值与计量回路的比值超设定的阈值 K，则生成异常。

23. 功率因数异常

三相用户日平均功率因数过低。日正向有功总电量大于设定限值 K_1 的情况下，按日正向有功总电量和日无功总电量平方之和开方，计算出日平均功率因数，判断日平均功率因数是否小于 K_2，连续 M 天则生成异常。(剔除发电用户) K_1 默认 150，K_2 默认 0.8。

24. 单相表分流

低压单相用户因计量回路接线改变或故障，导致电流线圈无电流通过或只通过部分电流。若零线电流绝对值大于 0.1A 的情况下，(零线电流绝对值－A 相电流绝对值)/零线电流绝对值>K，则生成异常。K 建议值为 10%。

25. 错接线 1

若三相用户电能表接线错误，满足以下条件则为异常：

(1) 排除已经判断为反向电量的情况。

(2) 满足以下所有条件的点为异常点：

1) 三相电流均大于 $K_1 \times I_{max}$。

2) 三相电流不平衡度 R 小于 K_2。

3) 根据电流电压估算的视在功率 S_1/与根据有功无功计算的视在功率 S_2 的比值不在 K_3 和 K_4 之间。

频度为实时：单个点满足判断条件即生成异常。

三相三线计算：

$$S_1 = \sqrt{3} \times (U_a + U_c) \times (|I_a| + |I_c|)/4$$

$$R = 1 - \min(I_a, I_c)/\max(I_a, I_c)$$

三相四线计算：

$$S_1 = |U_a I_a| + |U_b I_b| + |U_c I_c|$$

$$R = 1 - \min(I_a, I_b, I_c)/\max(I_a, I_b, I_c)$$

$$S_2 = \sqrt{P_2 + Q_2}$$

K_1 建议值为 20%，K_2 建议值为 15%，K_3 建议值为 0.7，K_4 建议值为 1.3，K_5 建议值为 0.9，K_6 建议值为 1.1。

26. 二次短路（分流）

若专变用户或经电流互感器接入的用户（安装巡检仪）电流互感器二次侧发生短路/部分短路事件，满足以下条件则生成异常：

(1) 巡检仪上报 TA 二次短路（分流）事件。

(2) 电能表电能量在事件前一天与后一天（排除事件当天）电量下降超过 K。

(3) 电能表电能量在事件前两天的日电量波动不超过 $K/4$；电能表电能量在事件后两天日电量波动不超过 $K/4$。

27. 二次开路

若专变用户或经电流互感器接入的用户（安装巡检仪）电流互感器二次回路发生开路事件，满足以下条件则生成异常：

(1) 巡检仪上报 TA 二次开路事件。

（2）发生 TA 二次开路事件后一天电能表和巡检仪电流曲线数据最大值小于 K。

（3）对应相发生电能表失流事件。

28. 电能表计量示值错误

若专变用户或经电流互感器接入的用户（安装巡检仪）电能表输入端发生部分短路或改变电能表内部采样电路，满足以下条件则生成异常：

（1）巡检仪采集电能量比主站中电能表采集电能量偏小 K。

（2）巡检仪未上报的其他异常。

阈值建议为 10%。

29. 电压异常

若新装或换表低压用户计量回路的一相或多相电压断开、虚接，满足以下条件则生成异常：

（1）安装低压单相智能表的用户一次单相电压小于 K_1；

（2）安装智能表的低压三相用户一次三相电压任一相电压小于 K_1。

K_1 建议值为 1V，K_2 建议值为 198V。

30. 中性线异常（电压不平衡或电压越上上限）

若新装或换表的低压用户中性线端子接触不良或中性线与相线调错，满足以下条件则生成异常：

（1）低压单相用户。对安装智能表的低压单相用户一次单相电压，判断电压大于等于 K_1，则生成异常。

（2）低压三相用户。对安装智能表的三相用户一次三相电压，判断任一相电压大于等于 K_2，且按照（三相电压最大值－最小值）/最大值计算电压不平衡率，判断大于等于 K_3，则生成异常。

K_1 建议值为 300V，K_2 建议值 242V，K_3 建议值为 10%，H_4 建议值为 270V，H_5 建议值为 5%。

31. 功率差动异常

若专变用户两个不同回路的视在功率有较大偏差，各相电流均大于 0 且有任一相电流大于 10%额定（基本）电流时，比较不同回路（交采、计量）上一点视在功率差值，差值超出限定阈值 K（10%），则生成异常。

K_1 为 30%，K_2 为 25%，K_3 为 15%。

32. 错接线 2

（1）若专变用户、低压三相用户电能表接线错误。

召测 A、B、C 三相的分相正向有功总示值和分相反向有功总示值，同时满足以下条件：

1）A 相或者 B 相或者 C 相三相任意一相满足分相反向有功总大于 5。

2）某相的分相反向有功总＞正向有功总×0.1。

（2）对满足上述条件的用户，在第二天再次分早、中、晚三次透召用户的三相电流（I）、三相相角（L），同时满足：

1）三相电流不全为0或三相相角不全为0、180、360。

2）相角、电流满足错接线的一般情况。判断条件：

至少有一相电流为负，相角满足错接线的一般分布规律＝AND(MAX(Ia，Ib，Ic)＜0，MAX(La，Lb，Lc)＜260，MIN(La，Lb，Lc)＞100)。

3）存在疑似错接线的相角。判断条件：

三相相角是否在125°～245°之间的疑似错接线区域（每相单独判断，以A相为例，B、C相同）＝OR{AND(La＞125，La＜180)，AND(La＞180，La＜245)，AND[ABS(Ia)＞0.05，La＝180]}。

4）相角的分布是否满足一般错接线的情况，见判断条件（a）；或属于特殊错接线（三相跨相接或三相接反），见判断条件（b）。判断条件如下：

（a）三相相角的分布相角是否在合理区间（至少1个＞160，或至少有1个相角＜210）＝AND[MAX(La，Lb，Lc)＞160，MIN(La，Lb，Lc)]＜210)；

（b）添加例外情况，三相跨相接或三相接反＝AND[MAX(Ia，Ib，Ic)＜0，MAX(La，Lb，Lc)＜260，MIN(La，Lb，Lc)＞100]。

（3）排除380V用电（电动机等380V电压的用电设备）引起的情况。判断条件：

380V用电的一般规律＝AND[ABS(Ia)＞0.8＊ABS(Ib)，ABS(Ia)＜1.2＊ABS(Ib)，ABS(La－Lb)＞50，ABS(La－Lb)＜70]。

注：条件2中的早中晚三次均为独立判断，条件3中的排除为只要三次中任何一次满足380V用电判定就排除异常可能。

33. 电能表功率反向

总有功功率值出现负值且绝对值大于电能表额定功率的10％，或者三相有功功率绝对值之和与总功率的差值超过电能表额定功率的30％，则生成异常。

34. 功率曲线有负值

若日有功功率曲线出现连续N点有负值，则生成异常。

N值建议为3。

35. 电压失压（分相）

某相负荷电流大于电能表的启动电流，但电压线路的电压持续低于电能表正常工作电压的下限时，同时满足以下两个判断条件：

（1）三相三线失压：A相或C相中某相电压低于K×参比电压且非失压相的电压小于1.2倍的参比电压；三相四线失压：A相或B相或C相中某相电压低于K×参比电压且非失压相的电压小于1.2倍的参比电压；单相失压：A相电压低于K×参比电压。

（2）经互感器接入时，失压相的二次电流的绝对值（或不经互感器接入时，失压相的电流的绝对值）大于0.1A。电压、电流日曲线满足上述条件且一天累计超过N_1个点生成电压失压异常。在以分钟为频度计算时，满足上述条件即判为一次。如果同时监测到电能表有电压失压事件/失压状态字，生成电压失压异常。若仅监测到电能表有电压失压事件/失压状态字，1 天内 N_2 次则生成电压失压异常。

K 建议值为 0.78，H 建议值为 0.9，N_1 建议值为 15，N_2 建议值为 3。

36. 电压断相（分相）

若三相用户供电电源的一相或多相电压断开，排除已判断为电压失压的情况，满足以下条件则生成异常：

（1）若三相三线 A 相或 C 相中某一相电压小于 $K\times$参比电压，且至少有一相电流绝对值大于 0.5A。

（2）若三相四线 A 相或 B 相或 C 相中某一相电压小于 $K\times$参比电压，且至少有一相电流绝对值大于 0.5A。

（3）电压日曲线满足上述条件且一天累计超过 N_1 个点判为一次。

（4）若仅监测到电能表有电压断相事件/断相状态字，1 天内 N_2 次则生成电压断相异常。

剔除系列所属行业：公共照明、其他水利管理业、移动电信服务、砖瓦、石材等建筑材料制造、排灌、电力供应、其他房地产业。

K 建议值为 0.78，H 建议值为 0.9，N_1 建议值为 15，N_2 建议值为 3。

37. 电压越限（分相）

电能表电压越上限或上上限以及电压越下限或越下下限，排除已判断为电压失压、电压断相、零线异常的情况，则生成异常。

越上上限：某一相电压大于 $K_1\times$参比电压。

越下下限：某一相电压大于 $K_5\times$参比电压且小于等于 $K_4\times$参比电压。

判断顺序：越下下限＞越上上限＞越下限＞越上限。

根据符合条件的相，生成对应相的单相电压越限异常。

频度为 1 天时：一天内需监测到多个点（默认每天 15 个点），如果同时监测到电能表或采集终端有电压越限事件，立刻生成电压越限异常，否则应连续 3 天均满足数据诊断要求才生成异常。

频度为 1min 时：单个点满足上述条件同时监测到电能表或采集终端有电压越限事件即生成电压越限异常。

K_1 为 120%，K_2 为 110%，K_3 为 90%，K_4 为 80%，K_5 为 70%。

38. 电压不平衡

三相用户电压不平衡越限，排除已判断为电压断相、电压失压异常情况生成异常。

各相电压均大于 0 的情况下，按照（三相电压最大值－最小值）/最大值计算电压不平衡率，判断是否越限。

三相三线：同一时间点的（A 相或者 C 相最大值减 A 相或者 C 相最小值）/A 相或者

C 相的最大值。

三相四线：同一时间点的（A 相或者 B 相或者 C 相最大值减 A 相或者 B 相或者 C 相最小值）/A 相或者 B 相或者 C 相最大值。

频度为 1 日时：一天内需监测到多个点，且连续监测多日均满足数据诊断要求才生成异常（默认每天 50 个点，连续 3 天）。

频度为 1min 时：单个点符合条件并且同时监测到电压不平衡事件即生成异常。

存在 1 天内有 3 个点最大电流大于 0.5A。

三相三线用户，建议 K 为 10%，H 为 5%。

其他用户，建议 K 为 30%，H 为 10%。

39. 电流失流（分相）

高压（三相用户）三相电流中任一相或两相由于短路、开路等导致电流为 0 或接近于 0。限定高压（三相用户）顶级计量点电能表，排除行业“公共照明”“排灌”或其他综合倍率小于等于 1。

40. 电流不平衡

高压三相用户，且综合倍率在 80 以上电流不平衡越限，排除已判断为电流失流的情况。满足 A 相、B 相、C 相电流有一相绝对值大于 K_1 的情况下，根据计算模型生成异常。

当频度为 1 日时：一天内需监测到多个点，满足数据诊断要求才生成异常（默认每天 30 个点，1 天）。

当频度为 1min 时，单个点符合条件即生成异常。

限定高压用户，且综合倍率在 80 以上。

K_1 建议值为 $5\%I_n$，K_2 建议值为 40%。

41. 电能表开端钮盒

读取三相电能表状态字，开端钮盒时间大于 1min，则生成异常。

42. 计量门开闭

专变用户计量箱（柜）的门禁打开或关闭，读取计量门状态变位记录，若计量门开启时间大于 1min，则生成异常。

43. 反向电量异常

正常用电用户出现反向电量，低压用户反向有功示值今日较昨日增长超过 1，则生成异常。排除行业：电力供应、物业管理。

44. 潮流反向

若三相用户电流或功率出现反向，排除已经判断为反向电量的情况，则生成异常。

需排除有反向电量出现的行业，如：排灌、太阳能发电等。

45. 电能表掉电

事件、状态字出现电能表掉电事件，则生成异常。

46. 电能表编程

事件、状态字出现电能表编程事件，则生成异常。

47. 清零

事件、状态字出现电能表清零事件，则生成异常。

48. 需量清零

清空电能表内当前的最大需量及发生的日期、时间等数据。需量清零应有防止非授权人操作的安全措施。

49. 事件清零

出现事件清零，则生成异常。

50. 负荷开关误动作

负荷开关内置的电能表，如果表内负荷开关实际状态与电能表发给负荷开关的命令状态不一致，且持续 5s 以上，记录为负荷开关误动作事件。

51. 电源异常

电能表的外部供电为电能表正常工作电压范围（$0.8U_n \sim 1.15U_n$）时，但电能表内部处理器工作电压异常导致处理器进入到低功耗状态，且持续时间大于 1s，记录为电源异常事件。

注 1：内置负荷开关拉闸情况下不要求做此事件记录。

注 2：电能表在进入低功耗后记录且仅记录一次电源异常事件。

52. 计量芯片故障

事件记录出现计量芯片故障，则生成异常。

53. 电能表谐波越限

读取电能表分相谐波越限记录，若谐波值大于 K，则生成异常。

54. 需量积算方式

若需量积算方式状态字不为 0，则生成异常。

55. 时钟电池

若时钟电池状态字不为 0，则生成异常。

56. 停电抄表电池

若停电抄表电池状态字不为 0，则生成异常。

57. 控制回路错误

若控制回路错误，则生成异常。

58. ESAM 错误

若 ESAM 错误，则生成异常。

59. 内部程序错误

若内部程序错误，则生成异常。

60. 存储器故障或损坏

若存储器故障或损坏，则生成异常。

61. 继电器状态

若线路实际工作状态与继电器状态不一致，则生成异常。指线路实际工作状态，线路处于跳闸状态时此位置不为 1，线路处于导通状态时此位置不为 0。

62. 继电器命令状态

若电能表收到主站跳闸命令后不能正常响应，则生成异常。

电能表收到主站跳闸命令时，Bit6 置 1；电能表跳闸后，该状态仍维持 1，直到电能表解除跳闸条件，或收到主站合闸、保电命令时将该位置 0。如果电能表处于保电状态时，收到远程跳闸命令，提示“拒绝操作”，该位仍置 0。

63. 预跳闸报警状态

若剩余电量/金额小于等于预置的报警阈值 1 或电能表收到远程报警命令时，Bit7 置 1，电能表报警，提示用户购电（或交费）；否则置 0。

64. 电能表类型

若电能表档案类型与状态字不一致，则生成异常。

65. 辅助电源失电

若辅助电源失电状态字不为 0，则生成异常。

66. 一表多值

若主站多次采集或者终端主动上送的相同数据项对应值存在差异，则生成异常。正/反向有功示值≠上次同时刻正/反向有功示值。

67. 费率时段异常

若电能表费率时段设置参数与档案不一致，则生成异常。

68. 电能表时钟超差

若电能表时钟超差，则生成异常。

69. 计量装置误差异常

若电能表计量误差过大，失准模块推送异常。

70. 错接线 3

研判瞬时电压、电流、相位角，找出错接线异常。首先，根据多天电压、电流、负荷数据筛选疑似错接线的电能表；接着，主站透抄这些电能表瞬时电压、电流、相位角，判断是否错接线。

71. 需量异常

需量结算用户电能表最大需量数据出现数值或时间错误。根据每月抄表结果，满足以下条件之一生成异常：

（1）平均功率大于抄见需量。

（2）有电量但抄见需量值为零。

（3）抄见需量小于当月每日记录最大需量值。

满足以下任意条件：

（1）月平均功率大于抄见需量。

（2）月正向有功电量大于零且抄见需量为零。

（3）抄见需量小于 max（日需量）。